普通高等教育基础课程系列教材

电子工程制图

ELECTRONIC ENGINEERING DRAWING

主　编　王利强

副主编　徐丽娟　赵日超　朱雅乔

李成营　周　丽　董　欣

天津大学出版社

TIANJIN UNIVERSITY PRESS

内 容 提 要

随着智能制造、自动驾驶等新技术的快速发展，就业市场要求大中专毕业生掌握复合技能。针对此现状，依据流程图、印制电路板图和工程图纸等的特点，围绕电子工程、自动化、光机电一体化、汽车等非机械类专业学生的技能和岗位需求，特编写本书以培养学生在机械制图方面的全面技能来适应企业对高素质员工的要求。全书共分 9 章，以"画图—制图—绘图"为主线，全面介绍了平面流程图、二维图、三维图的绘制方法，详细讲述了 Microsoft Visio、Auto-CAD、SolidWorks 软件的基本知识及绘图步骤。

本书可供高等学校电子工程、自动化、光机电一体化、汽车等非机械类专业学生使用，也可供有关专业技术人员参考。

图书在版编目(CIP)数据

电子工程制图 / 王利强主编. —天津：天津大学出版社，2020.8

普通高等教育基础课程系列教材

ISBN 978-7-5618-6747-1

Ⅰ.①电…　Ⅱ.①王…　Ⅲ.①电路技术－工程制图－高等学校－教材　Ⅳ.①TN02

中国版本图书馆CIP数据核字(2020)第156553号

DIANZI GONGCHENG ZHITU

出版发行		天津大学出版社
地	址	天津市卫津路92号天津大学内(邮编:300072)
电	话	发行部:022-27403647
网	址	www.tjupress.com.cn
印	刷	廊坊市海涛印刷有限公司
经	销	全国各地新华书店
开	本	185mm×260mm
印	张	25.25
字	数	630千
版	次	2020年8月第1版
印	次	2020年8月第1次
定	价	79.00元

前言

随着计算机与电子技术的飞速发展,电子设计自动化已经成为现代电子工业中不可缺少的一项技术,其中利用计算机软件进行流程图、印制电路板图和工程图纸的设计和绘制已经成为电子类各专业从业者需要掌握的基本技能之一。工程图样不仅仅是工程界的重要技术语言,更是工程信息的有效载体,工程制图与计算机技术相结合,对工科学生所应具备的制图知识、方法和技能提出了更高的要求。

本书坚持以能力为本位,重视实践能力的培养。根据电子类专业学生的技能和岗位需求,注重培养学生在机械制图方面的全面技能,以提高学生的绘图能力和解决实际问题的能力为目的,合理确定了各章节的内容及知识点的难易程度。

本书共分9章。第1章电子工程制图概述,介绍了电子工程制图的课程目的和基本内容,Visio、AutoCAD 和 SolidWorks 之间的脉络关系及和学生技能之间的关系;第2章 Visio 2007 图形的基本操作,详细讲解了 Visio 2007 的基础知识、操作界面和绘制图形的方法;第3章 Visio 2007 模板的使用方法,介绍了 Visio 2007 中各种图形模板的使用;第4章制图的基本知识和投影法基础,介绍了机械制图的基本知识、制图标准中的一些规定和投影知识;第5章 AutoCAD 2014 绘图,介绍了电子仪器仪表机械外壳制作和电气接线图绘制方法;第6章 Solid-Works 的基础知识和界面,讲述了 AutoCAD 和 SolidWorks 的比较;第7章草图绘制,详细介绍了草图工具的使用方法;第8章参照基准与实体建模基础,介绍了实体建模的一般过程论和创建零件模型的一些基本特征工具;第9章装配及工程图设计,介绍了各种装配配合的基本概念和装配的一般过程等。

本书由王利强和周丽统稿,王利强审稿。本书第1章由天津职业技术师范大学王利强和天津市电子信息技师学院周丽编写,第2章和第3章由天津职业技术师范大学王利强、徐丽娟编写,第4章由天津中德应用技术大学朱雅乔、李成营编写,第5章由南京江宁高等职业技术学校赵曰超和江苏省昆山第二中等专业学校董欣编写,第6~9章由天津中德应用技术大学朱雅乔编写。在本书的编写过程中,许多老师提出了宝贵意见并给予大力支持,书中参考和引用了许多学者和专家的著作及研究成果,在此表示深深的感谢。

由于作者的水平有限,书中错误和不当之处恳请广大读者批评指正。

编者

2020 年 6 月

目录

第1章 电子工程制图概述 ……………………………………………………………………… 1

1.1 电子工程制图课程概述 ……………………………………………………………… 1

1.2 电子工程制图的基本内容 …………………………………………………………… 2

1.3 Visio AutoCAD 和 SolidWorks 的发展及脉络关系 ……………………………… 3

第2章 Visio 2007 图形的基本操作 …………………………………………………………… 12

2.1 Visio 的基础知识 …………………………………………………………………… 12

2.2 绘图页面的设置 ……………………………………………………………………… 24

2.3 形状的操作 …………………………………………………………………………… 29

2.4 文本的操作 …………………………………………………………………………… 49

2.5 精确绘图的方法 ……………………………………………………………………… 54

第3章 Visio 2007 模板的使用方法 …………………………………………………………… 59

3.1 流程图的制作 ………………………………………………………………………… 59

3.2 框图和图表的制作 …………………………………………………………………… 65

3.3 项目日程的制作 ……………………………………………………………………… 77

第4章 制图的基本知识和投影法基础 ………………………………………………………… 85

4.1 绘图工具及国家标准 ………………………………………………………………… 85

4.2 物体投影 ……………………………………………………………………………… 97

4.3 基本体和组合体 ……………………………………………………………………… 110

4.4 零件图 ………………………………………………………………………………… 123

4.5 装配图 ………………………………………………………………………………… 136

第5章 AutoCAD 2014 绘图 …………………………………………………………………… 143

5.1 AutoCAD 2014 的工作界面与基本设置 …………………………………………… 143

5.2 AutoCAD 2014 的基本操作 ………………………………………………………… 151

5.3 AutoCAD 2014 的基本绘图命令 …………………………………………………… 156

5.4 AutoCAD 2014 的基本修改命令 …………………………………………………… 167

5.5 AutoCAD 2014 的注释功能 ………………………………………………………… 175

5.6 综合举例 ……………………………………………………………………………… 180

第6章 SolidWorks 的基础知识和界面介绍 ………………………………………………… 189

6.1 AutoCAD 和 SolidWorks 的比较 …………………………………………………… 189

6.2 SolidWorks 2016 的特性 ·············· 191

6.3 SolidWorks 2016 的启动 ·············· 194

6.4 SolidWorks 2016 的工作界面 ·············· 200

6.5 SolidWorks 基本环境设置 ·············· 205

6.6 SolidWorks 的基本操作 ·············· 216

第 7 章 草图绘制 ·············· 223

7.1 基础知识 ·············· 223

7.2 草图命令 ·············· 226

7.3 草图编辑 ·············· 239

7.4 尺寸标注 ·············· 251

7.5 几何关系 ·············· 253

第 8 章 参照基准与实体建模基础 ·············· 256

8.1 实体建模的一般过程 ·············· 256

8.2 SolidWorks 的模型显示与控制 ·············· 271

8.3 SolidWorks 的设计树 ·············· 276

8.4 设置零件模型的属性 ·············· 279

8.5 特征的编辑与编辑定义 ·············· 285

8.6 旋转特征 ·············· 290

8.7 倒角特征 ·············· 293

8.8 圆角特征 ·············· 294

8.9 装饰螺纹线特征 ·············· 299

8.10 孔特征 ·············· 300

8.11 筋(肋)特征 ·············· 305

8.12 抽壳特征 ·············· 307

8.13 特征的重新排序及插入操作 ·············· 309

8.14 特征生成失败及其解决方法 ·············· 311

8.15 参考几何体 ·············· 313

8.16 活动刨切面 ·············· 322

8.17 特征的镜像 ·············· 323

8.18 模型的平移与旋转 ·············· 325

8.19 特征的阵列 ·············· 329

8.20 扫描特征 ·············· 336

8.21 放样特征 ·············· 338

8.22 拔模特征 ·············· 341

第 9 章 装配及工程图设计 ·············· 344

9.1 装配及工程图设计概述 ·············· 344

9.2 装配体环境中的菜单栏及工具栏 ·············· 345

9.3 装配配合 ·············· 346

9.4 创建新的装配模型的一般过程 ·············· 350

9.5 零部件阵列 ·············· 356

9.6 零部件镜像 ·············· 361

9.7 简化表示 ·············· 363

9.8 爆炸视图 ·············· 365

9.9 装配体中零部件的修改 ·············· 369

9.10 零部件的外观处理 ·············· 371

9.11 工程图概述 ·············· 372

9.12 新建工程图 ·············· 374

9.13 设置符合国标的工程图环境 ·············· 375

9.14 工程图视图 ·············· 377

9.15 尺寸标注 ·············· 388

参考文献 ·············· 394

第1章 电子工程制图概述

1.1 电子工程制图课程概述

随着计算机与电子技术的飞速发展,电子设计自动化已经成为现代电子工业中不可缺少的一项技术,其中利用计算机软件进行流程图、印制电路板图和工程图纸的设计和绘制已经成为电子类各专业从业者应该掌握的基本技能之一。工程图样不仅仅是工程界的重要技术语言,更是工程信息的有效载体,工程制图与计算机技术相结合,对工科学生所应具备的制图知识、方法和技能提出了更高的要求。

本书从适应现代企业对高素质员工的要求出发,以培养知识型、能力型、素质型人才为目标,根据电子类专业学生的技能和岗位需求,重点培养学生在机械制图方面全面技能,适合电子工程、自动化、光机电一体化、汽车等非机械类专业学生。

电子工程制图是一门介绍如何绘制和阅读工程图样的课程,结合计算机辅助绘图的教学内容,并根据非机械类专业特点,以画图、绘图和制图为主,适当介绍机械制造技术的基础知识,是一门具有较强实践性的技术基础课,对非机械类专业学生学好后续专业课程有重要作用。通过课程的学习,可以培养学生的形象思维能力,使学生具有一定的空间想象能力以及读图、绘图的基本技能,为后续课程的学习奠定基础,综合培养学生画图、制图、绘图三种能力,注重拓展学生的思维空间。

为适应教学改革的要求,跳出"教师讲、学生听"的传统教学模式,充分发挥现代教育技术的作用,本书采用大量操作演示,利用动态的过程使课程中的许多难点变得简单易懂。本书共有"画图""制图""绘图"三大项目,以 Visio、AutoCAD、SolidWorks 绘图制图软件为平台,融教、学、做为一体,将电子工程制图的基本知识、基本规则、基本技能及现代工程制图技术循序渐进地融于各项目之中;通过工作任务的分析与完成,覆盖电子工程制图领域所涉及的理论知识与实践知识。

利用 Visio 可以创建各种框图、流程图、电子示意图、Web 站点图表、家居布局图等一系列图形,这些图形能够有效地表达信息。

AutoCAD 作为工程制图的专用软件,已经得到了广泛的应用。本书介绍了它的基本功能,并通过绘制平面图、三视图和三维图,介绍其绘图命令的使用方法、设计平面布置图的一般工作流程、用户界面的设置及常用绘图工具的使用方法。

SolidWorks 是世界上第一个基于 Windows 开发的三维 CAD 系统,使用 SolidWorks 提供的各个功能模块和功能指令,可以绘制草图,建立三维实体模型,对三维实体模型进行分析。设计者通过将其设计思路融入建模过程中,可以很好地表达其设计意图。本书对 SolidWorks

有一个初步介绍,通过学习和熟悉这款软件,可以进行高效的键鼠配合操作。

本书的教学目的如下:

(1)培养学生的形象思维和创造性思维;

(2)培养学生认真负责的工作态度和严谨细致的工作作风;

(3)培养学生的画图、制图、绘图和阅读工程图样的基本能力;

(4)培养学生的自学能力、分析问题和解决问题的能力以及创新能力。

1.2　电子工程制图的基本内容

《电子工程制图》全书的主线是"画图—制图—绘图","画图"部分介绍 Microsoft Visio 软件,让学生学会示意图、流程图等的基本画法,满足其撰写论文、报告时对图片编辑的需求;"制图"部分以 AutoCAD 软件为工具讲解电子仪器、仪表的机械制图理论、平面图绘制方法,培养电子类专业学生的机械制图能力;"绘图"部分介绍 SolidWorks 软件,让学生掌握三维图形的绘制方法,满足学生更高层次的技能需求。

整个课程的学习内容可以理解为:画示意图—制二维图—绘三维图。

1.2.1　Microsoft Visio 的基本内容

Microsoft Visio 是 Windows 操作系统下运行的流程图和矢量绘图软件,它是 Microsoft Office 办公软件套装的一个组件。

1. Visio 2007 图形的基本操作

这里主要以 Office Visio 2007(简写为 Visio 2007)为例,介绍了 Visio 的基本功能和简单操作方法,主要包括 Visio 的基本知识、绘图页面的设置、形状的操作、文本的操作以及精准绘图的方法。

2. Office Visio 2007 模板的使用方法

这里主要介绍了使用 Visio 制作流程图、框图和图表以及项目日程示意图的方法。

学完此部分内容,学生能掌握流程图的绘制方法,在之后撰写报告和论文时以及程序设计中能轻而易举地进行流程图标注。

1.2.2　AutoCAD 的基本内容

这部分主要介绍了二维制图的基本知识和投影法基础,包括绘图工具及国家标准、物体投影、基本体和组合体、零件图、装配图等。

本书以软件 AutoCAD 2014 为基础,详细讲述了 AutoCAD 的绘图方法和步骤,主要包括 AutoCAD 2014 的工作界面与基本设置、AutoCAD 2014 的基本操作、AutoCAD 2014 的基本绘图命令、AutoCAD 2014 的基本修改命令、AutoCAD 2014 的注释功能等。

学完此部分内容,学生通过大量练习熟悉每一个操作命令,能掌握二维图的绘制方法,在 Visio 流程示意图的基础上提升绘图能力,能根据需要完成二维图形设计。

1.2.3　SolidWorks 的基本内容

这部分主要介绍了 SolidWorks 的基础知识和界面,比较了 AutoCAD 和 SolidWorks 的异同点,并以 SolidWorks 2016 为平台,简要介绍了该软件的基本信息,包括 SolidWorks 2016 的特性、SolidWorks 2016 的启动、SolidWorks 2016 的工作界面、SolidWorks 2016 的基本环境设置和 SolidWorks 2016 的基本操作。

学完此部分内容,学生通过大量练习熟悉每一个操作命令,能掌握三维立体图的绘制方法,在 Visio 流程示意图和 AutoCAD 二维图的基础上提升综合绘图制图能力,能根据需要完成三维图形设计。

1.2.4　实体建模基础

这部分主要介绍实体建模的一般过程,通过 SolidWorks 的模型显示与控制,使用 SolidWorks 设计树设置零件模型的属性、编辑特征及定义,其中包括旋转特征、倒角特征、圆角特征、装饰螺纹线特征、孔特征、筋(肋)特征和抽壳特征,学习特征的重新排序及插入操作,掌握特征生成失败及其解决方法等。

学完此部分内容,学生能结合前面所学二维绘图、三维绘图的基本技能,完成初步实体建模,掌握实体建模的基本技能。

1.2.5　装配及工程图设计

这部分主要介绍装配体环境中工程图设计的基本知识及步骤,包括装配体环境中的下拉菜单及工具条、装配配合、创建新的装配模型的一般过程、零部件阵列、零部件镜像、简化表示、爆炸视图、装配体中零部件的修改、零部件的外观处理、新建工程图、设置符合国际的工程图环境、工程图视图、尺寸标注等。

学完此部分内容,学生可以了解产品装配的一般过程,掌握一些基本的装配技能。

1.3　Visio AutoCAD 和 SolidWorks 的发展及脉络关系

1.3.1　Microsoft Visio 的发展简介

Microsoft Office Visio 是一款便于信息技术(Information Technology, IT)和商务专业人员就复杂信息、系统和流程进行可视化处理、分析和交流的软件。使用具有专业外观的 Office Visio 图表,可以加深人们对系统和流程的认识,使人们能深入了解复杂信息并利用这些知识作出更好的业务决策。

Microsoft Office Visio 可以帮助人们创建具有专业外观的图表,以便人们理解、记录和分析信息、数据、系统和过程。

Office Visio 2007 中的新增功能和增强功能使得创建 Visio 图表更为简单、快捷、令人印象深刻。

Visio 最初属于 Visio 公司，该公司成立于 1990 年 9 月，起初名为 Axon。原始创始人杰瑞米（Jeremy Jaech）、戴夫（Dave Walter）和泰德·约翰逊（Theodore Johnson）均来自 Aldus 公司，其中杰瑞米、戴夫是 Aldus 公司的原始创始人，而泰德是 Aldus 公司的 PageMaker for Windows 开发团队领袖。

1992 年，Axon 公司更名为 Shapeware。同年 11 月，该公司发布了它的第一个产品——Visio。

1995 年 8 月 18 日，Shapeware 发布了 Visio 4，这是第一个专门为 Windows 95 开发的应用程序。

1995 年 11 月，Shapeware 公司更名为 Visio。

2000 年 1 月 7 日，微软公司以 15 亿美元股票交换收购 Visio 公司。此后 Visio 并入 Microsoft Office 一起发行。

Microsoft Office Visio 的优势显著，主要体现在以下几个方面。

1. 标准图表

使用现有的数据，可以生成许多种类的 Visio 标准图表，包括组织结构图、日程表、日历和甘特图。然而，本书讨论的新增功能和增强功能仅在 Office Visio Professional 2007 中提供，而在 Office Visio Standard 2007 中没有提供。

2. 两个版本

Office Visio 2007 有两个独立版本：Office Visio Professional 2007 和 Office Visio Standard 2007。虽然 Office Visio Standard 2007 与 Office Visio Professional 的基本功能相同，但前者包含的功能和模板是后者的子集。

3. 轻松使用

使用 Office Visio 2007，可以通过多种图表（包括业务流程图、软件界面示意图、网络图、工作流图表、数据库模型和软件图表等）直观地记录、设计和全面了解业务流程和系统的状态。通过使用 Office Visio Professional 2007 将图表链接至基础数据，可以提供更完整的画面，从而使图表更智能，更有用。

使用 Office Visio 2007 对图表与数据进行集成，便于人们全面了解流程或系统。

使用 Office Visio 2007 中的新增功能或增强功能，可以更轻松地将流程、系统和复杂信息可视化。

1）借助模板快速入门

在 Office Visio 2007 中，可以使用结合了强大搜索功能的预定义 Microsoft SmartShapes 符号来查找计算机或网络上的合适形状，从而轻松创建图表。Office Visio 2007 提供了特定工具来支持 IT 和商务专业人员对不同图表的制作需要。

2）从示例图表获得灵感

在 Office Visio Professional 2007 中，打开新的"入门教程"窗口和使用新的"示例"类别，可以更方便地查找新的示例图表。在创建图表过程中,通过查看 Office Visio Professional 2007 中已有数据集成的示例图表能获得思路和创意,同时能够学习和认识更多的图表类型。

3)无须绘制连接线便可连接形状

只需单击一次, Office Visio 2007 中新增的自动连接功能就可以连接形状,使形状均匀分布并使它们对齐。移动连接的形状时,这些形状会保持连接,连接线会在形状之间自动重排。

4)轻松将数据链接至图表,并将数据链接至形状

使用 Office Visio Professional 2007 中新增的数据链接功能,可自动将图表链接至一个或多个数据源,例如 Microsoft Office Excel 2007 电子表格或 Microsoft Office Access 2007 数据库。使用直观的新链接方法,用数据值填充每个形状属性(也称为形状数据)来节省数据与形状关联的时间。例如,通过使用新增的自动链接向导,可将图表中所有形状链接到已连接的数据源中的数据行。

5)使数据在图表中更引人注目

使用 Office Visio Professional 2007 中新增的数据图形功能,从多个数据格式设置选项中进行选择,轻松地以引人注目的方式显示与形状关联的数据。只需单击一次,便可将数据字段显示为形状旁边的标注,将字段放在形状下的框中,并将数据字段直接放在形状的顶部或旁边。

6)轻松刷新图表中的数据

Office Visio Professional 2007 中新增的刷新数据功能可以自动刷新图表中的所有数据,无须手动刷新。如果出现数据冲突,则可使用 Office Visio Professional 2007 中提供的刷新冲突任务窗格来轻松解决这些冲突。

4. 分析信息

使用 Office Visio Professional 2007,可以直观地查看复杂信息,以识别关键趋势、异常等。通过分析、查看详细信息和创建业务数据的多个视图,可以更深入地了解业务数据,进一步发挥 Office Visio 2007 的功能。使用丰富的图标和标志库可以轻松确定关键问题,跟踪趋势并标记异常。使用 Office Visio Professional 2007 中的新增功能和改进功能可以分析复杂业务信息。Office Visio 2007 的优势主要体现在以下三个方面。

1)使业务数据可视化

使用数据透视关系图,可以直观地查看通常以静态文本和表格形式显示的业务数据。创建相同数据的不同视图可以更全面地了解问题。

2)确定问题,跟踪趋势并标记异常

Office Visio 2007 能快速突出显示关键问题、趋势和异常,并描述项目进度。新增的数据图形功能用精美直观的形状简化了条件格式,这些形状包括根据用户定义的条件显示的标志和数据栏。

3)直观地报告项目信息

Office Visio 2007 是使复杂项目信息可视化的必备工具。从 Microsoft Office Project 和 Microsoft Office SharePoint Server 中可以方便地直接生成报表,以跟踪项目任务、所有者、角色和职责,并描述复杂项目的所有权结构。随着项目信息的更改,还可以自动修改报表。

5. 新特性

Office Visio 2007 包含以下新的改进：创建图表更加容易，具有更多查找形状，增加实时预览功能，自动调整大小，自动调整间距，增加 Visio 服务、流程管理，增强 SharePoint 支持，增加新的图形及具有更好的兼容性。

6. 折叠替代工具

Visio 虽然是绘制流程图使用率最高的软件之一，但也有自己的一些不足。所以，结合实际情况选择合适的替代工具不失为一种明智的选择。Visio 的替代工具主要有 Axure、Mindjet MindManager、Photoshop、OmniGraffle(MAC 系统专用)以及 ProcessOn 等，其中 ProcessOn 是评价最高的流程图工具，不限使用系统，只要有浏览器(IE9 以上)就可以。ProcessOn 是基于浏览器 HTML5 语言开发的在线作图工具，支持多人协作；ProcessOn 的前身就是著名的 SAM，SAM 是业务流程梳理工具软件，为流程从业者梳理流程业务提供了便捷、标准化的建模工具，为开展流程梳理、固化、发布工作提供最佳工具支持。

7. 折叠交流信息

使用 Office Visio 2007 通过图表进行表达，可以最大限度地影响用户(这是单独的文字和数字无法做到的)，而且可与任何人(甚至是没有安装 Visio 的用户)共享具有专业外观的 Office Visio 2007 图表。

通过使用 Office Visio 2007 中的新增功能和改进功能，可以更有效地沟通并以更多的方式来影响更广泛的用户。

1)使用新增的形状和图表类型进行有效交流

使用 Office Visio 2007 中简化的图表类别可以轻松找到适合的模板。使用 Office Visio Professional 2007 中的信息技术基础架构库(Information Technology Infrastructure Library，ITIL)模板和价值流图模板等新增模板可以创建种类更广泛的图表。使用新增的三维工作流形状可以创建更动态的工作流。

2)设计具有专业外观的图表

使用 Office Visio 2007 中新增的主题功能，只需单击一次，即可方便地设置整个图表中的颜色和效果的格式。Office Visio 2007 甚至可与 Microsoft Office PowerPoint 2007 使用相同的颜色，因此可以轻松地设计与 PowerPoint 演示文稿相配且具有专业外观的 Visio 图表。

3)影响更多用户

将 Visio 图表保存为 PDF 或 XPS 文件格式，可使其更具可移植性，并供更多用户使用，可在 Microsoft Office Outlook 2007 中查看 Visio 图表附件。

4)与任何人共享图表

将图表保存为包含导航控件、形状数据查看器、报表、图像格式选择和样式表选项的网页，则通过 Windows Internet Explorer 使用 Visio 查看器的任何人都可以从 Internet 和 Enternet 上访问这些图表。

5)使用 Visio 图表进行协作

共享的工作区功能支持使用 Microsoft Windows SharePoint Services 进行协作。在 Office

Visio 2007 中,可以直接打开在 Windows SharePoint Services 网站上保存的 Visio 图表,甚至可以在 Office Visio 2007 中签入和签出这些图表。从 Windows SharePoint Services 网站上打开图表时, Office Visio 2007 会打开共享工作区任务窗格,其中包含其他文件、成员、任务和链接等工作区中的所有信息。

6)用数字墨迹批注图表

Office Visio 2007 中数字墨迹的集成支持使用 Tablet PC 中的笔来自然标记现有图形和进行草图创建。使用 Tablet PC 中的笔简化输入的增强功能和对 Tablet PC 中的高分辨率显示环境的支持可实现数字墨迹批注图表,使得 Visio 画图更具交互性和个性,也大大增强其灵活性。

7)针对同一 Visio 图表进行协作

借助“跟踪标记”功能,多个用户可针对同一 Visio 图表进行协作。该功能通常用于审阅图表和合并反馈,有助于集中整理图表的协作审阅者和修订人员的不同意见。

8. 自定义

通过编程方式或与其他应用程序集成的方式,可以扩展 Office Visio 2007 实现自定义,从而适应某些特定行业或组织对绘制图表等的特殊需求,也可以使用 Visio 解决方案提供商提供的解决方案和形状。

例如,可通过使用新增功能和改进功能,以编程方式自定义和扩展 Office Visio 2007。

1)对自定义解决方案进行规划和分析并使其可视化

使用 Office Visio Professional 2007 “软件和数据库”类别中的模板,可以可视化使用 Office Visio 2007 图表的自定义解决方案。这些图表包括统一建模语言(Unified Modeling Language, UML)、数据流和 Microsoft Windows 用户界面图表等。

2)构建强大的自定义解决方案

Office Visio 2007 软件开发工具包(Software Development Kit, SDK)可以帮助新的以及原有的 Visio 开发人员使用 Office Visio 2007 来构建程序。该 SDK 包括各种用以简化和加快自定义应用程序开发的示例、工具和文档。该 SDK 提供了一套可用于最常见的 Office Visio 2007 开发任务的可重用函数、类和过程,而且支持多种开发语言,其中包括 Microsoft Visual Basic、Visual Basic .NET、Microsoft Visual C# .NET 和 Microsoft Visual C++。

3)向任何上下文或程序中添加 Visio 图表绘制功能

借助 Office Visio 2007 和 Visio 绘图控件,可以创建自定义的数据连接解决方案,以便于连接数据并在任何上下文中显示数据。使用 Visio 绘图控件,开发人员可在自定义应用程序中嵌入 Visio 绘图环境并对其进行编程。这样就为解决方案集成创造了新机会,从而便于在任何智能客户端应用程序中兼容实现 Office Visio 2007 的功能。由于 Visio 绘图控件可与宿主应用程序的用户界面(User Interface, UI)集成,因此开发人员可以将 Visio 的绘图功能当作其应用程序的天然组成部分,而无须亲自开发类似的功能。

4)利用新增的数据驱动解决方案功能

使用相关的应用程序编程接口(Application Programming Interface, API),创建自定义解决方案,利用新增的 Office Visio Professional 2007 数据可视化功能。

1.3.2　AutoCAD 的发展简介

1. 计算机辅助设计（Computer Aided Design，CAD）技术应用概况

计算机辅助设计及制造（Computer Aided Design/Computer Aided Manufacturing，CAD/CAM）技术产生于 20 世纪 50 年代后期发达国家的航空和军事工业中，并随着计算机软硬件技术和计算机图形学技术的发展而迅速成长起来。1989 年美国国家工程院将 CAD/CAM 技术评为当代（1964—1989 年）十项最杰出的工程技术成就之一。近几十年来 CAD 技术和系统有了飞速发展，CAD/CAM 技术的应用迅速普及。在工业发达国家，CAD/CAM 技术的应用已迅速从军事工业向民用工业扩展，由大型企业向中小企业推广，由高技术领域向日用家电、轻工产品的设计和制造领域普及，而且该技术正在从发达国家流向发展中国家。

CAD 是一个范围很广的概念，概括来说，CAD 的设计对象有两大类：一类是机械、电气、电子、轻工和纺织产品；另一类是工程设计产品，即工程建筑（Architecture Engineering & Construction，AEC）。如今 CAD 技术已经延伸到美术、电影、动画、广告和娱乐等领域，产生了巨大的经济及社会效益，有着广泛的应用前景。CAD 在机械制造行业的应用最早，也最为广泛。采用 CAD 技术进行产品设计，不但可以使设计人员"甩掉图板"，更新传统的设计思想，实现设计自动化，降低产品的成本，提高企业及其产品在市场上的竞争能力，还可以使企业由原来的串行作业转变为并行作业，建立一种全新的设计和生产技术管理体制，缩短产品的开发周期，提高劳动生产率。如今航空、航天及汽车等制造业巨头不但广泛采用 CAD/CAM 技术进行产品设计，而且投入大量的人力、物力及资金进行 CAD/CAM 软件的开发，以保持自己技术上的领先地位和国际市场上的优势。

2. AutoCAD 简介

AutoCAD 是美国欧特克（Autodesk）公司于 1982 年首次推出的自动计算机辅助设计软件，全称为 Automation Computer Aided Design，用于二维绘图、详细绘图、设计文档和基本三维设计、渲染及关联数据处理和互联通信。AutoCAD 是世界上使用最为广泛的计算机辅助设计平台之一。

AutoCAD 发展到现在应用范围相当广泛，涉及机械、电子、建筑、园林、家具、服装等。与传统的人工设计及手工绘图相比，AutoCAD 具有明显的优势，使用 CAD 可以方便地绘制、编辑和修改图形，而且成图质量相当高。

AutoCAD 的功能如下。

（1）绘图功能：AutoCAD 是一款绘图软件，提供了丰富、方便的绘图工具，用户可以通过菜单栏、工具栏和输入相应的绘图命令等方式绘制二维图形和三维图形。

（2）编辑功能：一个项目的图件很可能不能一次绘制好，要通过修改、编辑才能达到令人满意的程度，AutoCAD 的编辑功能是其功能强大的一个重要体现。

（3）图形共享功能：一个项目很可能需要多人分工协作才能完成，这样设计者之间的信息交流、图形共享就尤为重要。

（4）二次开发功能：虽然 AutoCAD 有强大的绘图、编辑功能，但它是一个通用软件，不可

能包罗万象、面面俱到，但它具有灵活的开放性，提供了二次开发平台，用户可以根据需要进行二次开发，扩充 CAD 的功能，从而让它更适用于某一具体的设计领域。

（5）轻松的设计环境：AutoCAD 提供模型绘图空间和图纸绘图空间，使用户设计不受空间束缚。

3. 信息技术行业 CAD 应用

信息技术产业是一门新兴的产业，它建立在现代科学理论和科学技术基础之上，采用了先进的理论和通信技术，是一门带有高科技性质的服务性产业。信息技术产业的发展对整个国民经济的发展意义重大：信息技术产业通过它的活动使经济信息的传递更加及时、准确、全面，有利于各产业提高劳动生产率；信息技术产业加速了科学技术的传递速度，缩短了科学技术从创制到应用于生产领域的距离；信息技术产业的发展推动了技术密集型产业的发展，有利于国民经济结构上的调整。

自计算机技术产生以来，信息技术便得到了突飞猛进的发展。它的应用已经渗透到社会的各行各业、各个角落，极大地提高了社会生产力水平，为人们的工作、学习和生活带来了前所未有的便利和实惠。

CAD 技术在信息技术产业中的应用也是广泛的，与传统的机械产业和建筑产业相比有许多相通之处，又存在着一些不同。例如在常用的电力系统和计算机网络系统中，CAD 技术的具体应用通常可分为两大模块，即强电工程设计和弱电工程设计。

1）强电工程设计

电力应用按照电力输送功率的强弱可以分为强电与弱电两类。建筑及建筑群用电一般指交流 220 V/50 Hz 及以上的强电，主要向人们提供电力能源，将电能转换为其他能源，例如空调用电、照明用电、动力用电等。使用 CAD 技术可进行各类强电系统工程系统图和施工图的设计，包括以下模块：

（1）变配电系统；

（2）动力配电系统；

（3）照明配电系统；

（4）防雷接地系统；

（5）备用电源系统。

2）弱电工程设计

弱电工程是区别于 220 V/50 Hz 及以上强电的电力系统工程。智能建筑中的弱电系统主要有两类：一类是国家规定的安全电压等级范围内的低电压供电系统，此处弱电有交流和直流之分，交流 36 V 以下，直流 24 V 以下，如 24 V 直流控制电源，或应急照明灯备用电源；另一类是载有语音、图像、数据、控制信号等信息的综合布线系统、网络应用语音通信系统、闭路电视系统、计算机网络系统等。

使用 CAD 技术可进行各类弱电系统工程原理图、系统图和施工图等的设计，是智能建筑设计的基本方法和技术，主要包括以下模块：

（1）语音通信系统；

（2）计算机网络系统；

（3）综合布线系统；

（4）物联网系统；

（5）有线电视系统；

（6）视频监控系统；

（7）智能广播系统；

（8）智能安防报警系统；

（9）智能安防系统；

（10）智能停车场系统。

1.3.3 SolidWorks 的发展简介

随着 CAD 技术的飞速发展和普及，越来越多的工程设计人员开始利用计算机进行产品设计和开发，SolidWorks 作为当前一种流行的三维（3D）CAD 软件，越来越受到我国工程技术人员的青睐。SolidWorks 软件是世界上第一个基于 Windows 开发的三维 CAD 系统，该系统在1995—1999 年获得全球微机平台 CAD 系统评比第一名。如果熟悉微软的 Windows 系统，那么基本上就可以用 SolidWorks 来进行设计了。SolidWorks 独有的拖曳功能使设计者能在比较短的时间内完成大型装配设计。SolidWorks 资源管理器是同 Windows 资源管理器一样的CAD 文件管理器，用它可以方便地管理 CAD 文件。使用 SolidWorks 能在比较短的时间内完成更多的工作，能更快地将高质量的产品投放到市场上。

SolidWorks 是法国达索系统（Dassault Systemes）旗下美国 SolidWorks 公司的产品。其宗旨是使每位设计工程师都能在自己的微机上使用功能强大的世界最新 CAD/CAE（Computer Aided Engineering，计算机辅助工程）/CAM/PDM（Product Data Management，产品数据管理）系统。SolidWorks 是全球 3D 计算机辅助设计的领导者，其易学易用的 3D 软件支持并促进全球的工程师和设计团队创造多样化的新型产品。SolidWorks 的综合能力非常强大，囊括了产品设计、有限元分析、工程图纸渲染以及 PDM 数据管理等，提供了一整套集成的解决方案。集成的 3DVIA Composer 是一款方便易用的应用程序，可以让使用者利用 3D 数据生成技术出版物、用户手册、目录以及丰富的动画。SolidWorks 软件通过高性能的数字化产品开发解决方案把从产品设计到分析验证再到数据管理的各个方面集成到一起，提高了创新能力。它提供了一个一体化方案，但不是简简单单地将 CAD、CAM、CAE 集成在一起，而是将所有产品开发应用程序在一个可管理的环境中互相衔接，采用单一的信息源，协调开发的各个阶段，改善协同作业。

使用 SolidWorks 软件实体建模设计直接从三维模型入手，省去设计过程中三维与二维之间的转化，直观易学，操作方便。SolidWorks 软件采用参数驱动的设计模式，可以通过修改相关的参数来完善设计方案，支持设计方案的动态修改。软件中包含丰富的标准件图库，用户可任意扩充自定义的图库，因而减少了不必要的重复性设计工作，有效缩短了设计周期，提高了设计效率。SolidWorks 可以通过任意旋转或剖切对运动的零部件进行动态的干涉检查和间隙检测,发现问题立即修正,把试制过程放在设计阶段,可以避免做成实物后才发现问题,提高了新产品设计的成功率。SolidWorks 把产品的造型设计和功能性设计有机结合在一起,是一种高集成化的工业设计工具。

1. SolidWorks 环境简介

SolidWorks 是美国 SolidWorks 公司开发的三维 CAD 产品,是实行数字化设计的造型软件,在国际上得到了广泛的应用,同时具有开放的系统,添加各种插件后,可实现产品的三维建模、装配校验、运动仿真、有限元分析、加工仿真、数控加工及加工工艺的制定,以保证产品在设计、工程分析、工艺分析、加工模拟、产品制造过程中数据的一致性,从而真正实现产品的数字化设计和制造,并大幅度提高产品的设计效率和质量。

SolidWorks 是一款在 Windows 环境下进行机械设计的软件,是一款以设计功能为主的CAD/CAE/CAM 软件,其界面操作完全使用 Windows 风格,很人性化。功能强大、易学易用和技术创新是 SolidWorks 的三大特点,使其成为领先的、主流的三维 CAD 解决方案。Solid-Works 能够提供不同的设计方案,减少设计过程中的错误以及提高产品的质量。尽管 Solid-Works 提供了如此强大的功能,但对每个工程师和设计者来说,其又是操作简单方便、易学易用的。其主要竞争对手有 UGS 公司的 UG 和 PTC 公司的 PRO/E。

2. SolidWorks 2016 功能模块简介

在 SolidWorks 2016 中共有三大模块,分别是零件、装配和工程图,其中零件模块中又包括草图设计、零件设计、曲面设计、钣金设计及模具设计等子模件,可实现实体建模、曲面建模、模具设计及焊件设计等;装配模块提供了非常强大的装配功能,可以方便地设计及修改零部件,可以动态观察整个装配体中的所有运动,有镜像零部件装配功能,可以使用智能化装配技术自动捕捉已添加配合参考的零部件实现快速总体装配,使用智能零件技术可以自动完成重复的装配设计;工程图模块可以从零件的三维模型(或装配体)中自动生成工程图,工程图模块中包含生产过程认可的完整详细的工具,能使用交替位置显示视图,同时增强了详细视图及剖视图的功能。

第 2 章　Visio 2007 图形的
基本操作

2.1　Visio 的基础知识

2.1.1　Visio 简介

利用 Visio 可以创建各种框图和流程图,可以创建电子示意图,可以创建 Web 站点图表,可以创建家居布局图等一系列图形,这些图形能够有效表达信息。

打开 Visio 2007 可以看到如图 2.1.1 所示的窗口。

默认选项是左侧"模板类别"任务窗格中的"入门教程"选项卡;中间显示"最近打开的模板";中间部分的下面是"Office Online",可以在线看到关于 Visio 2007 的新功能介绍、培训、模板以及下载的相关信息;右侧显示的是"最近打开的文档"。

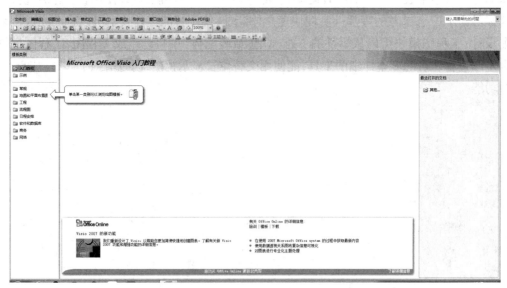

图 2.1.1　Visio 2007 的窗口

单击图 2.1.1 左侧"模板类别"任务窗格中的"示例"选项卡可以看到如图 2.1.2 所示的绘图样本,通过这些绘图样本可以了解 Visio 的基本功能。

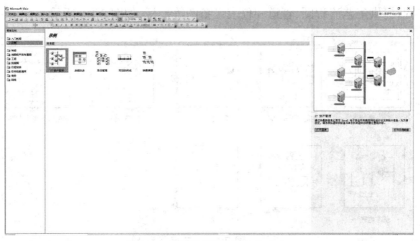

图 2.1.2　"示例"选项卡的内容

图 2.1.2 左侧"示例"选项卡的下面是 Visio 提供的八个模板类别,如图 2.1.3 所示。

(1)常规:提供用于创建圆形、矩形等基本形状的模板,如图 2.1.4 所示。

📁 常规
📁 地图和平面布置图
📁 工程
📁 流程图
📁 日程安排
📁 软件和数据库
📁 商务
📁 网络

图 2.1.3　模板类别

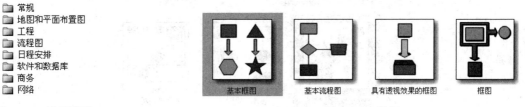

图 2.1.4　常规

(2)地图和平面布置图:提供用于创建地图和平面布置图的模板,如图 2.1.5 所示。

图 2.1.5　地图和平面布置图

（3）工程：提供工艺流程图、管道和仪表设备图等模板，如图 2.1.6 所示。

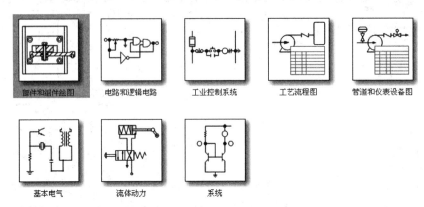

图 2.1.6 工程

（4）流程图：提供各种流程图的模板，例如工作流程图、跨职能流程图等，如图 2.1.7 所示。

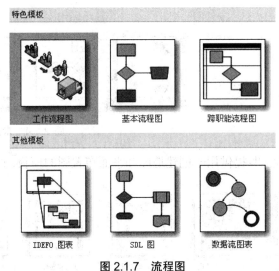

图 2.1.7 流程图

（5）日程安排：提供日历、时间线等模板，如图 2.1.8 所示。

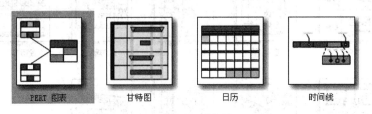

图 2.1.8 日程安排

（6）软件和数据库：提供 Windows XP 用户界面、数据库模型图等模板，如图 2.1.9 所示。

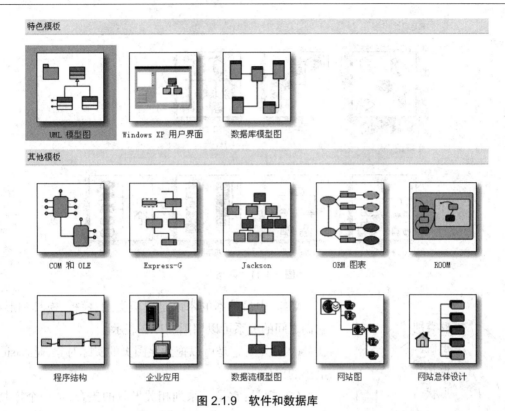

图 2.1.9　软件和数据库

（7）商务：提供灵感触发图、组织结构图等用于商务的模板，如图 2.1.10 所示。

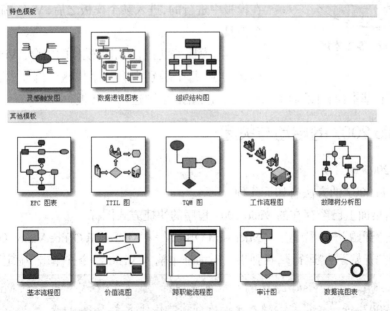

图 2.1.10　商务

（8）网络：提供用于制作计算机网络图的模板，如图 2.1.11 所示。

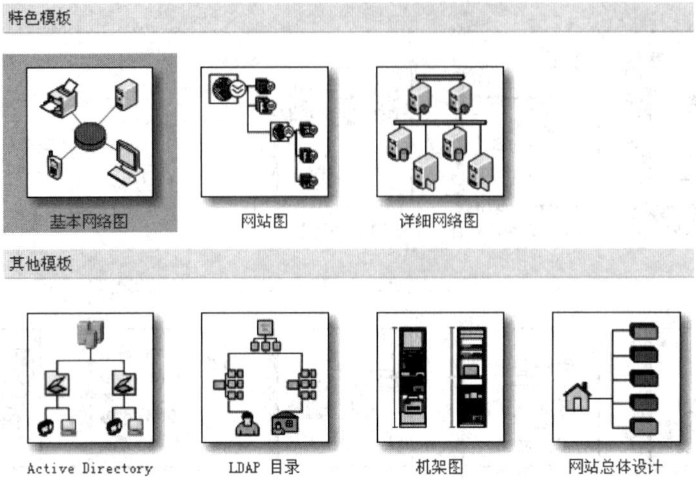

特色模板

基本网络图   网站图   详细网络图

其他模板

Active Directory   LDAP 目录   机架图   网站总体设计

图 2.1.11   网络

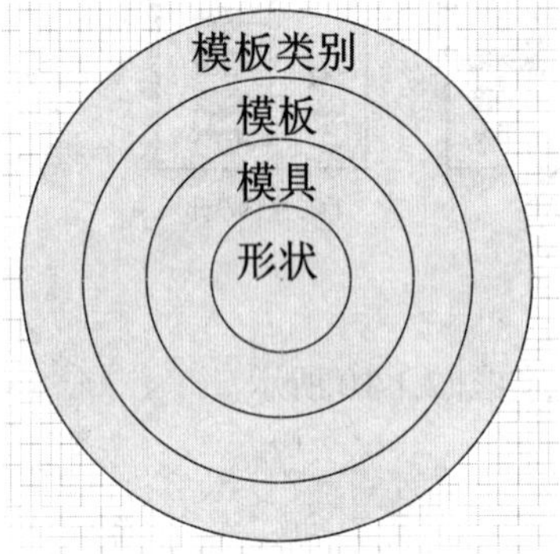

图 2.1.12   基本术语

Visio 中最基本的术语是模板类别、模板、模具和形状，它们之间的关系可以用图 2.1.12 表示。

（1）形状：它是可以拖到绘图页的实际对象，是 Visio 中最小的单位。

（2）模具：它是一系列相关形状的集合，每一个模具中都有一定数量的形状。

（3）模板：它是相关模具的集合，Visio 的图形绘制都是在模板中进行的，进入某个模板之后，Visio 窗口的左侧是几个模具。

（4）模板类别：它是相关模板的集合，Visio 提供了八个模板类别，每个类别中有几个模板。例如"常规"模板类别包括基本框图、基本流程图、具有透视效果的框图、框图这四个模板。

2.1.2 Visio 2007 的启动与关闭

1. Visio 2007 的启动

启动 Visio 2007 的方法有如下几种。

（1）双击桌面上已经存在的 Visio 2007 程序的快捷方式图标。

（2）单击"开始"→"程序"→"Microsoft Office"→"Microsoft Office Visio 2007"。

（3）单击"开始"→"运行"，在弹出的对话框中输入 Visio 命令并单击"确定"按钮。

提示：如果桌面上没有 Visio 2007 的快捷方式图标，可以在"程序"中找到"Microsoft Office Visio 2007"并单击鼠标右键在桌面上创建其快捷方式。

2. Visio 2007 的关闭

关闭 Visio 2007 的方法有如下几种。

（1）单击 Visio 2007 窗口右上角的"关闭"按钮。

（2）单击 Visio 2007 窗口菜单栏中的"文件"→"退出"命令。

（3）用鼠标右键单击任务栏中的 Visio 文件,在弹出的快捷菜单中单击"关闭"命令。

（4）利用键盘上的【Alt+F4】快捷键。

（5）双击 Visio 2007 窗口左上角的"控制图标"按钮。

2.1.3　Visio 2007 的界面

选择图 2.1.1 中"模板类别"中的"常规"模板类别,再用鼠标左键双击,打开 Visio 2007 的窗口,如图 2.1.13 所示。

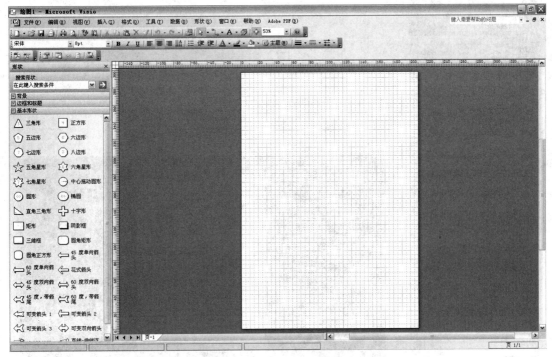

图 2.1.13　Visio 2007 的窗口

（1）标题栏:位于窗口的顶部,该窗口的标题是"绘图 1-Microsoft Visio",如图 2.1.14 所示。

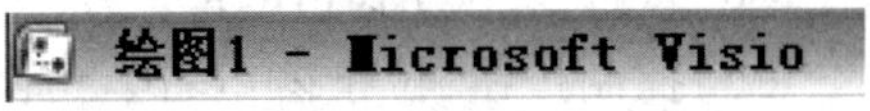

（2）菜单栏:位于标题栏的下面,菜单包括"文件""编辑""视图""插入""格式""工具""数据""形状""窗口""帮助"等,如图 2.1.15 所示。另外,在打开个别模具时,菜单栏还会出现非标准菜单。

图 2.1.14　标题栏

图 2.1.15　菜单栏

（3）工具栏：位于菜单栏的下面，主要有常用工具栏和格式工具栏，提供了菜单选项的快捷方式，如图 2.1.16 所示。当把鼠标放到按钮上，就会显示该按钮的功能。

图 2.1.16　工具栏

（4）形状窗口：位于整个窗口的左侧，包括打开模板的相应模具，如图 2.1.17 所示。

（5）绘图窗口：整个窗口的剩余部分，顶部和左侧有水平标尺和垂直标尺，右侧和下侧分别有垂直滚动条和水平滚动条，左下角有页标签（页 -1），如图 2.1.18 所示。

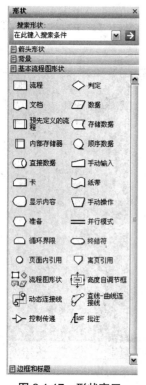

图 2.1.17　形状窗口

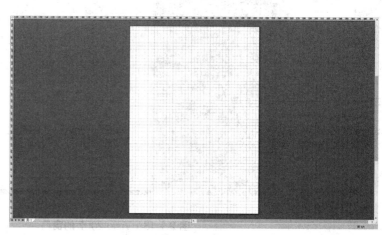

图 2.1.18　绘图窗口

（6）状态栏：位于窗口的最下方。

（7）控制按钮：位于窗口右上角，如图 2.1.19 所示，从左往右依次是"最小化""还原"和"关闭"三个按钮。

（8）提示框：位于控制按钮的左边，如图 2.1.20 所示。

图 2.1.19　控制按钮   图 2.1.20　提示框

2.1.4　新建、打开绘图文档

1. 新建绘图文档

新建绘图文档的方法有如下几种。

（1）启动 Visio 2007，在该窗口中选择"模板类别"任务窗格中的"常规"选项卡，然后选择"基本流程图"图标，单击"创建"按钮（或者双击"基本流程图"图标），如图 2.1.21 所示。

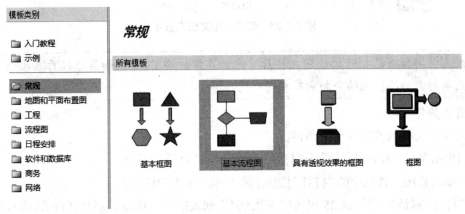

图 2.1.21　新建绘图文档方法 1

（2）单击菜单栏中的"文件"→"新建"→"常规"→"基本流程图"命令，如图 2.1.22 所示。

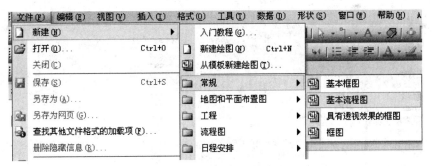

图 2.1.22　新建绘图文档方法 2

（3）单击常用工具栏中的"新建"按钮，如图 2.1.23 所示。

图 2.1.23　新建绘图文档方法 3

（4）单击菜单栏中的"文件"→"新建"→"新建绘图"命令,可以打开一个空白文档,如图2.1.24 所示。

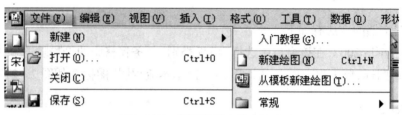

图 2.1.24　新建绘图文档方法 4

提示:只有关闭所有已打开的绘图文档后才能新建空白绘图文档,如果已经存在绘图文档,则新打开的绘图文档会和它有相同的模板。

2. 打开绘图文档

打开绘图文档的方法有如下两种。

（1）单击菜单栏中的"文件"→"打开"命令,启动"打开"对话框。

（2）单击常用工具栏中的"打开"按钮 ,启动"打开"对话框。

在"打开"对话框(图 2.1.25)中的"查找范围"列表框中选择驱动器和文件夹,再从中选择要打开的文件,单击"打开"按钮即可。

图 2.1.25　"打开"对话框

2.1.5　保存、打印文档

1. 保存文档

保存文档的方法有如下几种。

（1）单击菜单栏中的"文件"→"保存"命令,如图 2.1.26 所示。

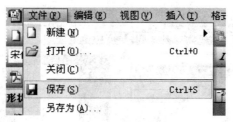

图 2.1.26　保存文档

（2）按【Ctrl+S】快捷键。

（3）单击常用工具栏中的"保存"按钮 ，快速保存图形。

（4）单击菜单栏中的"文件"→"另存为"命令，打开"另存为"对话框，如图 2.1.27 所示，在"保存位置"下拉列表框中可以选择某个其他位置对已经保存的文档保存副本，在"保存类型"下拉列表框中可以选择保存该文档的其他文档格式。

图 2.1.27　"另存为"对话框

> 提示：【Ctrl+S】快捷键是最快捷的方式，同 Office 的其他软件中的使用方法相同，类似的快捷键还有复制【Ctrl+C】快捷键和粘贴【Ctrl+V】快捷键。

2. 打印文档

1）打印设置

单击菜单栏中的"文件"→"页面设置"命令，打开"页面设置"对话框，如图 2.1.28 所示。

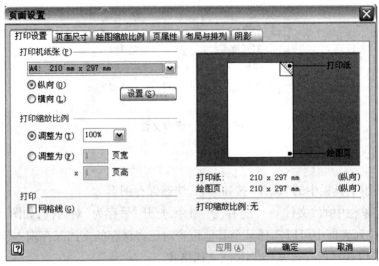

图 2.1.28 "页面设置"对话框

2）打印预览

进行打印预览的方法有如下两种。

（1）单击菜单栏中的"文件"→"打印预览"命令。

（2）单击常用工具栏中的"打印预览"按钮。

3）打印图形

打印图形的方法有如下两种。

（1）单击菜单栏中的"文件"→"打印"命令，打开"打印"对话框，如图 2.1.29 所示。

（2）单击常用工具栏中的"打印"按钮，打开"打印"对话框。

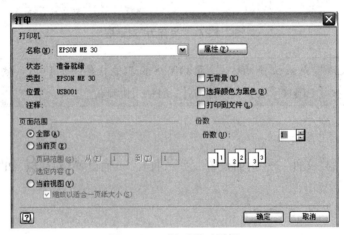

图 2.1.29 "打印"对话框

2.1.6　Help 功能

1. Microsoft Office Visio 帮助

打开 Microsoft Office Visio 帮助的方法有如下两种。

（1）单击菜单栏中的"帮助"→"Microsoft Office Visio 帮助"命令，打开"Visio 帮助"对话框，如图 2.1.30 所示。

（2）单击常用工具栏中的"Microsoft Office Visio 帮助"按钮，打开"Visio 帮助"对话框。

在"Visio 帮助"对话框的"搜索"文本框中输入要查找的内容，获取相应的帮助信息。

图 2.1.30　"Visio 帮助"对话框

2."帮助"按钮

在对话框窗口的左下角经常能看到"帮助"按钮，单击该按钮能获得相应的上下文帮助，如图 2.1.31 所示。

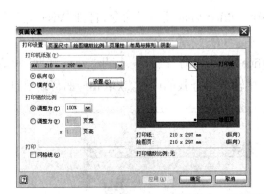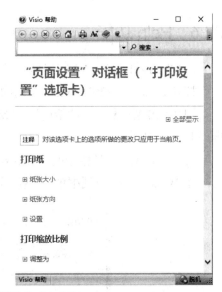

图 2.1.31　对话框窗口的"帮助"按钮及其对应内容

3. 示例图表

单击菜单栏中的"帮助"→"示例图表"命令,可以打开示例图表。

示例图表针对特定用途而设计,可以打开和编辑每个示例图表,还可以编辑示例数据,是熟悉程序高级功能的一种很好方式。

4. 提示框

在窗口的右上角有帮助提示框,如图 2.1.20 所示,键入需要帮助的问题后按【 Enter 】键,可以得到相应的搜索结果。

5. 网络在线服务

单击菜单栏中的"帮助"→ "Microsoft Office Online"命令,可以在连接到 Internet 的前提下在线搜索最新的内容。

2.2　绘图页面的设置

2.2.1　新建与删除页面

1. 新建绘图页面

新建绘图页面的方法有如下两种。

(1)单击菜单栏中的"插入"→"新建页"命令,打开"页面设置"对话框,如图 2.2.1 所示。

(2)用鼠标右键单击"页 -1"页标签,在弹出的快捷菜单中单击"插入页"命令,打开"页面设置"对话框。

在"页面设置"对话框中单击"确定"按钮即可。

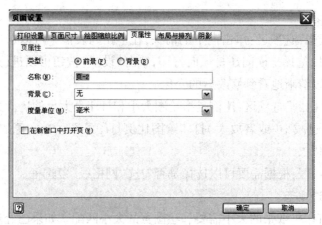

图 2.2.1　"页面设置"对话框

2. 删除绘图页面

删除绘图页面的方法有如下两种。

(1)单击菜单栏中的"编辑"→"删除页"命令。

(2)用鼠标右键单击页标签,在弹出的快捷菜单中单击"删除页"命令。

3. 重命名绘图页面

重命名绘图页面的方法有如下几种。

(1)用鼠标右键单击页标签,在弹出的快捷菜单中单击"重命名"命令。

(2)双击页标签,进入编辑状态,直接输入名称。

(3)单击菜单栏中的"文件"→"页面设置"命令,打开"页面设置"对话框,单击"页属性"选项卡,也可重命名绘图页面。这种方式打开的"页面设置"对话框与新建页打开的"页面设置"对话框是有区别的。

2.2.2　页面设置

单击菜单栏中的"文件"→"页面设置"命令,打开"页面设置"对话框,如图 2.2.2 所示。

图 2.2.2　"页面设置"对话框

1."打印设置"选项卡

（1）"打印机纸张"选项区：单击向下的箭头，在下拉列表框中可以选择不同的纸张大小，通过单击单选框可以选择是横向还是纵向打印，单击"设置"按钮可以进行更详细的设置。在右侧的预览框中可以清晰地看到修改后的变化。

（2）"打印缩放比例"选项区：比例是指绘图大小和打印页大小的比。当绘制大型（或者小型）绘图时，可以通过减小（或者放大）打印绘图比例打印绘图。在右侧的预览框中可以清晰地看到修改后的变化。

（3）"打印"选项区：根据需要可以选择是否勾选"网格线"复选框。

2."页面尺寸"选项卡

打印绘图时，打印机纸张的大小需要和绘图页的大小匹配。如果已经选择了模板，绘图页会设置成和打印机纸张大小相匹配的尺寸，但在绘图过程中可能发生一些改变绘图页大小的意外，故打印之前要核查绘图页和打印纸张大小是否匹配。

"打印设置"选项卡更改的是打印机纸张的参数，而"页面尺寸"选项卡更改的是绘图页的相关参数。

图2.2.3中打印纸和绘图页相互垂直，解决办法是将绘图页页面方向改为横向。

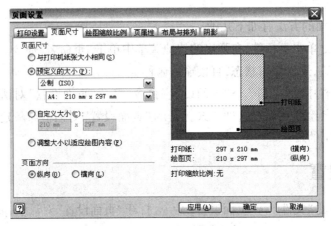

图2.2.3 "页面尺寸"选项卡

3."绘图缩放比例"选项卡

设置绘图缩放比例不会影响绘图的打印属性。当使用Visio 2007绘制地图时，这一功能就是必须设置的。绘图是按照实物的一定比例缩放的，故一定要在适当的位置标明，在背景页标明绘图缩放比例是一个不错的方法。

可以通过"预定义缩放比例"或者"自定义缩放比例"来更改绘图的比例，如图2.2.4所示。

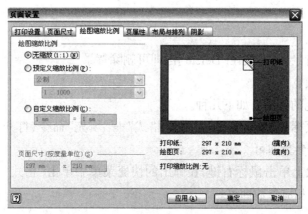

图 2.2.4　"绘图缩放比例"选项卡

4."页属性"选项卡

在"页属性"选项卡中可以更改绘图页的类型(前景或背景)、名称、背景以及度量单位,如图 2.2.5 所示。

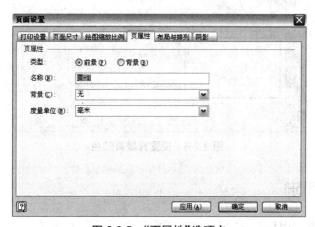

图 2.2.5　"页属性"选项卡

2.2.3　背景页

1. 添加背景

有些模板已经存在背景模具,选择合适的形状拖动至绘图页即可。如果没有,可以用以下几种方法添加背景。

(1)单击菜单栏中的"文件"→"形状"→"其他 Visio 方案"→"背景"命令,在添加的背景模具中选择一个拖动至绘图页即可。

(2)插入新页,在弹出的"页面设置"对话框的"页属性"选项卡中,单击"背景"单选框,并输入名称即可。

2. 创建新背景

根据自己的需要在绘图页绘制一些形状或输入文字,然后打开"页面设置"对话框进行设置。

3. 删除背景

在背景页选择背景形状,按住【Delete】键即可删除背景。

4. 设置背景页颜色

设置背景页颜色的方法有如下几种。

(1)选择背景页标签,单击菜单栏中的"格式"→"填充"命令,打开"填充"对话框,如图 2.2.6 所示,设置相应参数即可。

(2)在背景形状上单击鼠标右键,在弹出的快捷菜单中单击"格式"→"填充"命令,打开 "填充"对话框,设置相应参数即可。

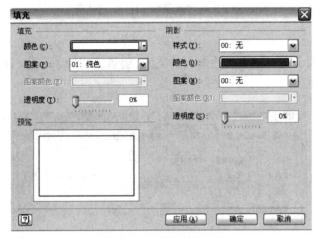

图 2.2.6 设置背景页颜色

2.2.4 页眉和页脚

单击菜单档中的"视图"→"页眉和页脚"命令,打开"页眉和页脚"对话框,如图 2.2.7 所示。

在"页眉"和"页脚"选项区中,单击"左""中""右"文本框右侧的三角按钮,可以选择要 显示的预定义信息,也可以在相应文本框中输入要显示的文本。

"边距"文本框:用于指定页眉或页脚在打印时离页面的上边缘和下边缘的距离。

"选择字体"按钮:点击此按钮,打开"选择字体"对话框进行选择,即可更改页眉或页脚的 字体、大小及其他文字效果。

添加页眉和页脚时必须切换到打印预览窗口进行查看。用户还可以在背景页创建页眉和 页脚,这样可以使每一个绘图页都有相同的页眉和页脚。如果要清除页眉和页脚,在"页眉和 页脚"对话框中清除所有内容后,单击"确定"按钮即可。

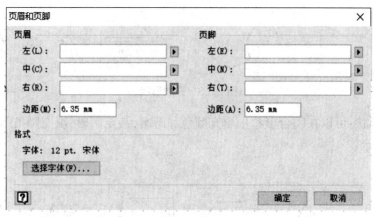

图 2.2.7　"页眉和页脚"对话框

2.3　形状的操作

2.3.1　形状分类

（1）一维形状：具有两个端点，起点是带有"×"号的方块▣，终点是带有"+"号的方块▣，如图 2.3.1 所示。拖动端点可以调整一维形状的大小或者旋转一维形状。

（2）二维形状：具有两个以上的选择手柄，拖动其中的某个手柄可以调整形状大小，如图 2.3.2 所示。当选择形状时，形状周围出现方块▫，拖动它可以调整形状的大小；出现的圆形◎是旋转手柄，拖动它可以旋转形状。

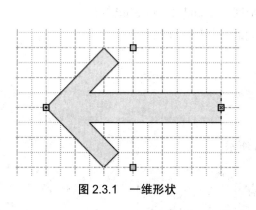

图 2.3.1　一维形状

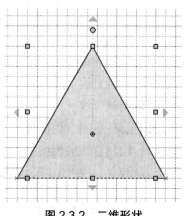

图 2.3.2　二维形状

根据形状闭合与否，可以将其划分为开放形状和闭合形状。

（1）开放形状：可以使用模具中内置的形状绘制，也可以使用绘图工具栏绘制，不能填充颜色和图案，但是可以填充阴影，如图 2.3.3 所示。

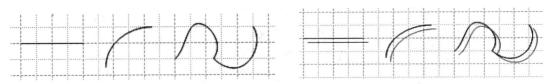

图 2.3.3　开放形状

（3）闭合形状：可以在闭合形状中填充颜色和图案，甚至阴影，填充竖条图案和阴影的效果如图 2.3.4 所示。

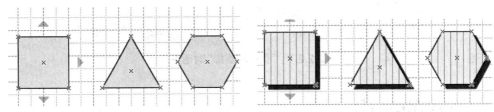

图 2.3.4　闭合形状

2.3.2　添加形状

1. 绘制形状

用绘图工具可以绘制简单形状。打开绘图工具栏（图 2.3.5）的方法有如下几种。

图 2.3.5　绘图工具栏

（1）单击菜单栏中的"视图"→"工具栏"→"绘图"命令。

（2）用鼠标右键单击菜单栏的空白处，在弹出的快捷菜单中单击"绘图"命令。

（3）单击常用工具栏中的"绘图"按钮 。

绘图工具栏中从左到右的工具如下。

①矩形工具：绘制矩形或正方形。绘制正方形时需要同时按住【Shift】键。

②椭圆工具：绘制椭圆或圆。绘制圆时需要同时按住【Shift】键。

③线条工具：绘制直线。

④弧形工具：绘制弧线。

⑤自由绘图工具：绘制自由曲线。

⑥铅笔工具：绘制直线或弧线。

用绘图工具绘制的一些简单形状，如图 2.3.6 所示。

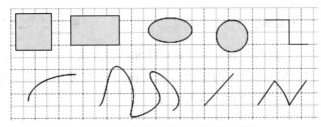

图 2.3.6　用绘图工具绘制的简单形状

2. 模具添加形状

模具添加形状可以对不同模具内的形状进行调用,以便绘制更丰富完整的图形。模具添加形状的方法有如下两种。

(1)单击菜单栏中的"文件"→"形状"命令。

(2)单击菜单栏中的"常用工具栏"中的"形状"按钮📇。

打开所需模具后,用鼠标左键选择所需要的形状再将其拖动到绘图页即可。

3. 复制形状

复制形状的方法有如下两种。

(1)单击要复制的形状,按【Ctrl+C】快捷键,再按【Ctrl+V】快捷键。

(2)单击选择形状,按住【Ctrl】键,当出现"+"号时,拖动鼠标即可复制。

2.3.3　选取形状

1. 选择单一形状

单击常用工具栏中的"指针工具"按钮🖈,将鼠标光标放到要选择的形状上,当光标变成四向箭头时选择形状,形状会出现拖动手柄,如图 2.3.7 所示。

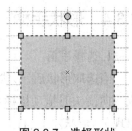

2. 选择多个形状

选择多个形状的方法有如下几种。

(1)先选择单一形状,然后在按住【Shift】键或者【Ctrl】键的同时选择其他形状。

图 2.3.7　选择形状

(2)利用常用工具栏中的"多重选择工具"按钮🗝,可以选择不连续的形状。

(3)单击常用工具栏中的"指针工具"按钮🖈,在绘图区域按住鼠标左键不放再拖曳出一个矩形选框然后释放鼠标,这样可以选中矩形区域内的所有形状。

(4)区域选择:单击"指针工具"按钮旁边的下三角按钮,打开下拉列表框,单击"区域选择工具"按钮🔲 区域选择(A),在绘图区域绘制矩形,可以选择要编辑的形状。

(5)套索选择:单击"指针工具"按钮旁边的下三角按钮,打开下拉列表框,单击"套索选择工具"按钮🔲 套索选择(L),可以选择不规则区域内任意分散的图形。

选择多个形状后,所有被选中的形状被包围在虚线区域内,有一个形状以较粗边框线突出显示,其他选中形状以较细边框线显示,如图 2.3.8 所示。(前两种方法是第一个选中形状突出显示)

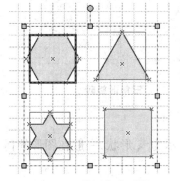

图 2.3.8　选择多个形状

3. 全选

全选,即快速选中所有形状,具体方法有如下两种。

(1)单击菜单栏中的"编辑"→"全选"命令。

(2)按【Ctrl+A】快捷键。

4. 选择特定类型形状

选择特定类型形状可以单击菜单栏中的"编辑"→"按类型选择"命令,打开"按类型选择"对话框,如图 2.3.9 所示,勾选"形状""组合"或者"参考线"等复选框选择形状。

图 2.3.9　选择特定类型形状

5. 取消选择

取消选择的方法有如下两种。

（1）单击绘图页上的空白区域。

（2）按【ESC】键。

2.3.4　形状手柄

1. 选择手柄

当选取形状后,形状周围出现的方块□即是选择手柄,将鼠标光标放在选择手柄上,光标变成双向箭头时拖动鼠标可以调整形状的大小。（当将鼠标光标放在选择手柄上时会有提示框出现）。形状左上、右上、左下以及右下四个方位角上的选择手柄可以保持原有长宽比调整形状,效果如图 2.3.10 中间的三角形所示;各边的选择手柄是修改形状的长或者宽,效果如图 2.3.10 右边的三角形所示。

2. 旋转手柄

当选取形状后,形状上方出现的圆点⊙即是旋转手柄。当将鼠标光标放在旋转手柄上时,光标会变成一个圆形的箭头,拖动鼠标光标会变成四个圆形排列的箭头。三角形旋转前后的对比如图 2.3.11 所示。

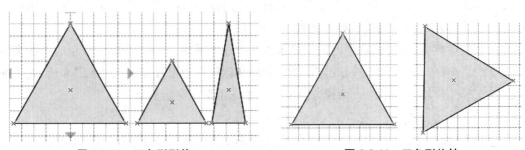

图 2.3.10　三角形形状　　　　　　　　图 2.3.11　三角形旋转

3. 连接点

连接点将形状与连接线或其他形状连接在一起。连接点显示为×形状,一般在图形的拐角处,如图 2.3.12 所示。

图 2.3.12　连接点

1）建立连接点

绘制图形的过程中有时需要在边框的中间建立连接线，而此位置没有连接点，建立新的连接点可以解决此问题。在常用工具栏中单击"连接线工具"按钮 ⬛ 中的向下箭头，在下拉列表框中选择 ✕ **连接点工具**，按住【Ctrl】键不放并在需要创建连接点的位置单击鼠标左键即可。建立连接点后的效果如图 2.3.12 所示。

图 2.3.13　建立连接点

2）删除连接点

在常用工具栏中按"连接线工具"按钮 ⬛ 中的向下箭头，在下拉列表框中选择 ✕ **连接点工具**，单击需要删除的连接点，该点会加粗并且变色，按【Delete】键即可。

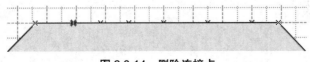

图 2.3.14　删除连接点

4. 控制手柄和控制点

控制手柄和控制点都可以改变图形的形状。

1）控制手柄

用"指针工具"选择某个图形时，如果出现菱形图案◇，该菱形图案就是控制手柄。如图

2.3.15 所示,将"基本形状"模具中的"圆角矩形"形状拖动到绘图页,就可以利用控制手柄更改形状。

2)控制点

当用绘图工具栏中的"铅笔工具"按钮 选中线条、弧线、自由曲线等绘制的图形时,形状上会出现控制点,控制点是圆形手柄 ,位于菱形手柄顶点 中间,拖动控制点可以使图形变形,如图 2.3.16 所示。

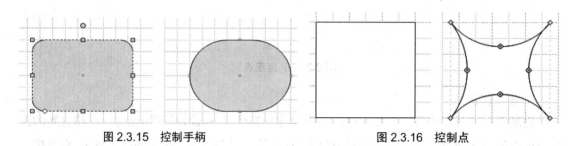

　　图 2.3.15　控制手柄　　　　　　　　　　图 2.3.16　控制点

5. 离心率手柄

离心率手柄存在于形状的弧线部分,用于调整弧线离心率的角度和大小。用"铅笔工具"单击弧线的控制点,出现的 就是离心率手柄,如图 2.3.17 所示。

6. 顶点

用鼠标单击拖动顶点可以更改形状的外形。当用铅笔、线条、弧线或者自由绘制工具选择形状时,可以看到顶点的菱形手柄 。利用顶点更改形状,前后对比如图 2.3.18 所示。

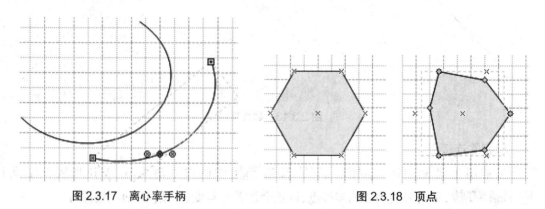

　　图 2.3.17　离心率手柄　　　　　　　　　图 2.3.18　顶点

2.3.5　连接形状

1. 粘附类型

粘附是将连接线和连接点粘连在一起,当移动形状时粘附会自动重新连接形状,自动调整连接线。粘附类型有点到点的粘附和形状到形状的粘附。

1)点到点的粘附

单击连接线,端点是方块并且其中有很小的"+"和"×",当形状的位置发生变化时,形状之间的连接总是这两个连接点,如图 2.3.19 所示。

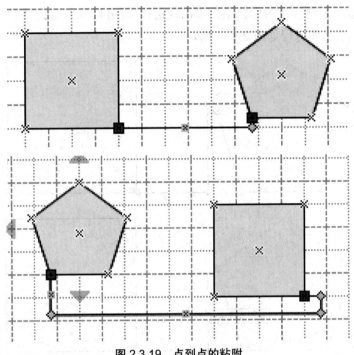

图 2.3.19　点到点的粘附

2）形状到形状的粘附

单击连接线，端点是较大的方块且其中没有"+"和"×"。当形状的位置发生变化时，形状之间的连接可能会换成另外的连接点连接，将是最近的连接点连接形状，如图 2.3.20 所示。

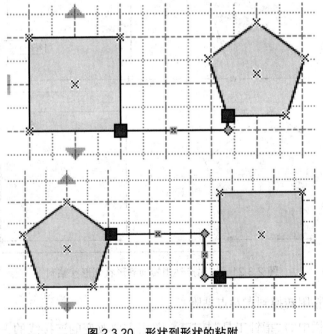

图 2.3.20　形状到形状的粘附

3）点对点粘附转换到形状到形状粘附

选择常用工具栏中的"指针工具"按钮，单击需要改变的连接线的一个端点并拖离与之连接的形状,再拖向刚刚脱离的形状至周围出现边框,释放鼠标即可,相同的做法可改变连接线的另外一个端点,操作过程如图 2.3.21 所示。

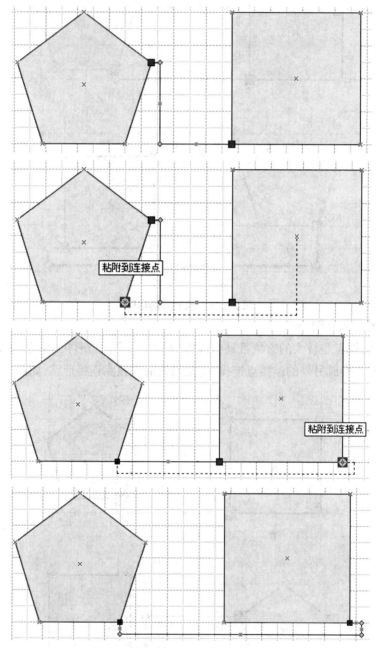

图 2.3.21　点对点粘附转换到形状到形状粘附

4)形状到形状粘附转换到点对点粘附

选择常用工具栏中的"指针工具"按钮 ，单击需要改变的连接线的一个端点并拖离与之连接的形状,再拖向需要连接的连接点(该连接点会有红色边框),释放鼠标即可,相同的做法可改变连接线的另外一个端点。

5）粘附选项的设置

单击菜单栏中时"工具"→"对齐和粘附"命令，可以打开"对齐和粘附"对话框，如图 2.3.22 所示，在此对话框中可以对一些选项进行设置。

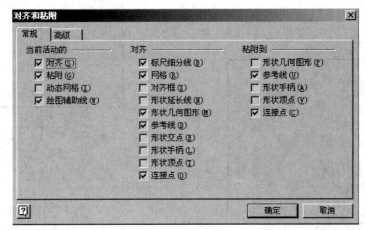

图 2.3.22　粘附选项的设置

2. 连接线连接形状

单击常用工具栏中的"连接线工具"按钮，然后单击一个形状的连接点按住鼠标左键拖动到另一个形状的连接点，当这个连接点变成红色时释放鼠标左键，如图 2.3.23 所示。

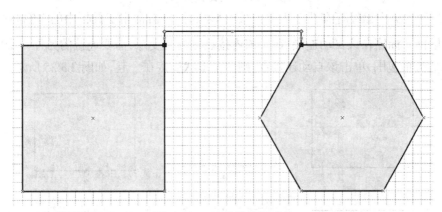

图 2.3.23　连接线连接形状

3. 自动连接形状

创建自动连接时，Visio 会默认选择直角连线的类型。连线的类型还有直线和曲线两种。需要改变连线类型时，只需要选中连线并单击鼠标右键即可进行选择。利用连接点自动连接形状的方法有很多，下面介绍常用的两种方法。

（1）用鼠标左键从模具中选择第一个形状拖动到绘图页，然后拖动第二个形状到绘图页第一个形状上，这时第一个形状周围会出现四个三角形，直到其中一个自动连接点颜色变深，释放第二个形状，两个形状建立连接，如图 2.3.24 所示。

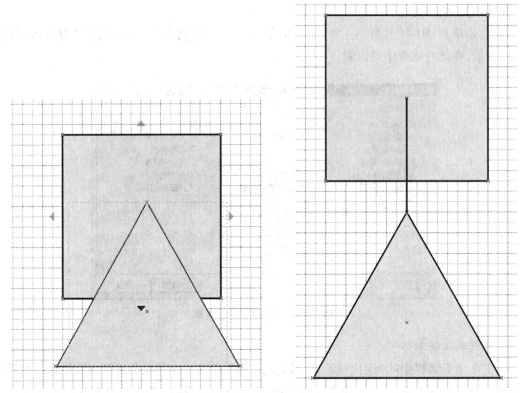

图 2.3.24　自动连接形状

（2）当绘图页中已经存在两个需要连接的形状时，单击常用工具栏中的"连接线工具"按钮 ⬛，将鼠标光标停在该自动连接点上，该连接点颜色会变深，需要连接的另外一个形状会被颜色加深的方框包围，单击该自动连接点，则两个形状连接在一起，如图 2.3.25 所示。

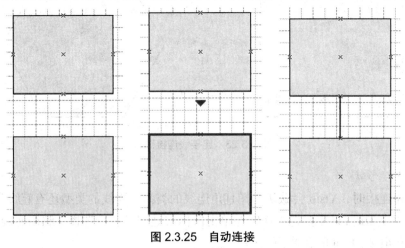

图 2.3.25　自动连接

2.3.6　融合形状

为了方便对各种不同的形状进行融合操作，Visio 提供了几种不同的方法：联合、组合、拆分、相交、剪除。

1. 联合

联合是以几个不同的形状的最大边界为边界创建新的形状。首先绘制图形,然后选中联合的图形,单击菜单栏中的"形状"→"操作"→"联合"命令即可完成联合,如图 2.3.26 所示。

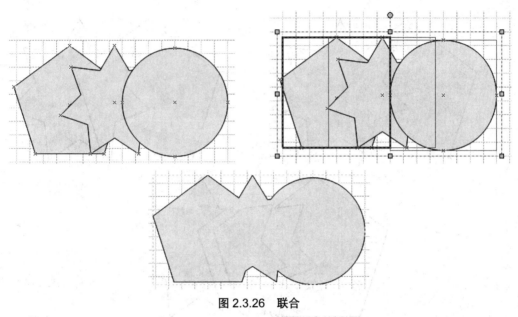

图 2.3.26　联合

2. 组合

与联合不同的是,组合是将两个形状重叠的部分删除以构成新的形状。首先绘制图形,然后选中组合的图形,单击鼠标右键,在弹出的快捷菜单中选择"形状"→"组合"命令即可,或选择多个形状后单击菜单栏中的"形状"→"组合"命令。组合后的新图形在外形上看似没有变化,但是已经是一个新的图形了,当用鼠标选中该图形时,选中的是一个整体而不是组合前的分立图形,如图 2.3.27 所示。

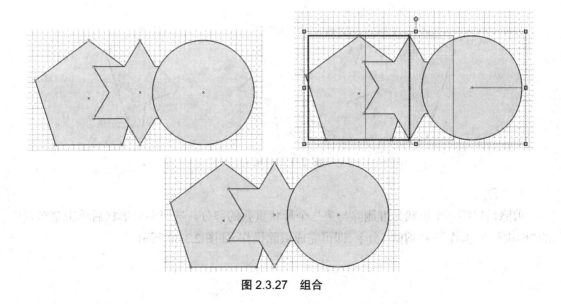

图 2.3.27　组合

3. 拆分

拆分是将形状重叠的部分拆分出来形成新的形状。选择多个形状后单击菜单栏中的"形状"→"操作"→"拆分"命令,即可完成拆分操作,如图 2.3.28 所示。

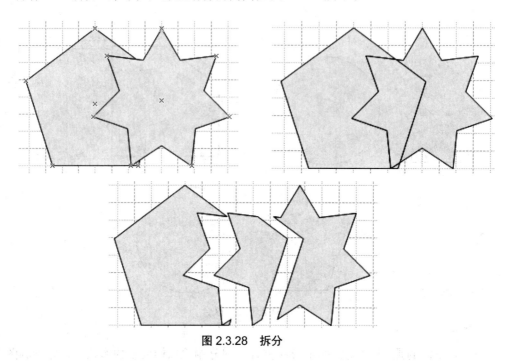

图 2.3.28 拆分

4. 相交

相交操作后只保留形状重叠的部分,其他部分删除。选择多个形状后单击菜单栏中的"形状"→"操作"→"相交"命令,即可完成相交操作,如图 2.3.29 所示。

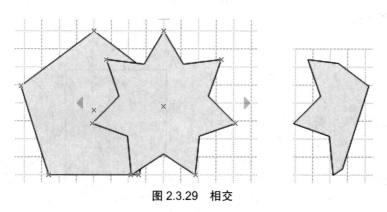

图 2.3.29 相交

5. 剪除

剪除是以第一个形状为准删除与第二个形状重叠的部分。选择多个形状后单击菜单栏中的"形状"→"操作"→"剪除"命令,即可完成剪除操作,如图 2.3.30 所示。

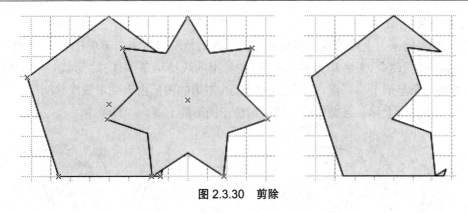

图 2.3.30　剪除

2.3.7　形状顺序的更改

1. 置于顶层

置于顶层是将某一个形状置于所有形状的最顶层。选择正五边形后单击菜单栏中的"形状"→"顺序"→"置于顶层"命令,或者单击鼠标右键,在弹出的快捷菜单中选择"形状"→"置于顶层"命令,即可将正五边形置于顶层,如图 2.3.31 所示。

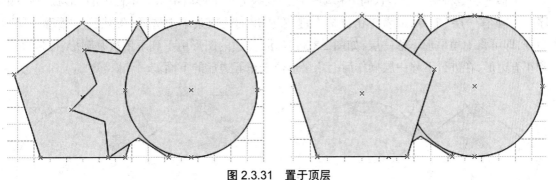

图 2.3.31　置于顶层

2. 置于底层

置于底层是将某一个形状置于所有形状的最底层。选择圆形后单击菜单栏中的"形状"→"顺序"→"置于底层"命令,或者单击鼠标右键,在弹出的快捷菜单中选择"形状"→"置于底层"命令,即可将圆形置于底层,如图 2.3.32 所示。

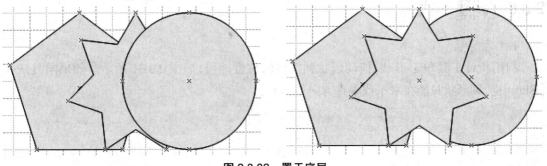

图 2.3.32　置于底层

3. 上移一层

上移一层是将某一个形状向上移动一层。选择七角星形后单击菜单栏中的"形状"→"顺序"→"上移一层"命令，或者单击鼠标右键，在弹出的快捷菜单中选择"形状"→"上移一层"命令，即可将七角星形上移一层，如图 2.3.33 所示，左边的图形由上到下依次是圆形、七角星形和正五边形，在进行上移一层操作后七角星形位于圆形的上面。

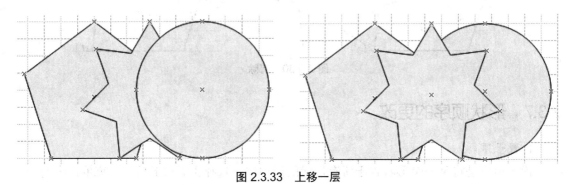

图 2.3.33　上移一层

4. 下移一层

下移一层是将某一个形状向下移动一层。选择七角星形后单击菜单栏中的"形状"→"顺序"→"下移一层"命令，或者单击鼠标右键，在弹出的快捷菜单中选择"形状"→"下移一层"命令，即可将七角星形下移一层，如图 2.3.34 所示，左边的图形由上到下依次是圆形、七角星形和正五边形，在进行下移一层操作后七角星形位于正五边形的下面。

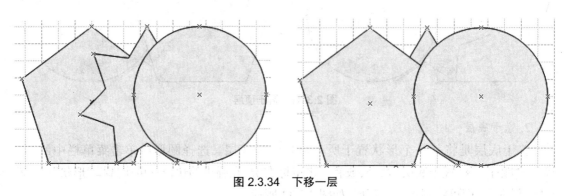

图 2.3.34　下移一层

2.3.8　调整形状

1. 移动形状

利用指针工具单击形状，拖动形状到需要的位置即可，如图 2.3.35 所示。如果同时按住【Shift】键，则形状只能在水平或垂直方向上移动。

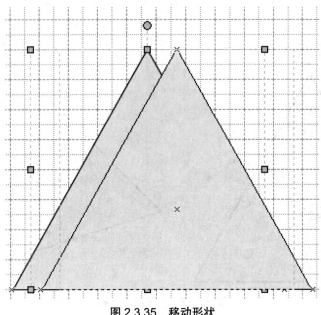

图 2.3.35　移动形状

2. 旋转形状

1）利用指针工具

单击要翻转的形状,选择菜单栏中的"形状"→"旋转或翻转"命令,可以将形状向左旋转、向右旋转、水平翻转或者垂直翻转,如图 2.3.36 所示。

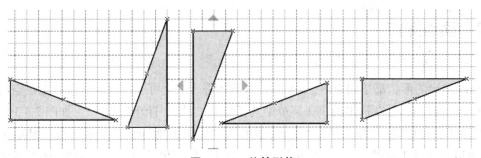

图 2.3.36　旋转形状

2）使用旋转手柄

选择常用工具栏中的"指针工具"按钮,单击形状,形状上方的圆形即是旋转手柄,将鼠标光标放在上面即可出现"旋转形状"的提示,可以对形状进行任意角度的调整,如图 2.3.37 所示,缺点是角度不易控制。

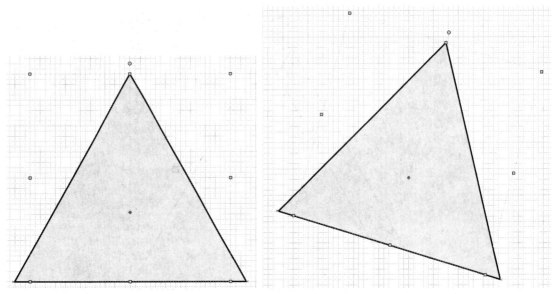

图 2.3.37　使用旋转手柄

3）精确调整图形

单击菜单栏中的"视图"→"大小和位置"命令,打开"大小和位置"对话框,如图 2.3.38 所示,选择常用工具栏的"指针工具"按钮 ,单击形状,对话框显示该形状的大小、位置信息,在对话框中可以直接对形状的位置、大小或者角度进行修改。

2.3.9　顶点操作

1. 拖曳顶点

Visio 给出的形状都是固定的,如果需要对形状进行变更可以拖曳顶点。首先在空白的工具栏旁单击鼠标右键,在弹出的快捷菜单中选择绘图工具栏,打开此工具栏,如图 2.3.39 所示;选择绘图工具栏中的"线条工具""自由绘图工具""弧形工具"或者"铅笔工具",然后单击形状,就可以显示该形状的顶点(如果选择"铅笔工具",除了能将顶点显示出来,还可以将控制点显示出来,控制点位于两个顶点边的中间位置);用鼠标拖动需要改变的顶点到适当的位置再释放鼠标即可,如图 2.3.40 所示。

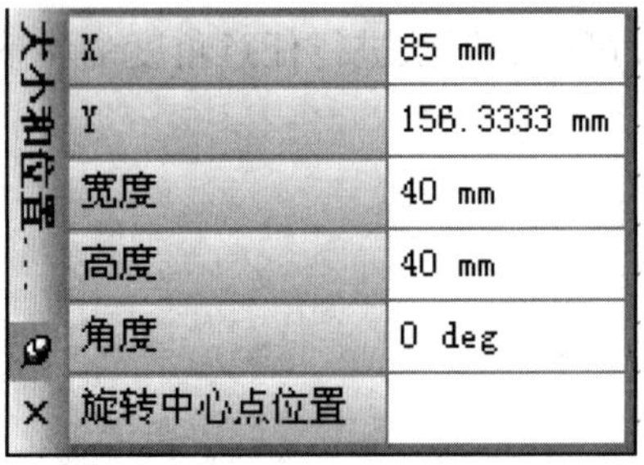

大小和位置....	X	85 mm
	Y	156.3333 mm
	宽度	40 mm
	高度	40 mm
	角度	0 deg
	旋转中心点位置	

图 2.3.38　精确调整图形

图 2.3.39　绘图工具栏

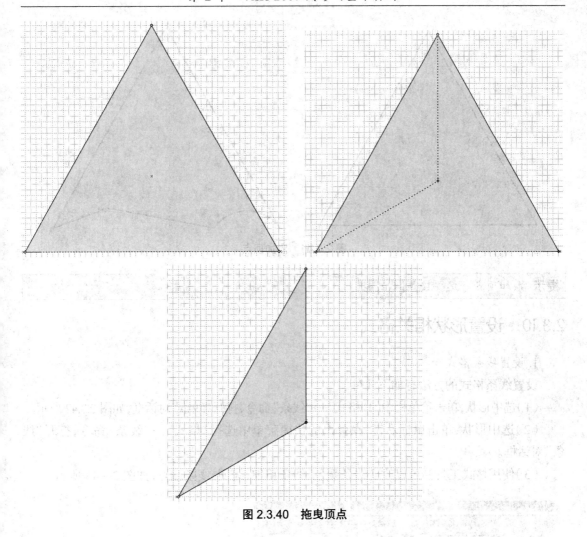

图 2.3.40　拖曳顶点

2. 添加顶点

在空白的工具栏旁单击鼠标右键,在弹出的快捷菜单中选择绘图工具栏,打开绘图工具栏,选择"铅笔工具",可以将形状的顶点和控制点均显示出来,按住【Ctrl】键并在需要添加顶点的位置单击鼠标左键即可。新添加的顶点和原来的顶点之间会创建控制点,可使用控制点改变图形形状。新添加控制点后更改形状的结果如图 2.3.41 所示。

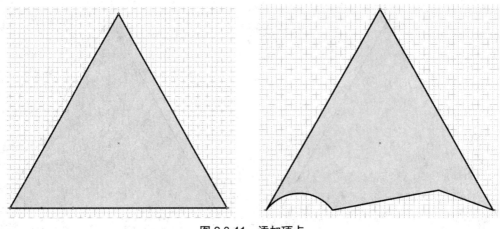

图 2.3.41　添加顶点

提示：添加顶点一定要按住【Ctrl】键。

2.3.10　设置形状相关格式

1. 设置线条格式

设置线条格式的方法有如下几种。

（1）选中形状，单击菜单栏中的"格式"→"线条"命令，打开"线条"对话框，如图 2.3.42 所示。

（2）选中形状，单击鼠标右键，在弹出的快捷菜单中选择"格式"→"线条"命令，打开"线条"对话框。

（3）使用格式工具栏可以改变线条颜色、线条粗细、线型、线条端点，如图 2.3.43 所示。

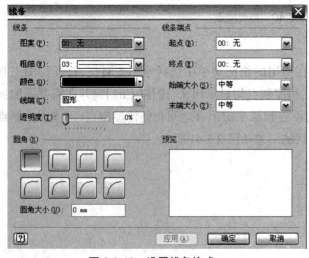

图 2.3.42　设置线条格式

图 2.3.43　格式工具栏

通过"线条"对话框可以修改线条、线条端点和圆角，右下角有更改后的预览图形。几种修改线条格式的效果如图 2.3.44 所示。

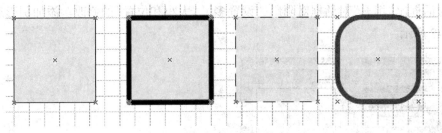

图 2.3.44　修改线条格式

2. 形状的填充和阴影

1）填充

填充的方法有如下几种。

（1）选中形状，单击菜单栏中的"格式"→"填充"命令，打开"填充"对话框，如图 2.3.45 所示。

（2）选中形状，单击鼠标右键，在弹出的快捷菜单中选择"格式"→"填充"命令，打开"填充"对话框。

（3）利用格式工具栏中的"填充颜色工具"按钮，可以为形状快速填充颜色。

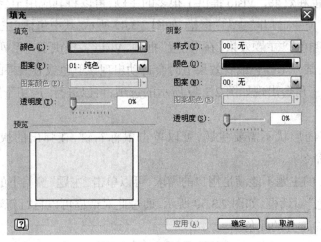

图 2.3.45　"填充"对话框

利用"填充"对话框，不仅可以直接填充颜色，还可以填充图案以及修改透明度。填充后的效果如图 2.3.46 所示。

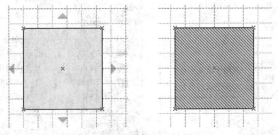

图 2.3.46　填充后的效果

2）阴影

选中形状，单击菜单栏中的"格式"→"阴影"命令，打开"阴影"对话框，如图 2.3.47 所示。

"阴影"对话框比"填充"对话框对阴影的设置多了"大小和位置"的修改。添加阴影后的效果如图 2.3.48 所示。

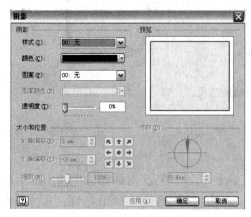

图 2.3.47 "阴影"对话框

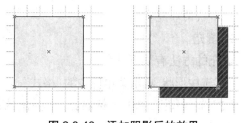

图 2.3.48 添加阴影后的效果

3. 使用 Visio 主题

主题是一组颜色和效果，Visio 提供了很多的主题，可以将其应用于绘图。单击菜单栏中的"格式"→"主题"命令，打开"主题"窗格，如图 2.3.49 所示，其中包括"主题颜色"和"主题效果"两部分。"主题颜色""主题效果"在"内置"框中，Visio 各提供了一系列可供方便使用的示例，当鼠标光标放在某一个颜色或者效果上时会自动出现该颜色或者效果的提示，单击该颜色或者效果右边的下三角会出现如图 2.3.49 所示的选项，可以进行"应用于所有页"或"应用于当前页"等操作。

如果绘图中有的形状不需要主题，可以单击鼠标右键，在弹出的快捷菜单中选择"格式"→"删除主题"命令。

如果 Visio 提供的主题不能满足用户的需求，可以单击"主题"窗格下的"新建主题颜色"，出现"新建主题颜色"对话框，如图 2.3.50 所示，通过此对话框可以自行新建主题，在其中建立新的名称并选择各个部分的颜色。

图 2.3.49 使用主题

图 2.3.50 "新建主题颜色"对话框

2.4　文本的操作

2.4.1　直接加入文本

直接加入文本的方法有如下几种。

（1）将形状拖动到绘图页，或者双击已经存在于绘图页中的形状，直接输入文本，如图 2.4.1 所示。

（2）单击常用工具栏中的"文本工具"按钮 A，然后单击绘图页某位置并拖动鼠标直到文本框所需大小，如图 2.4.2 所示，即可添加文本。

（3）单击菜单栏中的"插入"→"文本框"命令也可以创建纯文本。

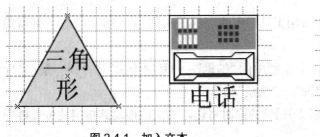
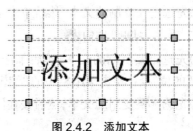

图 2.4.1　加入文本　　　　　　　　　　图 2.4.2　添加文本

提示：形状不同，文本的位置有所不同。

2.4.2　添加文本字段

利用文本字段可以在文本中显示系统日期、时间、几何图形属性等信息资料。单击菜单栏中的"插入"→"字段"命令，打开"字段"对话框，如图 2.4.3 所示。在该对话框中可以插入"形状数据""日期 / 时间""文档信息""页信息""几何图形""对象信息""用户定义的单元格""自定义公式"。

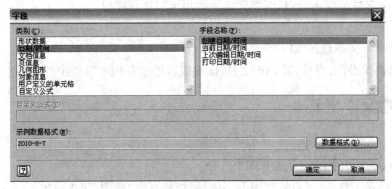

图 2.4.3　"字段"对话框

2.4.3　编辑文本

1. 选择文本

选择文本的方法有如下几种。

（1）双击要编辑文本的图形。

（2）选中图形后，单击常用工具栏中的"文本工具"按钮 **A**。

（3）单击常用工具栏中的"文本工具"按钮 **A**，然后单击图形。

2. 复制和移动文本

1）复制文本

复制文本的方法有如下几种。

（1）先选定要复制的文本，然后按【Ctrl+C】快捷键，将鼠标光标放到需要的位置后，按【Ctrl+V】快捷键。

（2）先选定要复制的文本，然后单击常用工具栏中的"复制"按钮，将鼠标光标放到需要的位置后，单击"粘贴"按钮。

（3）先选定要复制的文本，然后单击菜单栏中的"编辑"→"复制绘图"命令，将鼠标光标放到需要的位置后，单击菜单栏中的"编辑"→"粘贴"命令。

（4）先选定要复制的文本，然后按住【Ctrl】键的同时将选定的文本拖动到指定的位置再释放鼠标。

2）移动文本

移动文本的方法有如下几种。

（1）先选定要移动的文本，然后按【Ctrl+X】快捷键，将鼠标光标放到需要的位置后，按【Ctrl+V】快捷键。

（2）先选定要移动的文本，然后单击常用工具栏中的"剪切"按钮，将鼠标光标放到需要的位置后，单击"粘贴"按钮。

（3）先选定要移动的文本，然后单击菜单栏中的"编辑"→"剪切"命令，将鼠标光标放到需要的位置后，单击菜单栏中的"编辑"→"粘贴"命令。

（4）先选定要移动的文本，直接拖动鼠标到指定的位置即可。

3. 删除文本

选中要删除的文本直接按【Delete】键即可。

如果要撤销误操作，直接按【Ctrl+Z】快捷键或者单击常用工具栏中的"撤销"按钮。

2.4.4　设置文本格式

1. 设置字体、字号和字形

设置字体、字号和字形的方法有如下几种。

（1）利用格式工具栏，可以依次更改字体、字号和字形，如图 2.4.4 所示。

图 2.4.4　格式工具栏

（2）单击菜单栏中的"格式"→"文本"命令，或者单击鼠标右键，在弹出的快捷菜单中选择"格式"→"文本"命令，打开"文本"对话框，如图 2.4.5 所示。可以通过"文本"对话框设置字体、字号和字形。

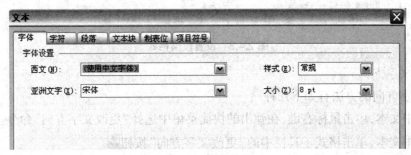

图 2.4.5　设置文本格式

2. 设置文字效果

单击菜单栏中的"格式"→"文本"命令，或者单击鼠标右键，在弹出的快捷菜单中选择"格式"→"文本"命令，打开"文本"对话框，如图 2.4.6 所示。

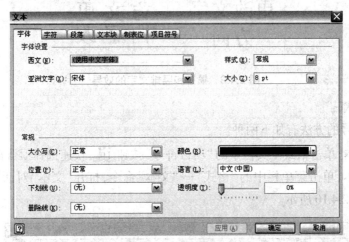

图 2.4.6　设置文字效果

在此对话框的"常规"选项区可以设置文字的大小写、位置、下划线、删除线、文字颜色等。文字效果范例，如图 2.4.7 所示。

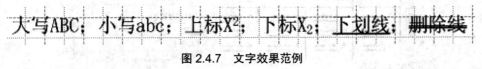

图 2.4.7　文字效果范例

3. 设置段落格式

打开"文本"对话框，单击"段落"选项卡，可以进行段落的对齐方式、缩进值以及间距值的设置，如图 2.4.8 所示。

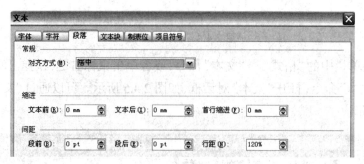

图 2.4.8　设置段落格式

4.更改文字方向

更改文字方向的方法有如下几种。

（1）选中文本,单击鼠标右键,在弹出的快捷菜单中选择"更改文字方向"命令。

（2）选中文本,单击格式工具栏中的"更改文字方向"按钮 。

（3）选中文本,单击菜单栏中的"格式"→"文本"命令,打开"文本"对话框,选择"文本块"选项卡,选中"竖排文字"复选框即可。

横排和竖排文字的效果如图 2.4.9 所示。

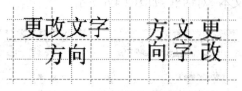

图 2.4.9　横排和竖排文字的效果

5.添加项目符号

添加项目符号的方法有如下两种。

（1）选中文本,单击格式工具栏中的"项目符号"按钮 ,快速选择项目符号。

（2）选中文本,单击菜单栏中的"格式"→"文本"命令,打开"文本"对话框,选择"项目符号"选项卡,如图 2.4.10 所示。

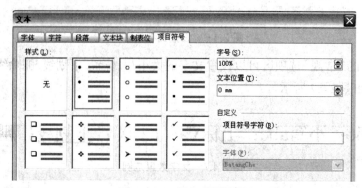

图 2.4.10　添加项目符号

在此对话框中可以选择项目符号的样式、修改字号和文本位置（项目符号和文本之间的间距量),也可以自定义项目符号样式。

6. 设置文本框的背景颜色和边框

1)背景颜色

文本的区域或背景一般都是透明的,如果需要更改背景颜色,方法是:选中图形,单击菜单栏中的"格式"→"文本"命令,打开"文本"对话框,选择"文本块"选项卡,如图 2.4.11 所示,在"文本背景"选项区中选择纯色并在下拉列表框中选中需要的颜色。或者选中图形,单击鼠标右键,在弹出的快捷菜单中选择"格式"→"填充"命令,也可以对文本框填充颜色或者图案。

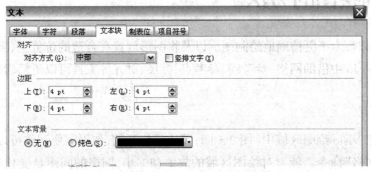

图 2.4.11　设置文本框的背景颜色

2)边框

边框的设置方法有如下几种。

(1)选中图形,单击菜单栏中的"格式"→"线条"命令,打开"线条"对话框,如图 2.4.12 所示,可以根据需要进行修改。

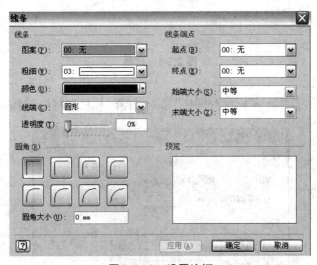

图 2.4.12　设置边框

(2)选中格式工具栏中的线条相关按钮 ，可以修改文本框线条。

(3)选中图形,单击鼠标右键,在弹出的快捷菜单中选择"格式"→"线条"命令,打开"线条"对话框,可以根据需要进行修改。

修改文本框线条的效果如图 2.4.13 所示。

图 2.4.13　修改文本框线条的效果

2.5　精确绘图的方法

在绘制图形时,为了更精确地绘制图形以及将图形放置在合适的位置上,需要使用精确绘图的工具。在 Visio 中借助网格、参考线、参考点、标尺、对齐等工具可以更精确地绘制图形。

2.5.1　网格

网格出现于 Visio 绘图区域中(图 2.5.1),默认是打开的,如果需要调整可以选择菜单栏中的"视图"→"网格"命令。随着对绘图区域的放大和缩小,网格的间距是变化的,默认间距是 1/4 英寸。

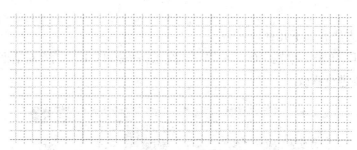

图 2.5.1　网格

1. 设置网格参数
单击菜单栏中的"工具"→"标尺和网格"命令,打开"标尺和网格"对话框,如图 2.5.2 所示。

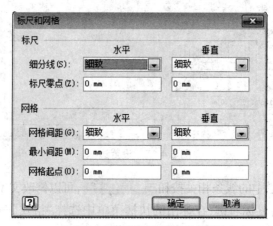

图 2.5.2　"标尺和网格"对话框

（1）网格间距：Visio 提供了四种网格间距，它们依次是"细致""正常""粗糙""固定"，如图 2.5.3 所示。Visio 默认的是"细致"（1/4 英寸）而不是"正常"（1/2 英寸）。如果希望绘图区域中网格间距不变，可以选择"固定"，然后在"最小间距"处设置间距的具体数值。

图 2.5.3　网格间距

（2）网格起点：网格起点默认是绘图区域左下角，如果需要更改起点的位置，可以重新设置。

2）动态网格

单击菜单栏中的"工具"→"对齐和粘附"命令，打开"对齐和粘附"对话框，选中"常规"选项卡下的"动态网格"复选框，在绘图中绘制的形状与原有的形状会在水平或垂直方向对齐，有虚线做标尺，可以更好地对齐图形，如图 2.5.4 所示。

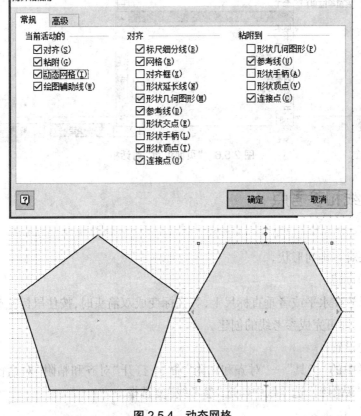

图 2.5.4　动态网格

提示： 网格是在绘图时显示的，打印时默认是不出现网格的。

2.5.2　标尺

标尺位于绘图区域的上方和左边，借助标尺可以更精确地绘制图形，如图 2.5.5 所示。

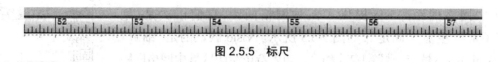

图 2.5.5　标尺

如果需要更改标尺的度量单位,可以单击菜单栏中的"文件"→"页面设置"命令,打开"页面设置"对话框,如图 2.5.6 所示,在"页属性"选项卡中选择需要的度量单位。

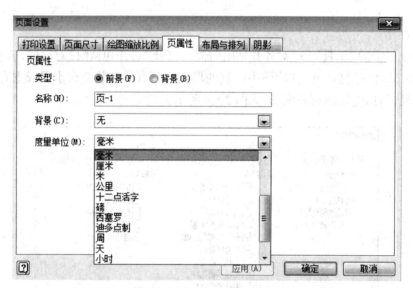

图 2.5.6　"页面设置"对话框

2.5.3　参考线和参考点

1. 参考线

参考线用来对齐排列形状。

1)参考线的创建

将鼠标光标放在水平或者垂直标尺上,等光标变成双箭头时,按住鼠标左键拖动到相应的位置后释放鼠标,即可完成参考线的创建。

2)参考线的设置

单击菜单栏中的"工具"→"对齐和粘附"命令,打开"对齐和粘附"对话框,如图 2.5.7 所示,在"对齐"和"粘附到"选项区中勾选"参考线"复选框。

图 2.5.7　参考线设置

将正方形粘附到水平和垂直参考线中，如图 2.5.8 所示。

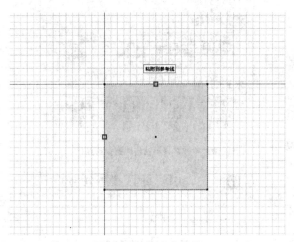

图 2.5.8　粘附参考线

2. 参考点

参考点可以将几个不同形状的图形定位在特定的位置。

建立参考点：将鼠标光标放在水平和垂直标尺的交点处，待光标变成四个箭头时按住鼠标左键拖动到绘图区域的某一个位置，此时会显示两条垂直的虚线，释放鼠标，即完成参考点的建立，如图 2.5.9 所示。

图 2.5.9　建立参考点

2.5.4　对齐

对齐是指将 Visio 绘图区域中零散分布的图形排列整齐。对齐形状在水平和垂直方向均有三种不同的方式：左对齐、居中对齐和右对齐。

先选中需要对齐的形状（三个以上），然后单击菜单栏中的"形状"→"对齐形状"命令，打开"对齐形状"对话框，再单击相应按钮（在对齐形状的同时也可以创建参考线，只需要勾选

"创建参考线并将形状粘附到参考线"复选框），对齐形状，最后单击"确定"按钮，即可完成对齐，如图 2.5.10 所示。

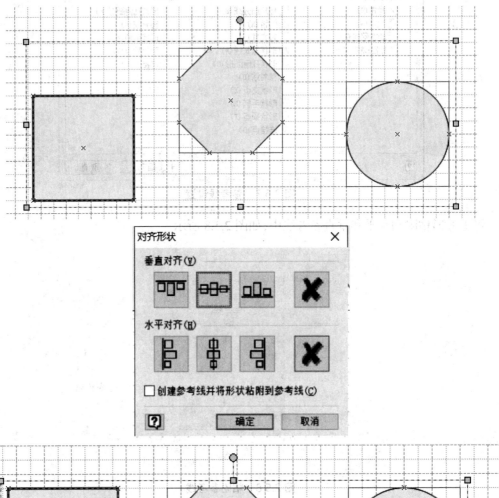

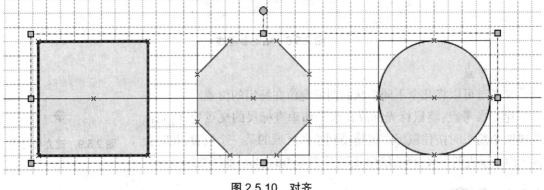

图 2.5.10　对齐

第 3 章　Visio 2007 模板的使用方法

3.1　流程图的制作

流程图是描述过程发展和走向的,是实际工作过程中最常见的一种图形。Visio 中有很多不同类型的流程图,下面重点介绍几种。

（1）基本流程图:在"常规""流程图"或者"商务"模板类别中可以找到该模板,主要用于展示过程。

（2）灵感触发图:在"商务"模板类别中可以找到该模板,主要用于记录会议中激发的思想和概念。

（3）因果图:在"商务"模板类别中可以找到该模板,主要用于对导致问题产生的因素进行分类,并识别出改进或解决问题的主要因素。

（4）数据流图表:在"商务"或"流程图"模板类别中可以找到该模板,主要用于记录结构化的分析、信息流、面向数据的过程以及系统和组织内的数据流。

（5）跨职能流程图:在"商务"或"流程图"模板类别中可以找到该模板,主要用于显示业务过程、部门或者组织单位之间的关系。

（6）组织结构图:在"商务"模板类别中可以找到该模板,主要用于描述组织的层次关系。

（7）工作流程图:在"商务"或"流程图"模板类别中可以找到该模板,可以给各类工作中需要展示顺序的关系建立流程图,能够将烦琐复杂的工作变得简洁清晰。

除了以上流程图,还有审计图、事件驱动处理链(Event-driven Process Chain,EPC)图表、故障树分析图、信息技术基础结构库(ITIL)图、结构化描述语言(Structured Description Language,SDL)图、全面质量管理(Total Quality Management,TQM)图等。

3.1.1　基本流程图

创建基本流程图的步骤如下。

（1）打开 Visio。

（2）单击菜单栏中的"文件"→"新建"→"常规"→"基本流程图"命令,或者单击菜单栏中的"文件"→"新建"→"商务"→"基本流程图"命令, Visio 会创建一个新的流程图,如图3.1.1 所示。

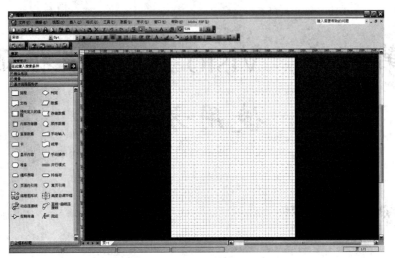

图 3.1.1　流程图界面

（3）拖动终结符符号 ⬭ 终结符 到绘图页。

（4）依次分别拖动判定符号 ◇ 判定、流程符号 ▭ 流程 等到绘图页并放到合适的位置上。

（5）使用"连接线工具"在图形之间建立连接，如图 3.1.2 所示。

（6）双击各个形状并输入相关文字，如图 3.1.2 所示。

（7）单击菜单栏中的"插入"→"文本框"命令，在打开的文本框中输入"物料检查入库流程图"，如图 3.1.2 所示。

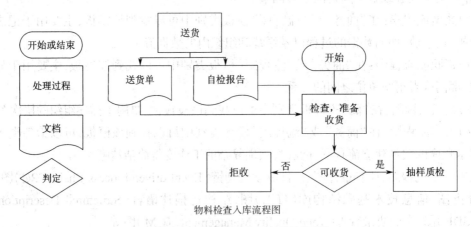

物料检查入库流程图

图 3.1.2　物料检查入库流程图示例

学生在做毕业设计时经常需要绘制一些硬件原理框图或者程序流程图，应用 Visio 的基本流程图绘制会很方便，如图 3.1.3 和图 3.1.4 所示。

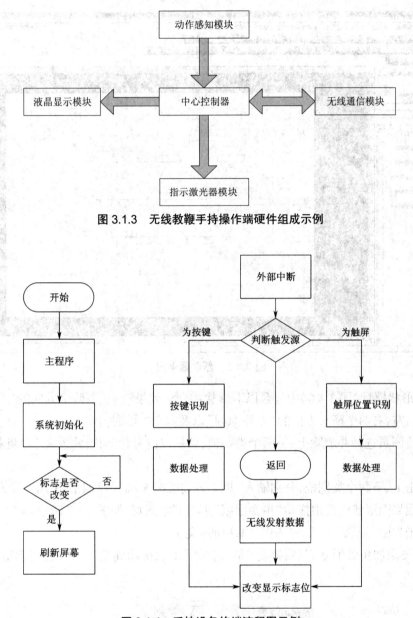

图 3.1.3　无线教鞭手持操作端硬件组成示例

图 3.1.4　手持设备终端流程图示例

3.1.2　因果图

因果图可以表示产生一个结果的所有可能的原因，又称为"鱼骨图"。

创建因果图的步骤如下。

（1）打开 Visio。

（2）单击菜单栏中的"文件"→"新建"→"商务"→"因果图"命令，可以创建一个新的因果图，如图 3.1.5 所示，在此绘图页中包含一个脊骨形状（表结果）和四个类别框（表原因）。

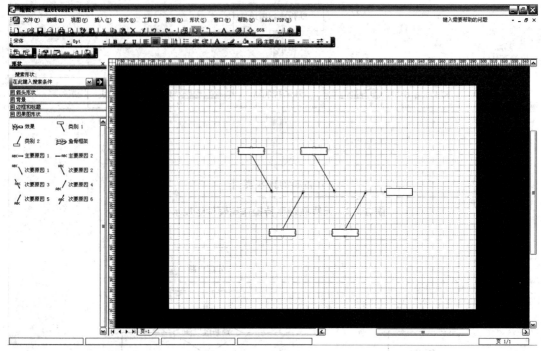

图 3.1.5　新建因果图

　　因果图形状模具(图 3.1.6)中包含以下形状:一个"效果",上、下两个方向的"类别",一个
"鱼骨框架",左、右两个箭头方向的"主要原因"以及六个"次要原因"。

　　（3）在绘图页选择并删除上、下两个类别框,然后双击脊骨形状,输入文字"期末考试总成
绩 100%"。

　　（4）双击上、下两个类别框,分别输入"期末试卷成绩 80%""平时成绩 20%"。

　　（5）从因果图形状模具中拖动"主要原因"形状到绘图页,如图 3.1.7 所示。

　　（6）双击"主要原因"形状,输入图 3.1.7 所示文字。

　　如果需要添加鱼骨形状,只需要将"鱼骨框架"形状拖动到绘图页并适当调整即可,如图
3.1.8 所示。

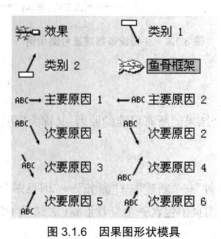

图 3.1.6　因果图形状模具

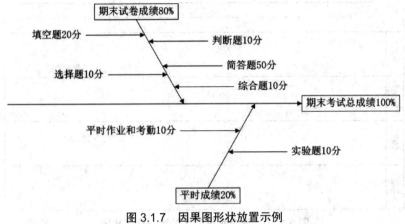

图 3.1.7　因果图形状放置示例

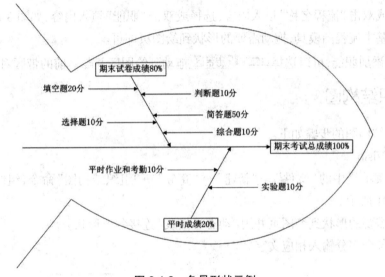

图 3.1.8　鱼骨形状示例

3.1.3　跨职能流程图

跨职能流程图可以表示一个商务流程和负责该流程的相关职能部门之间的关系。

创建该流程图的步骤如下。

（1）打开 Visio。

（2）单击菜单栏中的"文件"→"新建"→"商务"→"跨职能流程图"命令，打开"流程图"对话框，如图 3.1.9 所示。

通过"流程图"对话框，可以设定带区的方向为水平或者垂直并有相应的视图预览；可以更改带区的数目；可以勾选是否"包含标题栏"复选框。绘制一个四个水平带区的跨职能流程图，如图 3.1.10 所示。

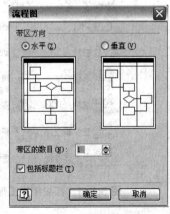

图 3.1.9　新建流程图

图 3.1.10　四个水平带区的跨职能流程图

（3）选择或双击"流程名称"填入内容,选择或双击"职能"填入内容,如图 3.1.10 所示。

（4）选择基本流程图模具,拖动需要的形状到绘图页即可。

如果需要添加职能,可以选择 ▭▭▭ 职能带区 拖动到绘图区并与之前的带区对齐。

3.1.4　组织结构图

创建组织结构图的步骤如下。

（1）打开 Visio。

（2）单击菜单栏中的"文件"→"新建"→"商务"→"组织结构图"命令,组织结构图形状模具如图 3.1.11 所示。

（3）拖动需要的形状到绘图页并用"动态连接线"连接各个形状。

（4）双击各个部分输入相应文字。

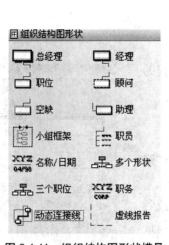

图 3.1.11　组织结构图形状模具

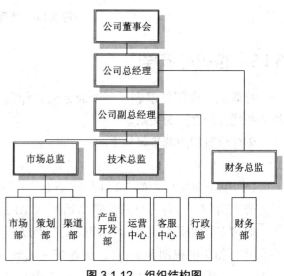

图 3.1.12　组织结构图

3.1.5　工作流程图

工作流程图中的形状图标和实物很相近,用来代表相应的各个部门。工作流程图有以下三个模具。

(1)部门模具:包含与各个部门相对应的剪切画,如图 3.1.13 所示。

(2)工作流对象模具:包含通用的工作流对象,如图 3.1.14 所示。

(3)工作流步骤模具:包含代表工作流行为的图标,如图 3.1.15 所示。

图 3.1.13　部门模具

图 3.1.14　工作流对象模具

图 3.1.15　工作流步骤模具

创建工作流程图的步骤如下。

(1)打开 Visio。

(2)单击菜单栏中的"文件"→"新建"→"商务"→"工作流程图"命令,创建一个新的绘图页。

(3)拖动相应的形状到绘图页。

(4)双击各个形状输入相应的文字。

3.2　框图和图表的制作

3.2.1　基本框图模板

打开 Visio,单击菜单栏中的"文件"→"新建"→"常规"→"基本框图"命令,即可打开该模板。

　　该模板中包含基本形状模具,如图 3.2.1 所示。该模具中包含许多在创建框图过程中不可缺少的最基本的形状,可以将其分为以下三部分。

　　(1)几何形状:该模具提供了从三角形到圆角正方形的各种各样的几何形状。

　　(2)箭头:该模具提供了各种不同的箭头,利用这些箭头可以实现各种形状之间的相互连接。

　　(3)可变箭头:利用可变箭头上的菱形◇可以改变箭头的形状,如图 3.2.2 所示。

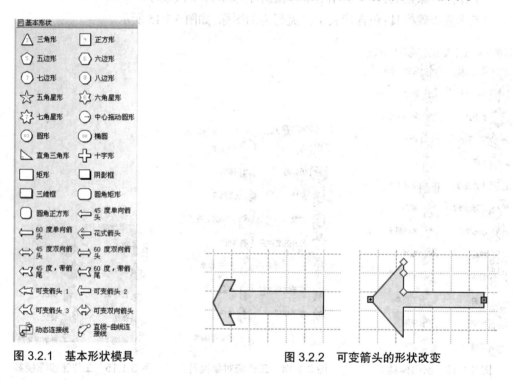

图 3.2.1　基本形状模具　　　　　　　　图 3.2.2　可变箭头的形状改变

3.2.2　框图模板

　　打开 Visio,单击菜单栏中的"文件"→"新建"→"常规"→"框图"命令,即可打开该模板。

　　该模板主要有两个模具:方块模具(图 3.2.3(a))和具有凸起效果的块模具(图 3.2.3(b))。利用方块模具可以创建框图、树形图和洋葱图等。具有凸起效果的块模具包含在绘图中使用的具有凸起效果的一些形状。将鼠标光标放到模具中形状的上方 2 s,就会有该形状的操作提示。

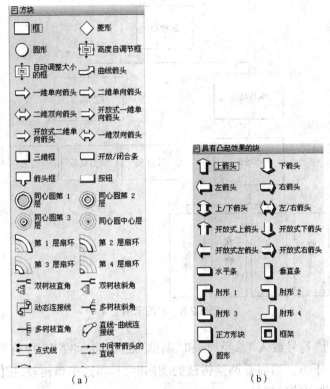

（a）　　　　　　　　　　　　（b）

图 3.2.3　框图模板

（a）方块模具　（b）具有凸起效果的块模具

1. 创建框图

创建框图的步骤如下。

（1）打开 Visio。

（2）单击菜单栏中的"文件"→"新建"→"常规"→"框图"（或者"基本框图"）命令。

（3）将需要的形状拖动到绘图页。

（4）在相应的形状上输入文字。

（5）利用连接线连接形状，或者使用"自动连接"连接形状。

绘制如图 3.2.4 所示的图形，利用"基本框图"模板中的"矩形"形状绘制方框，调整好形状之后双击该形状并输入相应的文字，再利用连接线工具将各部分连接好。

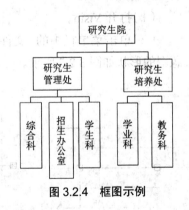

图 3.2.4　框图示例

2. 创建树形图

（1）打开 Visio。

（2）单击菜单栏中的"文件"→"新建"→"常规"→"框图"命令，打开方块模具。

（3）将方块模具中的框符号□框放入绘图页并调整框的大小。

（4）双击相应框并输入文字，如图 3.2.5 所示。

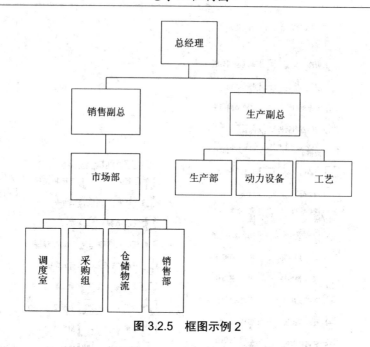

图 3.2.5　框图示例 2

（5）将 双树枝直角 符号放入"总经理"和"副总"之间,将 多树枝直角 符号放在"生产副总"下方以及"市场部"下方。当需要调整树枝的朝向时,只需选中该树枝,按【Ctrl+L】快捷键或者【Ctrl+H】快捷键即可旋转树枝。

需要注意的是,选中的双树枝直角和多树枝直角如图 3.2.6 所示,这两类外形上是相同的,而在选中后多树枝直角多了一个菱形控制点,用鼠标选中该控制点并移动可以添加分支。如果需要删除分支,将一个分支的控制点拖动到另外一个分支上即可。

3. 创建洋葱图

（1）打开 Visio。

（2）单击菜单栏中的"文件"→"新建"→"常规"→"框图"命令,打开方块模具。创建洋葱图的形状如图 3.2.7 所示。

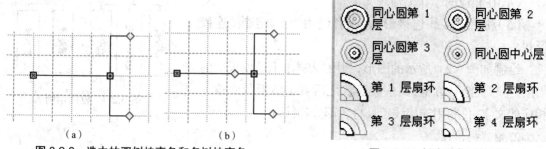

（a）　　　　　　　　　　　（b）

图 3.2.6　选中的双树枝直角和多树枝直角

（a）双树枝直角　（b）多树枝直角

图 3.2.7　创建洋葱图的形状

绘制如图 3.2.8 所示的表示各种数之间关系的洋葱圈,需要先拖动各个同心圆到绘图页,然后根据需要调整同心圆的大小,最后双击各个圆环并输入相应文字即可。

3.2.3　创建图表和图形

打开 Visio,单击菜单栏中的"文件"→"新建"→"商务"→"图表和图形"命令,打开绘制图表形状模具,如图 3.2.9 所示。利用此模具可以绘制二维条形图、三维条形图、折线圈等。

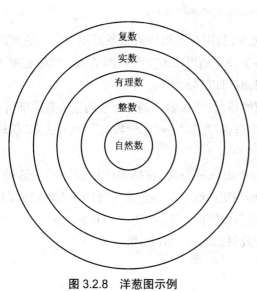

图 3.2.8　洋葱图示例　　　　　　　　图 3.2.9　绘制图表形状模具

1. 二维条形图

利用绘制图表形状模具中的 　条形图 1 和 　条形图 2 两个形状可以绘制条形图,条形图 1 用于显示数目,条形图 2 用于显示百分比,还可以与—→ X 轴 和 ↑ Y 轴 等形状结合使用。

单击形状 　条形图 1 并拖动到绘图页,会打开如图 3.2.10(a)所示的"形状数据"对话框,在此对话框中可以修改条形的数目(最多 12),还可以单击"定义"按钮打开如图 3.2.10(b)所示的"定义形状数据"对话框,在此对话框中可以更详细地修改形状中的数据。

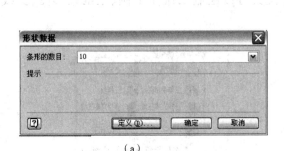

（a）　　　　　　　　　　　　　　　（b）

图 3.2.10　设置二维条形图形状数据

（a）"形状数据"对话框　（b）"定义形状数据"对话框

　　数目为 10 的二维条形图如图 3.2.11（a）所示,利用菱形可以修改条形图中竖条的宽度和高度;利用圆形手柄可以旋转条形图;利用方块选择手柄可以改变条形图整体形状的宽度和高度;当放在图形上方的鼠标光标变成双十字箭头时可以移动图形。

　　单击条形图后再单击某一个需要修改数值的条形,直接输入需要修改的正确数值即可。

　　用鼠标右键单击图形,在弹出的快捷菜单中选择"数据"→"形状数据"命令,或者"编辑数据图形"命令,可以对条形图的数据进行修改。

　　单击条形图后再单击某一个条形图,然后单击鼠标右键,在弹出的快捷菜单中选择"格式"→"线条"或者"填充"命令,可以对单个条形图更改线条的颜色或者条的填充颜色和图案。

　　双击该条形图,可以在条形图的下方修改该条形图的名称,如图 3.2.11（b）所示。

　　修改条形图中数据和颜色以及图案以后的效果如图 3.2.11（b）所示。

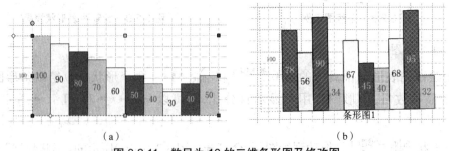

（a）　　　　　　　　　　　　　　　（b）

图 3.2.11　数目为 10 的二维条形图及修改图

（a）二维条形图　（b）修改图

2. 三维条形图

　　单击三维条形图形状 ![三维条形图]并拖动到绘图页,会打开如图 3.2.12（a）所示的"形状数据"对话框,在此对话框中可以修改条形的数目（最多 5）以及每个条形的数值和颜色,还可以单击"定义"按钮打开如图 3.2.12（b）所示的"定义形状数据"对话框,在此对话框中可以对话框对数据进行更详细的修改。

（a）　　　　　　　　　　　　　　　　（b）

图 3.2.12　设置三维条形图形状数据

（a）"形状数据"对话框　（b）"定义形状数据"对话框

数目为 5 的三维条形图如图 3.2.13（a）
所示,利用菱形可以修改条形图中竖条的宽
度;利用圆形手柄可以旋转条形图;利用方
块选择手柄可以改变条形图整体形状的高
度;当放在图形上方的鼠标光标变成双十字
箭头时可以移动图形。

用鼠标右键单击图形,在弹出的快捷菜
单中选择"数据"→"形状数据"命令,或者
"编辑数据图形"命令,可以对条形图的数据
进行修改。

单击三维条形图后再单击某一个条形
图,然后单击条形图的顶部或者正面,接着

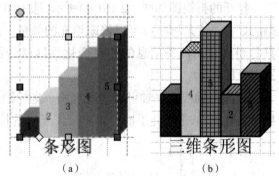

（a）　　　　　　　　（b）

图 3.2.13　数目为 5 的三维条形图及修改图

（a）三维条形图　（b）修改图

单击鼠标右键,在弹出的快捷菜单中选择"格式"→"线条"命令或者"填充"命令,可以对单个
条形图的相应部分更改线条的颜色或者条的填充颜色和图案。

双击该条形图,可以在条形图的下方修改该条形图的名称,如图 3.2.13（b）所示。

修改条形图中数据和颜色以及图案以后的效果如图 3.2.13（b）所示。

3. 折线图

折线图用于显示两条信息如何相对于对方变化。单击折线图形状 📊 **折线图** 并拖动到
绘图页,会打开如图 3.2.14（a）所示的"形状数据"对话框,在此对话框中可以修改条形的数目
(最多 5)以及每个条形的数值和颜色,还可以单击"定义"按钮打开如图 3.2.14（b）所示的"定
义形状数据"对话框,在此对话框中可以对数据进行更详细的修改。

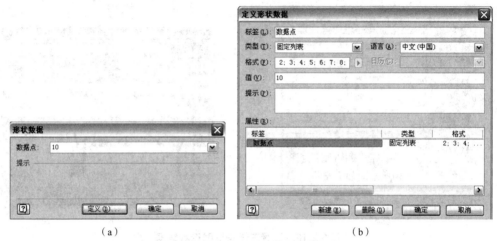

图 3.2.14　设置折线图形状数据

（a）"形状数据"对话框　（b）"定义形状数据"对话框

　　打开的折线图如图 3.2.15（a）所示,选中图形后单击鼠标右键,在弹出的快捷菜单中选择"格式"→"填充"命令,可以修改填充的颜色。注意:折线图中的数据点是不能修改的。如果只是粗略表示两条信息的相对变化,可以将两个折线图重叠并将填充区域去掉即可,如图 3.2.15（b）所示。

　　双击 X 轴或者 Y 轴可以修改这两个坐标轴。选中图形后可以看到在 X、Y 轴以及各个数据点上有菱形,拖动此手柄可以更改 X、Y 轴的长度以及数据点的相对值。

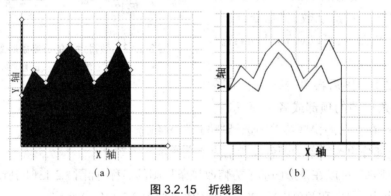

图 3.2.15　折线图

（a）单个信息　（b）信息对比

3.2.4　创建营销图

　　打开 Visio,单击菜单栏中的"文件"→"新建"→"商务"→"营销图表"命令,可以看到营销图表模具,如图 3.2.16 所示。利用此模具可以制作三角形和金字塔图、标准曲线、维恩图、中心辐射图等。

　　1. 三角形和金字塔图

　　单击营销图表模具中的三角形形状▲ 三角形并拖动到绘图页,会打开如图 3.2.17（a）所示的

"形状数据"对话框,在此对话框中可以调整三角形的级别数(最大 5)。

拖到绘图页的三角形如图 3.2.17(b)所示,利用方块可以改变三角形的大小;利用圆形手柄可以旋转三角形;将鼠标光标放到三角形上方,当光标变成双十字交叉时可以拖动鼠标移动三角形的位置。

用鼠标右键单击三角形,弹出的快捷菜单如图 3.2.17(c)所示,通过比快捷菜单可以设置级别数(即三角形的层数)、偏移量(即层与层之间的距离)、三角形的维数(二维或者三维)。

单击选中图形后,再单击三角形的某一级别,可以直接输入该级别上的文字;单击鼠标右键,在弹出的快捷菜单中选择"格式"→"线条"命令,或者"填充"命令,可以更改该层的线条或者填充的颜色、图案。

图 3.2.16　营销图表模具

将三角形更改成二维,修改偏移量为 2 mm 并在每一个级别输入相应文字,构成的马斯洛"人类需要论"模型,如图 3.2.17(d)所示。

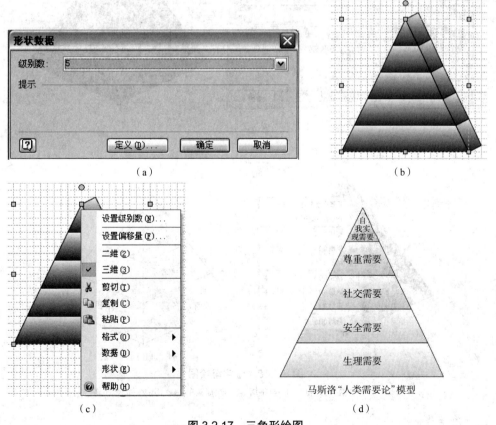

图 3.2.17　三角形绘图

(a)"形状数据"对话框　(b)三角形　(c)快捷菜单　(d)马斯洛"人类需要论"模型

单击营销图表模具中的三维金字塔形状 **三维金字塔** 并拖动到绘图页,会打开如图 3.2.18(a)所示的"形状数据"对话框,在此对话框中可以调整金字塔的级别数(最大 6)以及金字塔的颜色。

拖到绘图页的金字塔如图 3.2.18(b)所示,利用方块可以改变金字塔的大小;利用圆形手柄可以旋转三角形金字塔;将鼠标光标放到金字塔上方,当光标变成双十字交叉时可以拖动鼠标移动金字塔的位置。

用鼠标右键单击金字塔,弹出的快捷菜单如图 3.2.18(c)所示,通过此快捷菜单可以设置级别数(即金字塔的层数)、金字塔的填充颜色。

单击选中金字塔后,再单击金字塔的某一级别,可以直接输入该级别上的文字;单击鼠标右键,在弹出的快捷菜单中选择"格式"→"线条"命令或者"填充"命令,可以更改该层的线条或者填充的颜色、图案。更改后的金字塔如图 3.2.18(d)所示。

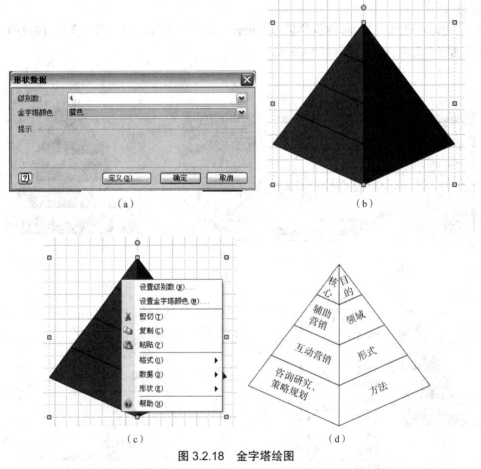

图 3.2.18 金字塔绘图

(a)"形状数据"对话框 (b)金字塔 (c)快捷菜单 (d)更改后的金字塔

2. 标准曲线

单击营销图表模具中的标准曲线形状 **标准曲线** 并拖动到绘图页,如图 3.2.19(a)所示。利用方块可以改变标准曲线的大小;利用圆形手柄可以旋转标准曲线;将鼠标光标放到标准曲线上方,当光标变成双十字交叉时可以拖动鼠标移动标准曲线的位置。

标准曲线只能改变大小,不能修改其中的数值,所以一般用来对未来发展做粗略预测。

单击标准曲线后,再单击"文本"字样可以输入文字;双击标准曲线可以设置此图形的名称。修改后的标准曲线如图 3.2.19(b)所示。

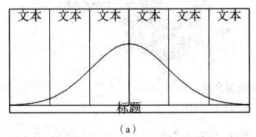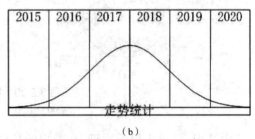

（a）　　　　　　　　　　　　　　　（b）

图 3.2.19　标准曲线绘图

（a）原始标准曲线　（b）修改后的标准曲线

3. 维恩图

维恩图也叫文氏图,是用于显示元素集合重叠区域的图形。维恩图既可以表示一个独立的集合,也可以表示集合和集合之间的相互关系。在 Visio 中单击营销图表模具中的维恩图形状 🍀 维恩图 并拖动到绘图页,如图 3.2.20(a)所示。利用方块可以改变维恩图的大小;利用圆形手柄可以旋转维恩图;将鼠标光标放到维恩图上方,当光标变成双十字交叉时可以拖动鼠标移动维恩图的位置。

维恩图的三个相互交叠的圆形把图形分成了七个部分,选中图形后可以单击选择某个部分对其进行修改;单击鼠标右键,在弹出的快捷菜单中选择"格式"→"线条"命令或者"填充"命令,可以对相应区域中的线条或者填充的颜色、图案进行修改;如果已经输入了文字,可以选择"文本"对字体进行修改。图 3.2.20(b)所示是对"国际单位""英制单位"和"市制单位"之间关系的一个描述。

维恩图表示项目之间的相互关系,但是只能表示三者之间的关系,如果需要增加或者减少项目,可以选择用圆形形状 ◯ 来绘制维恩图。

单击营销图表模具中的圆形形状 ◯ 并拖动到绘图页,如图 3.2.21(a)所示。利用方块可以改变圆形的大小;利用圆形手柄可以旋转圆形;将鼠标光标放到圆形上方,当光标变成双十字交叉时可以拖动鼠标移动圆形的位置。

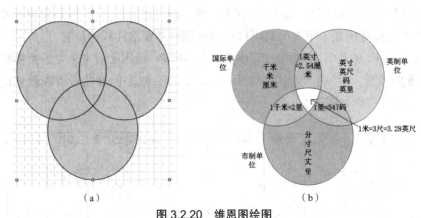

图 3.2.20 维恩图绘图

（a）原始维恩图 （b）维恩图示例

选中圆形后，单击鼠标右键，在弹出的快捷菜单中选择"格式"→"填充"命令，在打开的"填充"对话框中选择该形状的填充颜色和图案并把透明度修改为 50%；重复上面的操作可以制作多个圆，可以构成少于三个圆的维恩图（图 3.2.21（b）），也可以构成多于三个圆的维恩图（图 3.2.21（c））。选中某个圆形后可以输入文字。

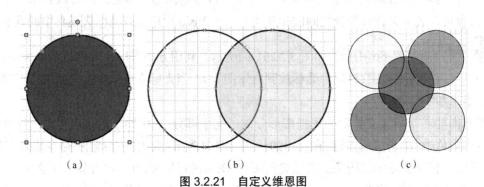

图 3.2.21 自定义维恩图

（a）圆形 （b）少于三个圆的维恩图 （c）多于三个圆的维恩图

4. 中心辐射图

单击营销图表模具中的中心辐射图形状 [中心辐射图] 并拖动到绘图页，会打开如图 3.2.22（a）所示的"形状数据"对话框，在此对话框中可以调整圆的数目（最多 8）。

拖动到绘图页的中心辐射图如图 3.2.22（b）所示，利用方块可以改变中心辐射图的大小；利用圆形手柄可以旋转中心辐射图；利用菱形可以拖动单个外围的圆改变它的位置；将鼠标光标放到中心辐射图上方，当光标变成双十字交叉时可以拖动鼠标移动中心辐射图的位置。

选中中心辐射图后，单击某个圆形，当手柄变成灰色时可以直接输入文字；选中中心辐射图后，可以选择单击某个部分对其进行修改；单击鼠标右键，在弹出的快捷菜单中选择"格式"→"线条"命令或者"填充"命令，可以对相应区域中的线条或者填充的颜色、图案进行修改；如果已经输入了文字，可以选择"文本"对字体进行修改。修改了圆形的颜色并输入文字后的效果如图 3.2.22（c）所示。

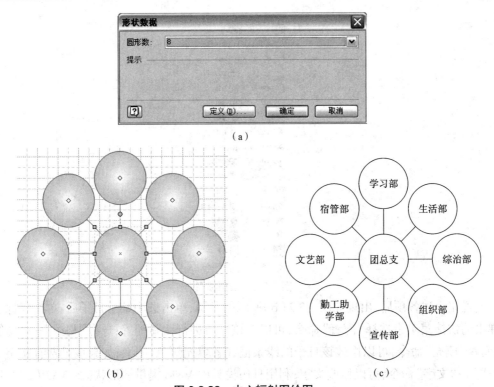

图 3.2.22　中心辐射图绘图

（a）"形状数据"对话框　（b）原始中心辐射图　（c）修改后的中心辐射图

3.3　项目日程的制作

Visio 提供的"日程安排"模板类别提供了日历模板、时间线模板、甘特图模板和 PERT 模板，可以满足用户的不同需要。

3.3.1　创建日历

打开 Visio，单击菜单栏中的"文件"→"新建"→"日程安排"→"日历"命令，会打开日历模具，如图 3.3.1 所示。

1. 月历

单击日历模具中的月历形状 ▦ 月 并拖动到绘图页，会打开如图 3.3.2（a）所示的"配置"对话框，利用此对话框可以选择年和月、一周的第一天是周几、语言、是否为周末加上底纹以及是否显示标题。

图 3.3.1　日历模具

设置完上述各项后,出现如图 3.3.2(b)所示的月历,单击选中某个日子后,单击鼠标右键,在弹出的快捷菜单中选择"配置"命令,可以对该月历进行重新配置;选择"格式"→"线条"命令,或者"填充"命令,可以修改该日子的线条框或者填充颜色、图案;如果该日期有文字,选择"格式"→"文字"命令,可以修改文字;利用日历模具中 Visio 提供的形状(图 3.3.2(c))可以对月历进行各种修饰;双击某个日子,可以输入文字。修饰后的月历如图 3.3.2(d)所示。

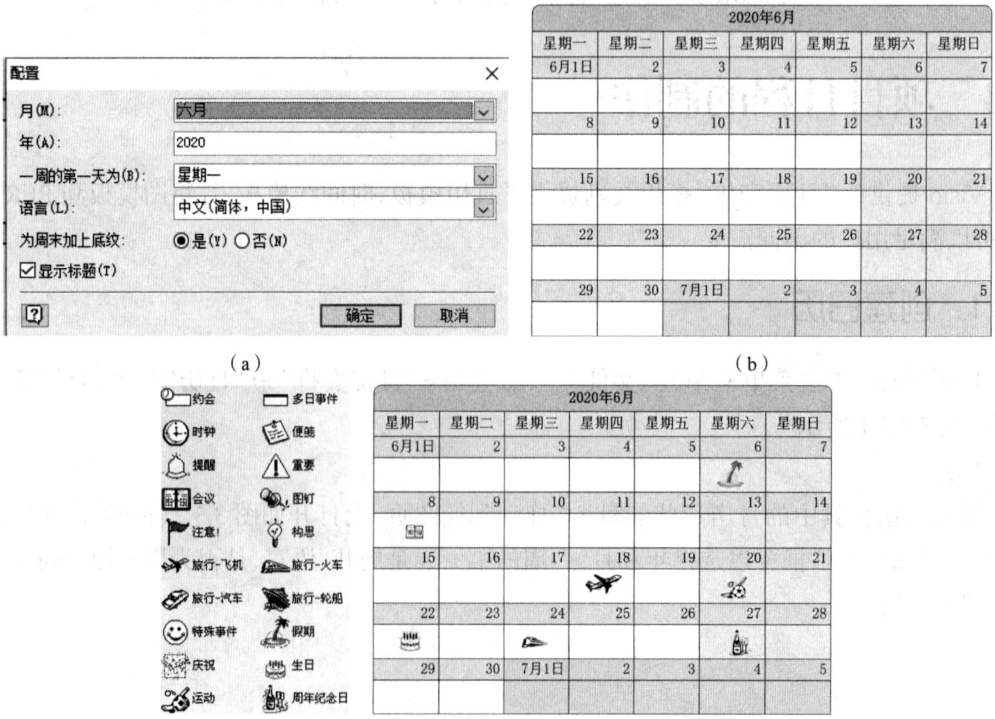

(a)

(b)

(c)

(d)

图 3.3.2　月历设置

(a)"配置"对话框　(b)原始月历　(c)修饰用的形状　(d)修饰后的月历

2. 周历

单击日历模具中的周历形状 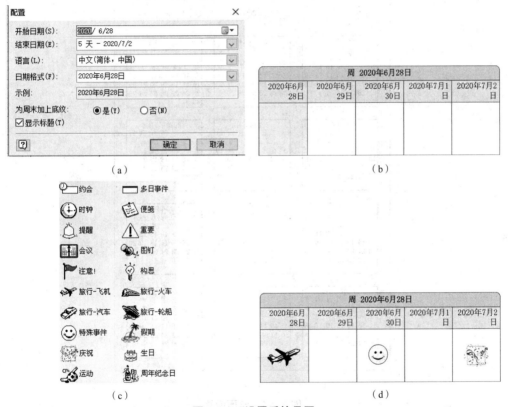周并拖动到绘图页,会打开如图 3.3.3(a)所示的"配置"对话框,利用此对话框可以选择开始和结束日期、语言、日期格式、是否为周末加上底纹以及是否显示标题。

设置完上述各个选项后,出现如图 3.3.3(b)所示的周历,单击选中某个日子后,单击鼠标右键,在弹出的快捷菜单中选择"配置"命令,可以对该周历进行重新配置;选择"格式"→"线条"命令或者"填充"命令,可以修改该日子的线条框或者填充颜色、图案;如果该日期有文字,选择"格式"→"文字"命令,可以修改文字;利用日历模具中 Visio 提供的形状(图 3.3.3(c))可以对周历进行各种修饰;双击某个日子,可以输入文字。修饰后的周历如图 3.3.3(d)所示。

图 3.3.3 设置后的月历

(a)"配置"对话框 (b)原始周历 (c)修饰用的形状 (d)修饰后的周历

3. 年历

单击日历模具中的年历形状 年并拖动到绘图页,会打开如图 3.3.4(a)所示的"形状数据"对话框,利用此对话框可以选择年、一周的第一天、语言。

设置完上述各项后,出现如图 3.3.4(b)所示的年历,单击选中某个月后,单击鼠标右键,在弹出的快捷菜单中选择"配置"命令,可以对该年历进行重新配置;选择"格式"→"线条"命令或者"填充"命令,可以修改该月的线条框或者填充颜色、图案。

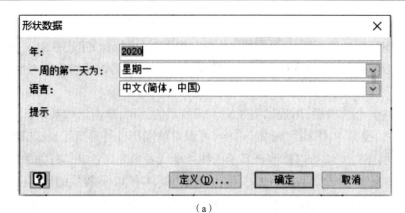

（a）

（b）

图 3.3.4 年历设置

（a）"形状数据"对话框 （b）年历

4. 日历

单击日历模具中的日历形状 ⊞ 日 并拖到绘图页，会打开如图 3.3.5（a）所示的"配置"对话框，利用此对话框可以选择日期、日期格式、语言。

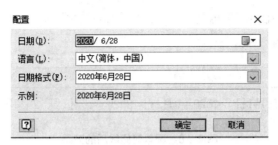

图 3.3.5　日历配置

3.3.2　创建项目时间线

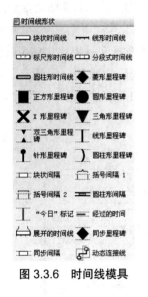

图 3.3.6　时间线模具

打开 Visio，单击菜单栏中的"文件"→"新建"→"日程安排"→"时间线"命令，会打开时间线模具，如图 3.3.6 所示，该模具中包含各种形状的时间线、里程碑以及间隔等。

从时间线模具中选择一种时间线形状并拖动到绘图页，会打开如图 3.3.7 所示的"配置时间线"对话框，利用此对话框可以设置"时间段"和"时间格式"。

利用"时间段"选项卡（图 3.3.7（a））可以设置开始和结束的日期和时间、时间刻度（年、季度、月、周、天、小时等）。如果选择的时间刻度是周，可以选择一周的第一天；如果时间刻度是季度，可以选择财政年度的第一天。

利用"时间格式"选项卡（图 3.3.7（b））可以设置显示的语言、是否"在时间线上显示开始日期和完成日期"、是否"在时间线上显示中期计划时间刻度标记"、是否"在中期计划时间刻度标记上显示日期"以及是否"当移动标记时自动更新日期"。

（a）

（b）

图 3.3.12　"配置时间线"对话框

（a）"时间段"选项卡　（b）"时间格式"选项卡

配置好时间线后会在绘图页出现如图 3.3.8 所示的结果，利用方块手柄可以修改时间线的尺寸。

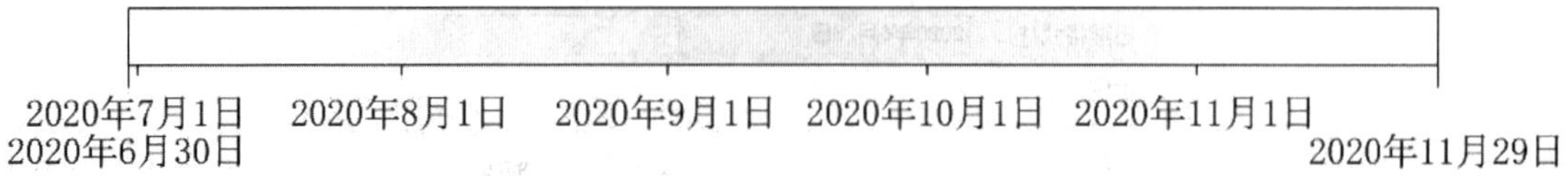

2020年7月1日
2020年8月1日
2020年9月1日
2020年10月1日
2020年11月1日
2020年6月30日
2020年11月29日

图 3.3.8 配置时间线后的效果

单击选中时间线，再单击鼠标右键，弹出如图 3.3.9 所示的快捷菜单。利用快捷菜单可以重新配置时间线，更改日期 / 时间格式，设置时间线类型，显示起始和完成箭头；选择“格式”→“线条”命令或者“填充”命令，可以修改时间线的线条样式、颜色或者填充的颜色、图案。

如果需要对时间线上的某一段时间进行说明，可以时间线模具中选择间隔形状，Visio 提供了块状间隔、括号间隔 1、括号间隔 2 以及圆柱形间隔。拖动某个间隔形状到时间线上，会打开如图 3.3.10 所示的“配置间隔”对话框。利用此对话框可以修改开始和完成的日期和时间、说明文字以及日期格式。

配置时间线(I)...
更改日期/时间格式(F)...
设置时间线类型(N)...
显示起始箭头(R)
显示完成箭头(W)
剪切(T)
复制(C)
粘贴(P)
格式(O)
数据(D)
形状(E)
帮助(H)

图 3.3.9 快捷菜单

配置间隔
开始日期(S): 2020/ 7/ 3
开始时间(T): 0:00:00
完成日期(F): 2020/ 7/30
完成时间(M): 0:00:00
说明(E): 间隔说明
日期格式(D): 2020年6月28日
示例: 2020年7月3日 - 2020年7月30日
确定
取消

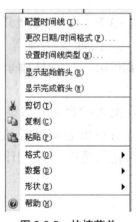

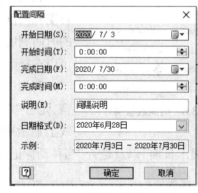

图 3.3.10 “配置间隔”对话框

如果需要对时间线上某个重要的里程碑日期进行标注，可以在时间线模具中选择里程碑形状，Visio 提供了菱形里程碑、正方形里程碑、圆形里程碑、双三角形里程碑等。拖动某个里程碑形状到时间线上，会打开如图 3.3.11 所示的“配置里程碑”对话框。利用此对话框可以设置里程碑的日期和时间、说明文字以及日期格式。

如果需要对时间线上的某一段时间做个详细的子时间线，可以在时间线模具中选择展开的时间线形状 展开的时间线，并将该形状拖动到绘图页，会打开如图 3.3.12 所示的“配置时间线”对话框，利用此对话框可以对子时间线进行配置。

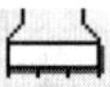

图 3.3.11　"配置里程碑"对话框

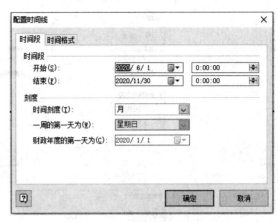

图 3.3.12　"配置时间线"对话框

添加里程碑、时间间隔以及展开时间线后的结果如图 3.3.13 所示。选中展开的时间线可以看到菱形方块,拖动此菱形方块可以直接修改开始或结束的展开时间线。

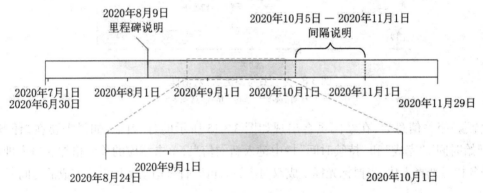

图 3.3.13　添加里程碑、时间间隔以及展开线后的结果

3.3.3　创建甘特图

甘特图又叫横道图、条状图,它以图示的方法通过活动列表和时间刻度形象地表示出任何特定项目的活动顺序和持续时间。甘特图基本上是一个线条图,其横轴表示时间,纵轴表示活动,线条表示在整个期间上计划和实际的活动完成情况。打开 Visio,单击菜单栏中的"文件"→"新建"→"日程安排"→"甘特图"命令,在绘图页会出现如图 3.3.14 所示的"甘特图选项"对话框。利用此对话框可以修改"日期"和"格式"的相关参数。通过"日期"选项卡可以设置任务数目,时间的主、次要单位,持续时间格式以及开始和完成日期。通过"格式"选项卡可以设置任务栏、里程碑和摘要栏的相关信息。

（a）

（b）

图 3.3.14　"甘特图选项"对话框

（a）"日期"选项卡　（b）"格式"选项卡

设置好相关信息后，在绘图页会出现如图 3.3.15 所示的甘特图。如果需要在"任务名称""开始时间""完成"和"持续时间"栏中键入新的信息，单击相应的单元格然后输入即可。单击任务栏后选择方块，当鼠标光标变成双向箭头后可以直接拖动鼠标更改完成的时间。

ID	任务名称	开始时间	完成	持续时间		2020年 07月
						1 2 3 4 5 6 7 8 9
1	任务 1	2020/6/29	2020/6/29	1d	■	
2	任务 2	2020/6/29	2020/6/29	1d	■	
3	任务 3	2020/6/29	2020/6/29	1d	■	
4	任务 4	2020/6/29	2020/6/29	1d	■	
5	任务 5	2020/6/29	2020/6/29	1d	■	

图 3.3.15　甘特图

在绘图区域会有浮动的甘特图工具栏，如图 3.3.16 所示，从左到右依次是"转到开始""转到上一步""转到下一步""转到完成""滚动至任务""新建任务""删除任务""升级""降级""链接任务""取消链接任务"图标。利用此工具栏并配合甘特图形状，可以对新建立的甘特图进行各种修改。

图 3.3.16　甘特图工具栏

第4章　制图的基本知识和投影法基础

4.1　绘图工具及国家标准

4.1.1　图纸幅面及格式(GB/T 14689—2008)

1. 图纸幅面尺寸

绘制机械图样时,应优先选用表 4.1.1 中的基本幅面。必要时,也允许选用表 4.1.2 中第二选择的加长幅面和第三选择的加长幅面。加长幅面是由基本幅面的短边成整数倍增加后得出的。

表 4.1.1　基本幅面 (mm)

幅面代号	A0	A1	A2	A3	A4
$B \times L$	$841 \times 1\ 189$	594×841	420×594	297×420	210×297
e	20			10	
c	10			5	
a	25				

表 4.1.2　加长幅面 (mm)

第二选择		第三选择			
幅面代号	$B \times L$	幅面代号	$B \times L$	幅面代号	$B \times L$
A3×3	420×891	A0×2	$1\ 189 \times 1\ 682$	A3×5	$420 \times 1\ 486$
A3×4	$420 \times 1\ 189$	A0×3	$1\ 189 \times 2\ 523$	A3×6	$420 \times 1\ 783$
A4×3	297×630	A1×3	$841 \times 1\ 783$	A3×7	$420 \times 2\ 080$
A4×4	297×841	A1×4	$841 \times 2\ 378$	A4×6	$297 \times 1\ 261$
A4×5	$297 \times 1\ 051$	A2×3	$594 \times 1\ 261$	A4×7	$297 \times 1\ 471$
		A2×4	$594 \times 1\ 682$	A4×8	$297 \times 1\ 682$
		A2×5	$594 \times 2\ 102$	A4×9	$297 \times 1\ 892$

2. 图框格式

在图纸上,图框必须用粗实线绘制,其格式分不留装订边和留有装订边两种,但同一产品的图样只能采用一种格式。不留装订边的图纸,其图框格式如图 4.1.1 所示,尺寸按表 4.1.1 的规定选用。留有装订边的图纸,其图框格式如图 4.1.2 所示,尺寸按表 4.1.1 的规定选用。

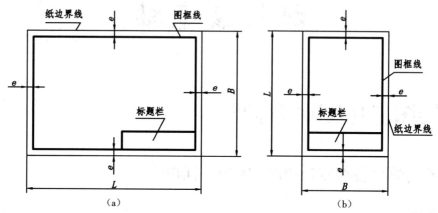

图 4.1.1　不留装订边图纸的图框格式
（a）无装订边图纸（X 型）的图框格式　（b）无装订边图纸（Y 型）的图框格式

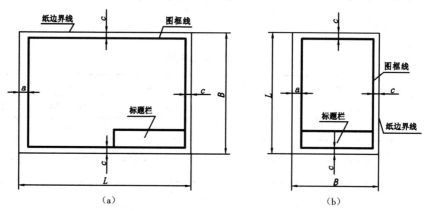

图 4.1.2　留有装订边图纸的图框格式
（a）留有装订边图纸（X 型）的图框格式　（b）留有装订边图纸（Y 型）的图框格式

加长幅面的图框尺寸,按所选用的基本幅面大一号的图框尺寸确定。例如 A2×3 的图框尺寸,按 A1 的图框尺寸确定,即 e 为 20（或 c 为 10）,而 A3×4 的图框尺寸,按 A2 的图框尺寸确定,即 e 为 10（或 c 为 10）。

4.1.2　标题栏

1. 标题栏的方位

每张图纸上都必须画出标题栏。标题栏应位于图纸的右下角,如图 4.1.1 和图 4.1.2 所示。当标题栏的长边置于水平方向并与图纸的长边平行时,构成 X 型图纸,如图 4.1.1（a）和图 4.1.2（a）所示。当标题栏的长边与图纸的长边垂直时,构成 Y 型图纸,如图 4.1.1（b）和图 4.1.2

(b)所示。

2. 对中符号

为了使图样复制和缩微摄影时定位方便,应在图纸各边长的中点处分别画上对中符号,如图 4.1.3 所示。对中符号用粗实线绘制,线宽不小于 0.5 mm,长度从纸边界开始至伸入图框内约 5 mm。对中符号的位置误差应不大于 0.5 mm。当对中符号处在标题栏范围内时,则伸入标题栏部分省略不画。

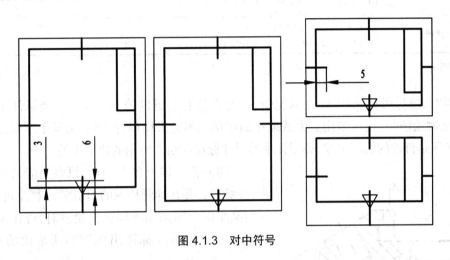

图 4.1.3 对中符号

3. 标题栏的格式

《技术制图 标题栏》(GB/T 10609.1—2008)对标题栏的格式做了统一规定,如图 4.1.4所示。

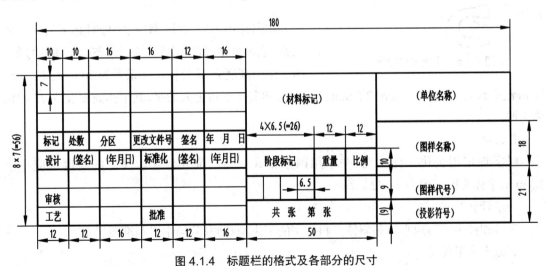

图 4.1.4 标题栏的格式及各部分的尺寸

4.1.3 比例(GB/T 14690—1993)

图形与其实物相应要素的线形尺寸之比称为比例。绘图时,优先采用表 4.1.3 中所列的国标规定的比例,必要时,也可以采用表中带括号的其次选用比例。

表 4.1.3　常用比例

原值比例	1：1
缩小比例	（1：1.5）　1：2　（1：2.5）　（1：3）　（1：4）　1：5　（1：6）　1：10 $1：1×10^n$　（$1：1.5×10^n$）　$1：2×10^n$　（$1：2.5×10^n$）　（$1：3×10^n$） （$1：4×10^n$）　$1：5×10^n$　（$1：6×10^n$）
放大比例	2：1　（2.5：1）　（4：1）　5：1 $1×10^n：1$　$2×10^n：1$　（$2.5×10^n：1$）　（$4×10^n：1$）　$5×10^n：1$

注:n 为正整数。

绘图时,应尽可能采用 1：1 的比例,以便直接看出机件的真实大小。当机件不宜采用 1：1 的比例绘图时,也可采用放大或缩小的比例。不论采用何种比例,图样中所标注的尺寸数值都必须是机件的实际尺寸,即图样中的尺寸标注与绘图所用的比例无关。

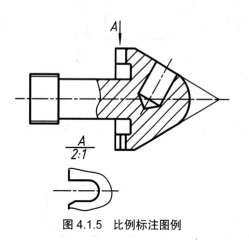

图 4.1.5　比例标注图例

同一张图样上各个图形,原则上应采用相同的比例绘制,并在标题栏内的"比例"一栏中进行填写。当某个图形需采用不同比例绘制时,可在视图名称下方以分数形式标注出该图形所采用的比例,如 $\dfrac{I}{2：1}$、$\dfrac{A}{2：1}$、$\dfrac{B-B}{2.5：1}$ 等,标注示例如图 4.1.5 所示。

4.1.4　字体(GB/T 14691—1993)

在图样中书写汉字、数字、字母时必须做到字体工整、笔画清楚、间隔均匀、排列整齐。字体的号数,即字体的高度 h,其公称尺寸系列为 20 mm、14 mm、10 mm、7 mm、5 mm、3.5 mm、2.5 mm、1.8 mm,如需要书写更大的字,其字体高度应按 $\sqrt{2}$ 的比率递增。

1. 汉字

汉字规定用长仿宋体书写,并采用国家正式公布的简化汉字。汉字的高度不应小于 3.5 mm,字体宽度一般为 $h/\sqrt{2}$。

2. 字母和数字

字母和数字可写成直体和斜体。斜体字的字头向右倾斜,与水平基准线成 75°。

3. 综合应用规定

字体综合应用时,用作指数、分数、极限偏差、注脚等的数字及字母,一般应采用小一号的字体,如图 4.1.6 所示。

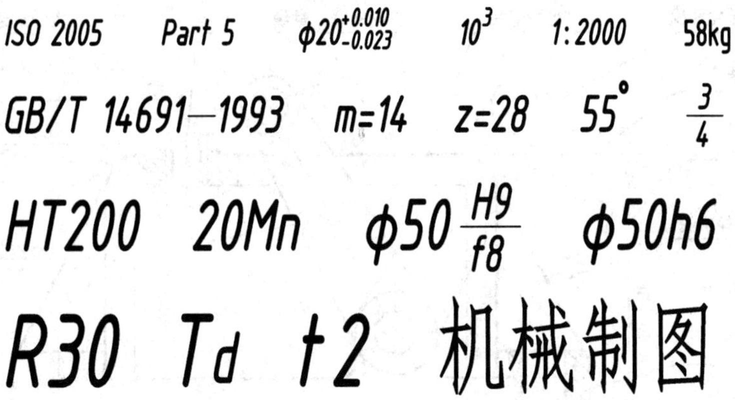

ISO 2005　　Part 5　　$\phi 20^{+0.010}_{-0.023}$　　10^3　　$1:2000$　　58kg

GB/T 14691—1993　　m=14　z=28　55°　$\dfrac{3}{4}$

HT200　20Mn　　$\phi 50\dfrac{H9}{f8}$　　$\phi 50h6$

R30 Td t2 机械制图

图 4.1.6　字体

4.1.5　图线(GB/T 17450—1998、GB/T 4457.4-2002)

《技术制图 图线》(GB/T 17450—1998)规定了绘制各种技术图样的 15 种基本线型,机械图样中规定了 9 种线型,绘制图样时应按规定绘制。

1. 线型及应用

绘制图样时,应采用表 4.1.4 中规定的图线。

表 4.1.4　图线的规格及应用

图线名称	图线线型	图线宽度	一般应用
粗实线	——————	b	可见轮廓线、可见过渡线
细实线	————	约 b/3	尺寸线及尺寸界限、引出线、辅助线、剖面线、分界线及范围线、不连续的同一表面的连线、重合剖面的轮廓线、弯折线等
波浪线	∿∿∿	约 b/3	断裂处的边界线、视图和剖视图的分界线
双折线	—/\/—	约 b/3	断裂处的边界线
虚线	- - - - - -	约 b/3	不可见轮廓线、不可见过渡线
细点画线	— · — · —	约 b/3	轴线、对称中心线、轨迹线、节圆及节线
粗点画线	— · — · —	b	有特殊要求的线或表面的表示线
双点画线	— ·· — ·· —	约 b/3	相邻辅助零件的轮廓线、坯料的轮廓线或毛坯图中制成品的轮廓线、极限位置的轮廓线、试验或工艺用结构(成品上不存在)的轮廓线、假想投影轮廓线、中断线
粗虚线	— — — —	b	允许表面处理的表示线

图线宽度 b 的推荐系列为 0.13 mm、0.18 mm、0.25 mm、0.35 mm、0.5 mm、0.7 mm、1 mm、2 mm,粗线、中粗线、细线的宽度比率为 4：2：1。一般情况下,粗线或中粗线的宽度应在 0.5~2 mm 选取。有关图线的应用举例如图 4.1.7 所示。

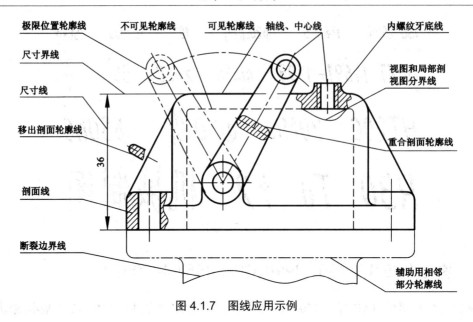

图 4.1.7　图线应用示例

2. 图线画法

（1）在同一图样中,同类图线的宽度应一致。

（2）除非有特别规定,两条平行线之间的最小间隙不得小于 0.7 mm。

（3）虚线、点画线的长度、间隙、短线应各自相等。点画线和双点画线的首末两端为"长线",而不应为"点",如图 4.1.8 所示。

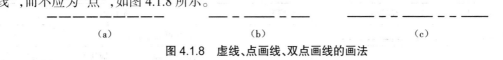

（a）　　　　　　　　（b）　　　　　　　　（c）

图 4.1.8　虚线、点画线、双点画线的画法

（a）虚线　（b）点画线　（c）双点画线

（4）虚线、点画线或双点画线和实线相交或它们自身相交时,应以"长线"相交,而不应为"点"或间隔。虚线、点画线或双点画线为实线的延长线时,应在相连处留出间隔,如图 4.1.9 所示。

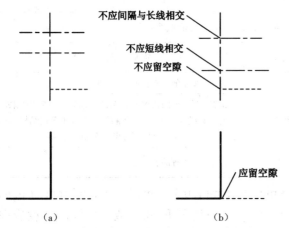

图 4.1.9　虚线、点画线或双点画线和实线相交

（a）正确　（b）错误

（5）绘制圆的对称中心线时,圆心应为"长线"的交点。首末两端超出圆形 25 mm。在较小的圆形上绘制细点画线和细双点画线有困难时,可用细实线代替。

（6）当某些图线重合时,应按粗实线、虚线和细点画线的顺序只画前面的一种图线。

（7）虚线圆弧与实线相切时,虚线圆弧应留出间隔。

4.1.6　尺寸标注（GB/T 4458.4—2003）

《机械制图 尺寸注法》（GB/T 4458.4—2003）中规定了标注尺寸的基本规则、符号和方法，在绘图时必须严格遵守这些规定。

1. 标注尺寸的基本规则

（1）机件的真实大小应以图样上所标注的尺寸数值为依据，与图形的大小及绘图的准确度无关。

（2）图样中（包括技术要求和其他说明）的尺寸，以 mm 为单位时，不需标注单位符号或名称。若采用其他单位，则应注明相应的单位符号。

（3）图样中所标注的尺寸，为该图样所示机件的最后完工尺寸，否则应另加说明。

（4）在图样上，机件的每一个尺寸一般只标注一次，并应标注在反映该结构最清晰的图形上。

2. 标注尺寸的基本要素

一个完整的尺寸，由尺寸界线、尺寸线和尺寸数字三个基本要素组成，如图 4.1.10 所示。

1）尺寸界线

尺寸界线用细实线绘制，并由图形的轮廓线、轴线或对称中心线处引出，也可以利用轮廓线、轴线或对称中心线作为尺寸界线。尺寸界线一般应与尺寸线垂直，必要时才允许倾斜。

在光滑过渡处标注尺寸时，应用细实线将轮廓线延长，从其交点处引出尺寸界线，如图 4.1.11 所示。当表示曲线轮廓上各点的坐标时，可将尺寸线或其延长线作为尺寸界线，如图 4.1.12 所示。

图 4.1.10　尺寸的组成

图 4.1.11　圆角处尺寸界线的画法

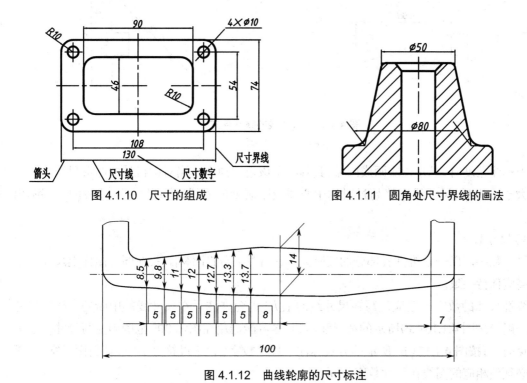

图 4.1.12　曲线轮廓的尺寸标注

　　标注角度的尺寸界线应沿径向引出,如图 4.1.13 所示。标注弦长的尺寸界线应平行于该弦的垂直平分线,如图 4.1.14 所示。标注弧长的尺寸界线应平行于该弧所对圆心的角平分线,如图 4.1.15 所示,但当弧长较大时,可沿径向引出。

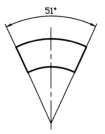

图 4.1.13　角度的尺寸界线

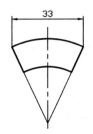

图 4.1.14　弦长的尺寸界线

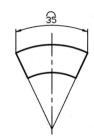

图 4.1.15　弧长的尺寸界线

　　2)尺寸线

　　尺寸线用细实线绘制,其终端可以是箭头或斜线两种形式,用来表示尺寸线的起止,如图 4.1.16 所示。只有当尺寸线垂直于尺寸界线时才可以采用斜线终端,机械图样上的尺寸线终端一般采用箭头。在同一图样中,其终端的形式应一致。

　　线性尺寸的尺寸线应绘制成与所标注线段间隔为 5~7 mm 的平行线。各尺寸线之间或尺寸线与尺寸界线之间应尽量避免相交,因此,在标注并联尺寸时,应将小尺寸放在里面,大尺寸放在外面,如图 4.1.16 所示。

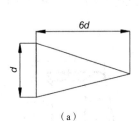

（a）

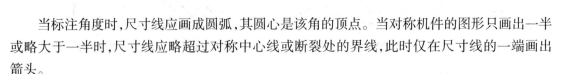

（b）

图 4.1.16　尺寸线的终端形式

（a）箭头　（b）斜线

　　当标注角度时,尺寸线应画成圆弧,其圆心是该角的顶点。当对称机件的图形只画出一半或略大于一半时,尺寸线应略超过对称中心线或断裂处的界线,此时仅在尺寸线的一端画出箭头。

　　3)尺寸数字

　　尺寸数字用以表示机件各部分的实际大小,一律用标准字体书写,在同一图样上尺寸数字的字高应保持一致。

　　线性尺寸的数字一般应注写在尺寸线的上方,也允许注写在尺寸线的中断处。线性尺寸数字一般应按图 4.1.16（a）所示的情况注写,并尽可能避免在图示 30° 范围内注写尺寸。当无法避免时,可按图 4.1.17（b）所示的方式标注。尺寸数字(含字母符号)不被任何图线穿过,否则就必须使相应的图线在尺寸数字处断开。

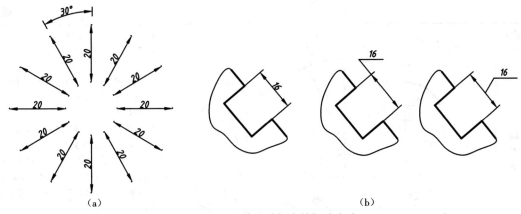

图 4.1.16　线性尺寸数字的标注方法

（a）尺寸数字的注写方向　　（b）向左倾斜 30° 范围的尺寸数字注写方向

3. 常见尺寸的标注方法

常见尺寸的标注方法见表 4.1.5。

表 4.1.5　常见尺寸的标注方法

项目	图例	说明
角度		（1）角度数字一律写成水平，填在尺寸线的中断处，必要时允许写在外面，或引出标注 （2）尺寸线用圆弧绘制，圆心为角的顶点 （3）尺寸界线应沿径向引出
圆的直径		（1）圆或大于半圆的圆弧应标注直径 （2）标注直径尺寸时，在数字前加注"ϕ" （3）尺寸线应通过圆心，并在接触圆周的终端画箭头 （4）标注小圆尺寸时，箭头和数字可分别或同时注在外面
球的直径或半径		（1）标注球的直径或半径时，应在符号"ϕ"或"R"前再加符号"S" （2）在不致误解时，如螺钉的头部，可省略"S"

项目	图例	说明
圆弧半径	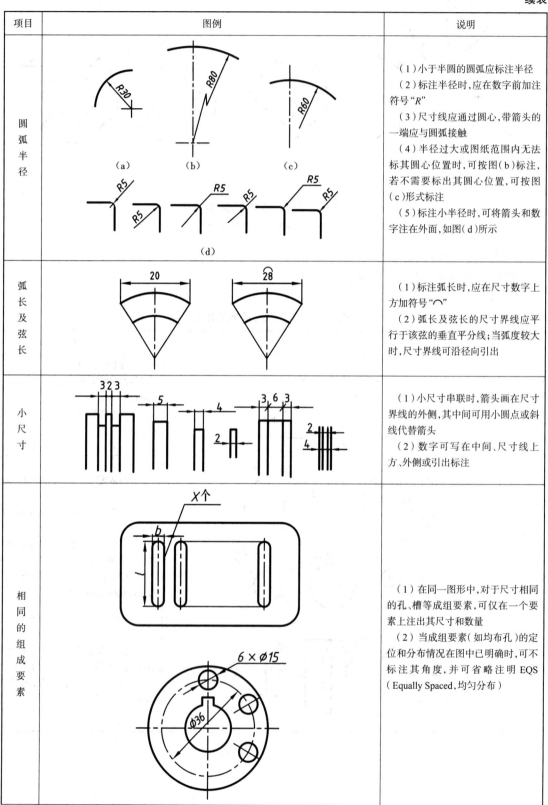	（1）小于半圆的圆弧应标注半径 （2）标注半径时，应在数字前加注符号"R" （3）尺寸线应通过圆心，带箭头的一端应与圆弧接触 （4）半径过大或图纸范围内无法标注其圆心位置时，可按图（b）标注，若不需要标出其圆心位置，可按图（c）形式标注 （5）标注小半径时，可将箭头和数字注在外面，如图（d）所示
弧长及弦长		（1）标注弧长时，应在尺寸数字上方加符号"⌒" （2）弧长及弦长的尺寸界线应平行于该弦的垂直平分线；当弧度较大时，尺寸界线可沿径向引出
小尺寸		（1）小尺寸串联时，箭头画在尺寸界线的外侧，其中间可用小圆点或斜线代替箭头 （2）数字可写在中间、尺寸线上方、外侧或引出标注
相同的组成要素		（1）在同一图形中，对于尺寸相同的孔、槽等成组要素，可仅在一个要素上注出其尺寸和数量 （2）当成组要素（如均布孔）的定位和分布情况在图中已明确时，可不标注其角度，并可省略注明 EQS（Equally Spaced，均匀分布）

项目	图例	说明
相同的组成要素	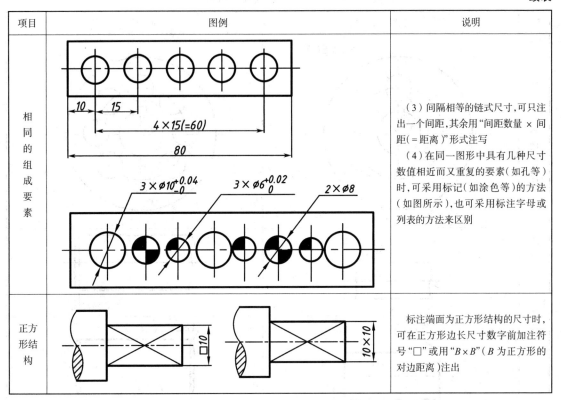	（3）间隔相等的链式尺寸，可只注出一个间距，其余用"间距数量 × 间距（＝距离）"形式注写 （4）在同一图形中具有几种尺寸数值相近而又重复的要素（如孔等）时，可采用标记（如涂色等）的方法（如图所示），也可采用标注字母或列表的方法来区别
正方形结构		标注端面为正方形结构的尺寸时，可在正方形边长尺寸数字前加注符号"□"或用"$B \times B$"（B 为正方形的对边距离）注出

4. 标注尺寸的符号

标注尺寸时，应尽可能使用符号和缩写词。常用的符号和缩写词见表 4.1.6。

表 4.1.6　常用的符号和缩写词

名称	符号	名称	符号	名称	符号	名称	符号
直径	φ	球直径	$S\phi$	45° 倒角	C	埋头孔	∨
半径	R	球半径	SR	深度	⊤	均布	EQS
厚度	t	正方形	□	沉孔或锪平	⊔		

5. 尺寸的简化注法（GB/T 16675.2—1996）

表 4.1.7 列出了国标规定的一些常见的简化注法和其他标注形式。

表 4.1.6　常见简化注法示例

类型	简化注法	简化前注法
成组要素的法注	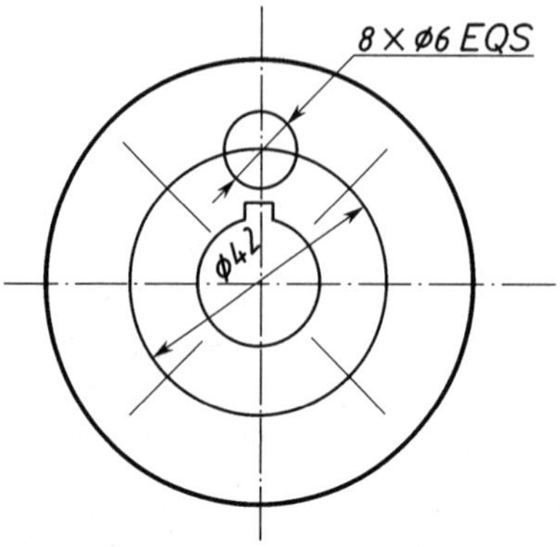	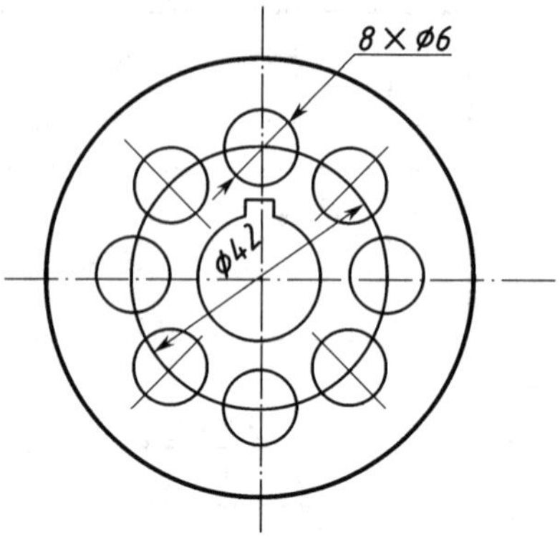
倒角注法	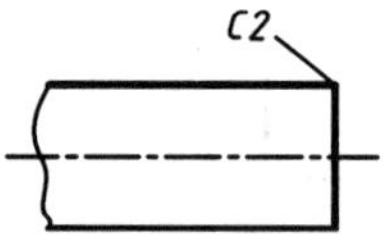	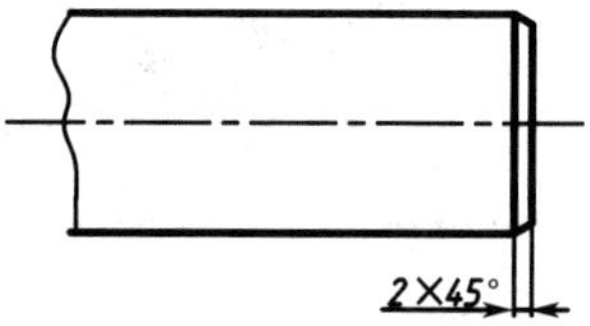
孔的旁注法	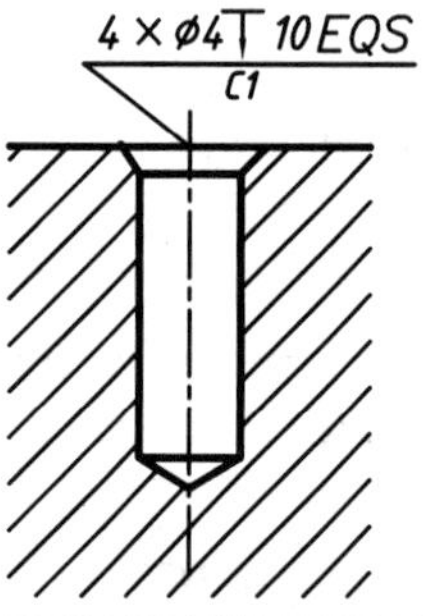 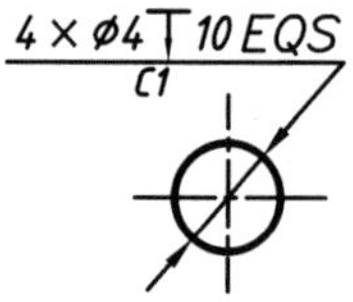	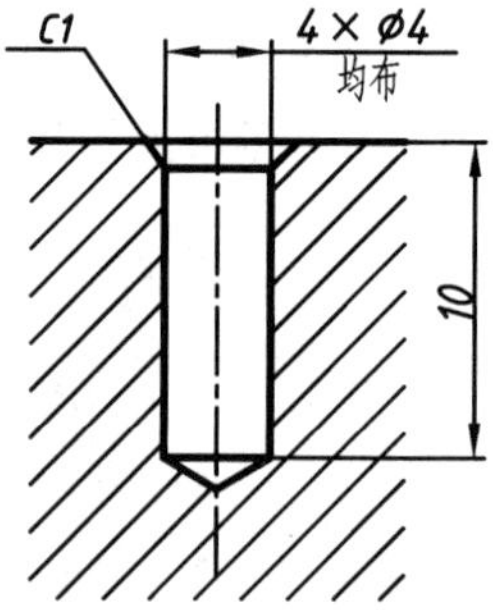

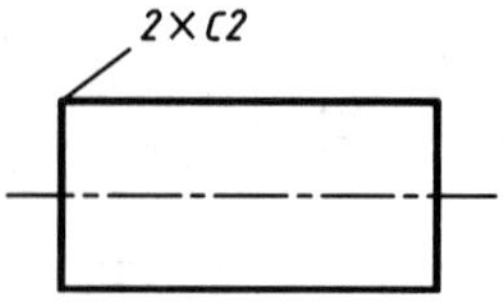

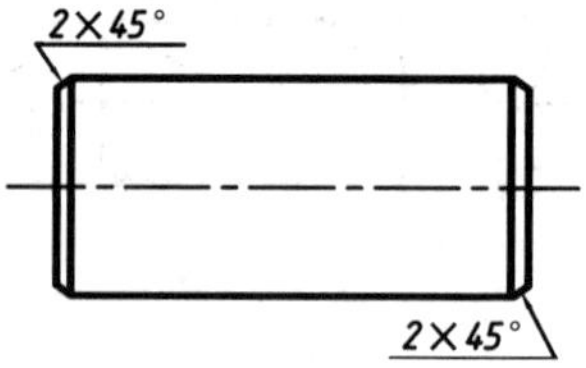

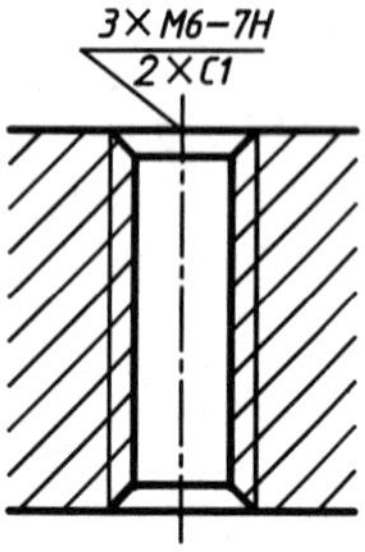

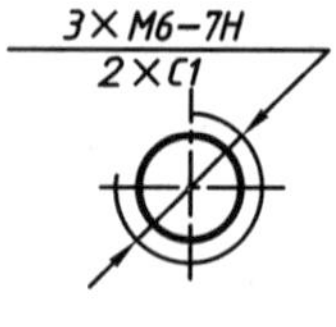

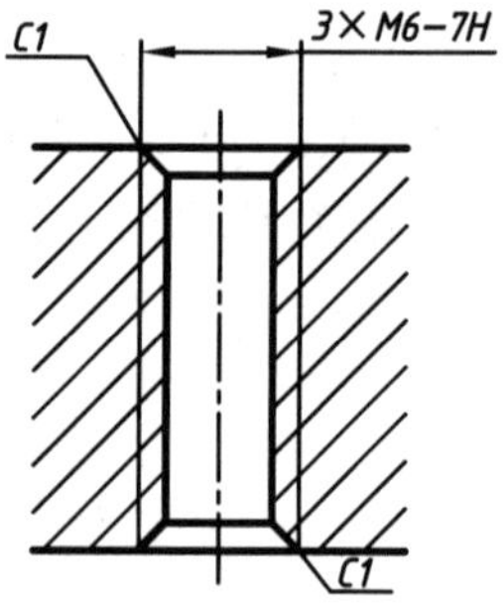

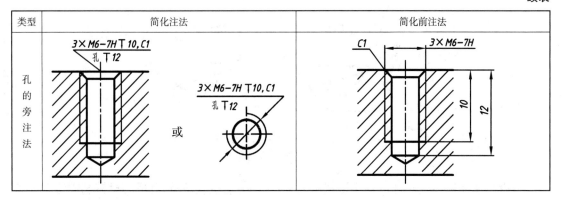

类型	简化注法	简化前注法
孔的旁注法		

4.2　物体投影

4.2.1　投影法的基本知识

1. 中心投影法

投影中心距离投影面有限远,投影时投影线汇交于投影中心的投影法称为中心投影法。

如图 4.2.1 所示,点 S 称为投影中心,自投射中心 S 引出的射线称为投影线(如 SA、SB、SC),平面 H 称为投影面。投射线 SA、SB、SC 与平面 H 的交点 a、b、c 就是空间点 A、B、C 在投影面 H 上的中心投影。$\triangle abc$ 即为空间的 $\triangle ABC$ 在投影面 H 上的投影。

用中心投影法绘制的图形有立体感,但不能真实地反映物体的形状和大小,这种方法常用于绘制建筑物的透视图,但在机械图样中一般不采用。

> 提示:规定用大写字母表示空间的点,而用小写字母表示相应空间点的投影。

2. 平行投影法

投影中心距离投影面无限远,投影时投影线都相互平行的投影法称为平行投影法,如图 4.2.2 所示。

按投影线与投影面的倾角不同,平行投影法又分为如下两种。

1)斜投影法

投影线与投影面相倾斜的平行投影法称为斜投影法,如图 4.2.2(a)所示。这种方法绘制的图样立体感强,但不能反映物体真实的形状和大小,常用于机械图样的辅助图样的绘制。

2)正投影法

投影线与投影面相垂直的平行投影法称为正投影法,如图 4.2.2(b)所示。

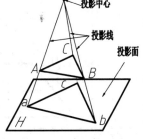

图 4.2.1　中心投影法

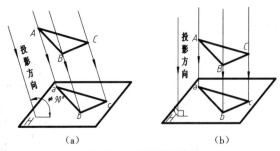

图 4.2.2　平行投影法

（a）斜投影法　（b）正投影法

正投影法能够表达物体的真实形状和大小,绘制方法也较简单,已成为机械制图绘图的基本原理与方法。

4.2.2　正投影法的基本性质

由于正投影法中投影线与投影面的相互垂直,其投影具有真实性、积聚性、类似性等基本性质。

表 4.2.1　正投影法的基本性质

基本性质	真实性	积聚性	类似性
说明	当直线或平面与投影面平行时,直线的投影反映为实长,平面的投影反映为实形	当直线或平面与投影面垂直时,直线的投影积聚为一点,平面的投影积聚成一条直线	当直线或平面与投影面倾斜时,直线的投影小于直线的实长,平面的投影与平面实形类似,且小于平面实形
图例			
基本性质	定比性	平行性	从属性
说明	点分线段的比,与其投影之比相等;两平行线段之比与其投影之比相等	相互平行的直线,其投影必定相互平行;相互平行的平面,其积聚性的投影必定相互平行	直线或曲线上的点,其投影必在该直线或曲线的投影上;平面或曲面上的点、线,其投影必在该平面或曲面的投影上
图例			

根据以上正投影法的投影性质可知,当物体的平面和直线与投影面处于平行的位置时,视图能够反映物体的真实形状和大小。

4.2.3　三视图

在机械制图中,通常把相互平行的投影线看作人的视线,而把物体在投影面上的投影称为视图。表示一个物体可有六个基本投影方向,如图 4.2.3 所示。相应地有六个基本的投影平面分别垂直于六个基本投影方向。物体在基本投影面上的投影称为基本视图。

通过一个视图一般不能完全确定物体的形状和大小,如图 4.2.4 所示。为了准确地反映物体的形状和大小,一般采用多面正投影图。

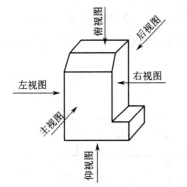

图 4.2.3　基本视图的投影方向

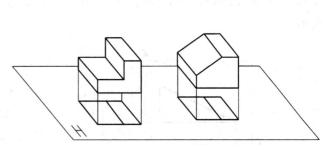

图 4.2.4　两种不同立体的正投影图相同

1. 三面投影体系

在工程图中,通常采用与物体的长、宽、高相对应的三个相互垂直的投影面,这三个投影面形成了三面投影体系,如图 4.2.5 所示。

（1）正立投影面:直立在观察者正对面的投影面,简称正面,用 V 表示。

（2）水平投影面:水平位置的投影面,简称水平面,用 H 表示。

（3）侧立投影面:右侧的投影面,简称侧面,用 W 表示。

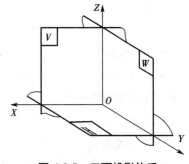

图 4.2.5　三面投影体系

三个投影面之间的交线,称为投影轴,V 面与 H 面的交线称为 OX 轴(简称 X 轴),它代表物体的长度方向;H 面与 W 面的交线称为 OY 轴(简称 Y 轴),它代表物体的宽度方向;V 面与 W 面的交线称为 OZ 轴(简称 Z 轴),它代表物体的高度方向。三个投影轴垂直相交的交点 O,称为原点。

三个互相垂直的平面将空间分为八个分角,依次用 Ⅰ、Ⅱ、Ⅲ、Ⅳ、Ⅴ、Ⅵ、Ⅶ、Ⅷ表示。

2. 三视图

《技术制图　投影法》(GB/T 14692—2008)规定:物体的图形按正投影绘制,并采用第一角投影法。

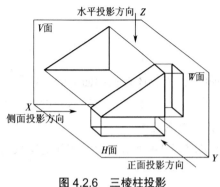

图 4.2.6　三棱柱投影

如图 4.2.6 所示,将物体置于第一分角内,并使其处于观察者与投影面之间,分别向 V、H、W 面正投影,可分别得到该物体的三个投影:

(1)由前向后投影,在正面上所得视图称为主视图;

(2)由上向下投影,在水平面上所得视图称为俯视图;

(3)由左向右投影,在侧面上所得视图称为左视图。

为了方便绘图与读图,三面视图应该画在同一张图纸上,可将三投影面展开。正面 V 保持不动,水平面 H 绕 OX 轴向下旋转 90°,侧面 W 绕 OZ 轴向右旋转 90°,使三面共面,如图 4.2.7 所示。

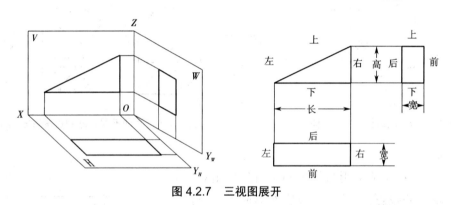

图 4.2.7　三视图展开

在投影面展开时,OY 轴一分为二,在 H 面上的标记为 Y_H,在 W 面上的标记为 Y_w。

画图时,通常省去投影面的边框和投影轴。在同一张图纸内按图 4.2.7 那样配置视图时,一律不注明视图的名称。

3. 三视图的投影关系

1)位置关系

以主视图为准,俯视图在主视图的正下方,左视图在主视图的正右方。画物体的三视图时,必须按以上的投影关系配置,主、俯、左三个视图之间必须互相对齐,不能错位。

2)尺寸关系

主视图反映了物体的长度和高度,俯视图反映了长度和宽度,左视图反映了宽度和高度,且每两个视图之间有一定的对应关系。由此,可得到三个视图之间有如下投影关系:

(1)主、俯视图都反映物体的长度,即主、俯视图"长对正";

(2)主、左视图都反映物体的高度,即主、左视图"高平齐";

(3)俯、左视图都反映物体的宽度,即俯、左视图"宽相等"。

"长对正、高平齐、宽相等"是物体投影的基本规律,也是画图和看图必须遵循的投影规律。

3）方位关系

物体具有左、右、上、下、前、后六个方位。主视图反映上、下和左、右的相对位置关系,前、后则重叠;俯视图反映前、后和左、右的相对位置关系,上、下则重叠;左视图反映前、后和上、下的相对位置关系,左、右则重叠。

可见,以主视图为准,俯、左视图中靠近主视图一侧均表示物体后面,远离主视图一侧均表示物体的前面。

4.2.4　点的投影

1. 点的三面投影

在三面投影体系中有一点 A ,过点 A 分别向三个投影面作垂线,得垂足 a 、a' 、a'' ,即得点 A 在三个投影面的投影,如图 4.2.8 所示。

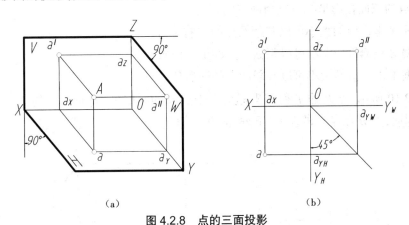

（a）　　　　　　　　　　　　（b）

图 4.2.8　点的三面投影

（a）点的三面投影　（b）点的三面投影展开形式

提示:为了统一起见,规定空间点用大写字母表示,如 A 、B 等;水平投影用相应的小写字母表示,如 a 、b 等;正面投影用相应的小写字母加撇表示,如 a' 、b' ;侧面投影用相应的小写字母加两撇表示,如 a'' 、b'' 。如空间点 A 的三面投影是（a,a',a''）。

2. 点的投影规律

由图 4.2.8 分析可知,点的三面投影普遍具有以下规律:

（1）点的正面投影和水平投影的连线垂直于 OX 轴,即 $a'a \perp OX$;

（2）点的正面投影和侧面投影的连线垂直于 OZ 轴,即 $a'a'' \perp OZ$;

（3）点的水平投影 a 到 OX 轴的距离等于侧面投影 a'' 到 OZ 轴的距离,即 $aa_x = a''a_z$ 。

想一想:若已知点的任何两个投影,如何求出它的第三个投影呢?

3. 点的三面投影与直角坐标

空间点 A 到三个投影面的距离可分别用它的直角坐标 X 、Y 、Z 表示,如图 4.2.9 所示。点的坐标的规定书写形式为 $A(X,Y,Z)$,如 $A(30,10,20)$ 。

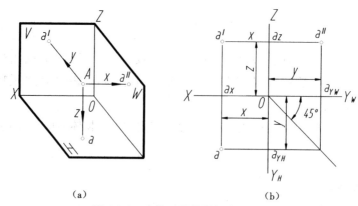

（a）　　　　　　　　　　　　（b）

图 4.2.9　点的三面投影与直角坐标

（a）点到三个面的立体图　（b）点到三个面的投影图

4. 两点的相对位置

根据两点的三面投影坐标可判断两点的相对位置：

（1）根据 X 坐标值的大小可以判断两点的左右位置；

（2）根据 Z 坐标值的大小可以判断两点的上下位置；

（3）根据 Y 坐标值的大小可以判断两点的前后位置。

如图 4.2.10 所示，点 B 的 Y 和 X 坐标均大于点 A 的相应坐标，而点 B 的 Z 坐标小于点 A 的 Y 坐标，因而，点 B 在点 A 的左方、下方、前方。

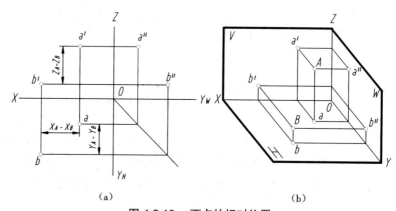

（a）　　　　　　　　　　　　（b）

图 4.2.10　两点的相对位置

（a）两点间的投影图　（b）两点间的立体图

5. 重影点与可见性

若 A、B 两点无左右、前后距离差，点 A 在点 B 正上方或正下方时，两点的 H 面投影重合，点 A 和点 B 称为对 H 面投影的重影点。

如图 4.2.11 中的 A、B 两点在水平面中的投影重合，A、B 两点称为对 H 面投影的重影点。

重影点需判别可见性：根据正投影特性，可见性的区分应是前遮后、上遮下、左遮右，即坐标值大者可见。

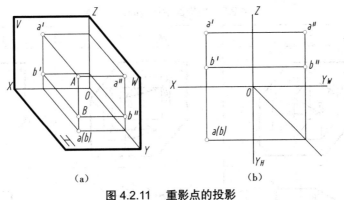

图 4.2.11　重影点的投影

（a）重影点的立体图　（b）重影点的投影图

提示：两点的同面投影重合，可见投影不加括号，如 a、b'；不可见投影加括号，如（b）。

4.2.5　线的投影

1. 直线的投影

一般情况下，直线的投影仍是直线，如图 4.2.12 中的直线 AB。特殊情况下，若直线垂直于投影面，直线的投影可积聚为一点，如图 4.2.12 中的直线 CD。

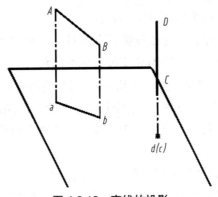

图 4.2.12　直线的投影

直线的投影可由直线上两点的同面投影连接得到，分别作出直线上两点 A、B 的三面投影，将其同面投影相连，即得到直线 AB 的三面投影图。

2. 各种位置直线的投影特性

根据直线的位置可分为投影面平行线、投影面垂直线和一般位置线三类。

1）投影面平行线

平行于一个投影面而同时倾斜于另外两个投影面的直线称为投影面平行线。

平行于 V 面的称为正平线；平行于 H 面的称为水平线；平行于 W 面的称为侧平线；直线与投影面所夹的角称为直线对投影面的倾角。α、β、γ 分别为直线对 H 面、V 面、W 面的倾角。

表 4.2.2　投影面平行线的投影特性

名称	正平线(∥V)	水平线(∥H)	侧平线(∥W)
立体图			
投影图			
投影特性	(1)正面投影 a' b' 反映实长 (2)正面投影 a' b' 与 OX 轴和 OZ 轴的夹角 α、γ 分别为 AB 对 H 面和 W 面的倾角 (3)水平投影轴 ab∥OX 轴,侧面投影 a" b"∥OZ 轴,且都小于实长	(1)水平投影 cd 反映实长 (2)水平投影 cd 与 OX 轴和 OY_H 的夹角 β、γ 分别为 CD 对 V 面和 W 面的倾角 (3)正面投影 c' d'∥OX 轴,侧面投影 c" d"∥OY_W 轴,且都小于实长	(1)侧面投影 e" f" 反映实长 (2)侧面投影 e" f" 与 OZ 轴和 OY_W 轴的夹角 β 和 α 分别为 EF 对 V 面和 H 面的倾角 (3)正面投影 e' f'∥OZ 轴,水平投影 ef∥OY_H,且都小于实长

从表 4.2.2 中可得出投影面平行线的投影特征。

（1）直线平行于哪个投影面,它在该投影面上的投影反映空间线段的实长,并且这个投影和投影轴所夹的角度,就等于空间线段对相应投影面的倾角。

（2）其他两个投影都小于空间线段的实长,而且与相应的投影轴平行。

投影面平行线的辨认:当直线的投影有两个平行于投影轴,第三个投影与投影轴倾斜时,则该直线一定是投影面平行线,且一定平行于其投影为倾斜线的那个投影面。

2）投影面垂直线

垂直于一个投影面而同时平行于另外两个投影面的直线称为投影面垂直线。

垂直于 V 面的称为正垂线;垂直于 H 面的称为铅垂线;垂直于 W 面的称为侧垂线。

表 4.2.3 为投影面垂直线的立体图、投影图及投影特征。

表 4.2.3　投影面垂直线的投影特性

名称	正垂线(⊥V)	铅垂线(⊥H)	侧垂线(⊥W)
立体图			

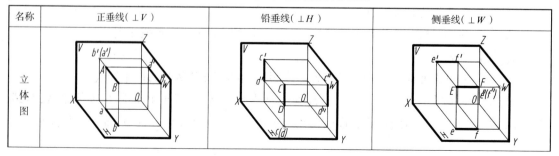

续表

名称	正垂线（⊥V）	铅垂线（⊥H）	侧垂线（⊥W）
投影图			
投影特性	（1）投影 b'（a'）积聚成一点 （2）水平投影 ba、侧面投影 $b''a''$ 都反映实长，且 $ba \perp OX$，$b''a'' \perp OZ$	（1）投影 c（d）积聚成一点 （2）正面投影 $c'd'$、侧面投影 $c''d''$ 都反映实长，且 $c'd' \perp OX$，$c''d'' \perp OY_W$	（1）投影 e''（f''）积聚成一点 （2）正面投影 $e'f'$、水平投影 ef 都反映实长，且 $e'f' \perp OZ$，$ef \perp OY_H$

从表 4.2.3 中可得出投影面垂直线的投影特征。

（1）直线垂直于哪个投影面，它在该投影面上的投影积聚为一点。

（2）其他两个投影都与相应的投影轴垂直，并且都反映空间线段的实长。

投影面垂直线的辨认：直线的投影中只要有一个投影积聚为一点，则该直线一定是投影面垂直线，且一定垂直于其投影积聚为一点的那个投影面。

3）一般位置直线

与三个投影面都处于倾斜位置的直线称为一般位置直线。

由图 4.2.13 可见，一般位置直线在三个投影面上的投影都不反映实长（均小于实长），投影和投影轴均倾斜，且投影与投影轴之间的夹角也不反映直线与投影面之间的倾角。

一般位置直线的判定：直线的投影如果与三个投影轴都倾斜，则可判定该直线为一般位置直线。

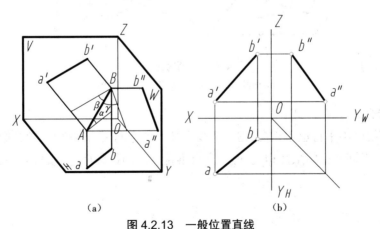

（a）　　　　　　　　　　　　　（b）

图 4.2.13　一般位置直线

（a）一般位置直线立体图　（b）一般位置直线投影图

3. 两直线的相对位置

两直线在空间的相对位置有三种情况:平行、相交和交叉。

1)两直线平行

空间两直线平行,其同面投影必相互平行,如图 4.2.14 所示。

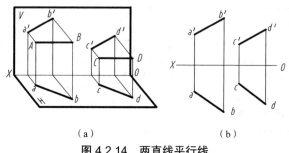

图 4.2.14　两直线平行线

(a)平行直线立体图　(b)平行直线投影图

想一想:若空间两直线的两个面投影共线,在另一面的投影平行,该空间两直线是否平行?

2)两直线相交

空间两直线相交,其同面投影也一定相交,交点是两直线的共有点,它应符合点的投影规律,如图 4.2.15 所示。相交两直线是同面直线。

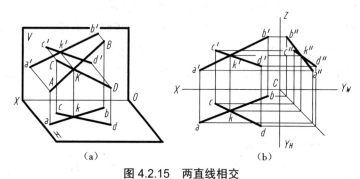

图 4.2.15　两直线相交

(a)相交直线立体图　(b)相交直线投影图

3)两直线交叉

空间两直线既不平行也不相交,则两直线交叉。若空间两直线交叉,则它们的同面投影必不同时平行,或者同面投影虽然相交,但其交点不符合点的投影规律,如图 4.2.16 所示。

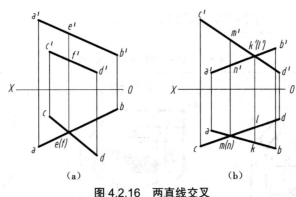

图 4.2.16　两直线交叉

（a）交叉直线立体图　（b）交叉直线投影图

4.2.6　面的投影

1. 面的表示法

（1）一个平面可以用不在同一直线上的三点表示，如图 4.2.17（a）所示。

（2）一个平面可以用一条直线和不属于该直线的一点表示，如图 4.2.17（b）所示。

（3）一个平面可以用两条相交直线表示，如图 4.2.17（c）所示。

（4）一个平面可以用两条平行直线表示，如图 4.2.17（d）所示。

（5）一个平面可以用任意平面图形（如三角形、四边形、圆形等）表示，如图 4.2.17（e）所示。

图 4.2.17　面的表示法

（a）三点投影　（b）点与直线投影　（c）两条相交直线的投影　（d）两条平行直线的投影　（e）三角形投影

2. 各种位置平面的投影

根据在三投影面体系中的位置，平面可分为投影面平行面、投影面垂直面及一般位置面三类。

1）投影面垂直面

垂直于一个投影面而同时倾斜于另外两个投影面的平面称为投影面垂直面。垂直于 V 面的称为正垂面；垂直于 H 面的称为铅垂面；垂直于 W 面的称为侧垂面。平面与投影面所夹的角称为平面对投影面的倾角。α、β、γ 分别为平面对 H 面、V 面、W 面的倾角。

表 4.2.4 为投影面垂直面的立体图、投影图及投影特征。

从表 4.2.4 中可得出投影面垂直面的投影特征。

（1）平面垂直于哪个投影面，它在该投影面上的投影积聚为一直线且与投影轴倾斜，并且这个投影和投影轴所夹的角度，就等于空间平面对相应投影面的倾角。

（2）其他两个投影都是空间平面的类似形。

表 4.2.4　投影面垂直面的投影特性

名称	正垂面（⊥V）	铅垂面（⊥H）	侧垂面（⊥W）
立体图			
投影图			
投影特性	（1）正面投影积聚成一条直线，它与 OX 轴和 OZ 轴的夹角 α、γ 分别为平面对 H 面和 W 面的真实倾角 （2）水平投影和侧面投影都是类似形	（1）水平投影积聚成一条直线，它与 OX 轴和 OYH 的夹角 β、γ 分别为平面对 V 面和 W 面的真实倾角 （2）正面投影和侧面投影都是类似形	（1）侧面投影积聚成一条直线，它与 OZ 轴和 OYW 轴的夹角 β 和 α 分别为平面对 V 面和 H 面的真实倾角 （2）正面投影和水平投影都是类似形

对于投影面垂直面的辨认：如果空间平面在某一投影面上的投影积聚为一条与投影轴倾斜的直线，则此平面垂直于该投影面。

2）投影面平行面

平行于一个投影面而同时垂直于另外两个投影面的平面称为投影面平行面。平行于 V 面的称为正平面；平行于 H 面的称为水平面；平行于 W 面的称为侧平面。

表 4.2.5 为投影面平行面的立体图、投影图及投影特征。

表 4.2.5　投影面平行面的投影特性

名称	正平面（//V）	水平面（//H）	侧平面（//W）
实例			

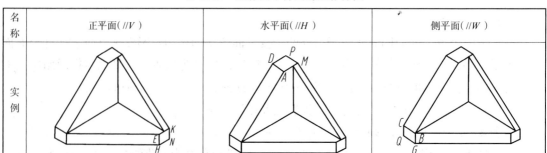

名称	正平面(//V)	水平面(//H)	侧平面(//W)
立体图			
投影图			
投影特性	(1)正面投影反映实形 (2)水平投影积聚成直线且平行于 OX 轴 (3)侧面投影积聚成直线且平行于 OZ 轴	(1)水平投影反映实形 (2)正面投影积聚成直线且平行于 OX 轴 (3)侧面投影积聚成直线且平行于 OY_W 轴	(1)侧面投影反映实形 (2)正面投影积聚成直线且平行于 OZ 轴 (3)侧面投影积聚成直线且平行于 OY_H 轴

从表 4.2.5 中可得出投影面平行面的投影特征。

(1)平面平行于哪个投影面,它在该投影面上的投影反映空间平面的实形。

(2)其他两个投影都积聚为直线,而且与相应的投影轴平行。

对于投影面平行面的辨认:当平面的投影有两个分别积聚为平行于不同投影轴的直线,而且只有一个投影为平面形时,则此平面平行于该投影所在的那个平面。

3)一般位置平面

与三个投影面都处于倾斜位置的平面称为一般位置平面。

例如平面△ABC 与 H、V、W 面都处于倾斜位置,倾角分别为 α、β、γ。其投影如图 4.2.18 所示。

一般位置平面的投影特征可归纳为:一般位置平面的三面投影,既不反映实形,也无积聚性,而且都为类似形。

对于一般位置平面的辨认:如果平面的三面投影都是类似的几何图形的投影,则可判定该平面一定是一般位置平面。

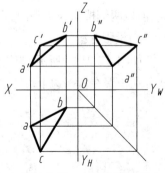

图 4.2.18　一般位置平面

4.3 基本体和组合体

4.3.1 基本体及其投影

基本几何体是由各种表面围成的实体,简称基本体。

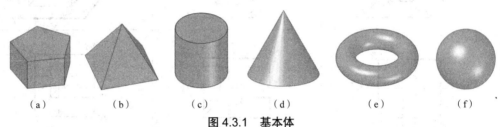

图 4.3.1 基本体
(a)棱柱 (b)棱锥 (c)圆柱 (d)圆锥 (e)圆环 (f)球

按表面几何形状的不同,基本体可分为表面全部为平面的平面立体和表面均为曲面或由平面与曲面共同围成的曲面立体。当曲面立体的曲面为回转面时又叫作回转体。

1. 棱柱及其投影

1)棱柱的形成

棱柱由两个底面和若干侧棱面组成,侧棱面与侧棱面的交线称为侧棱线,侧棱线互相平行。侧棱线与底面垂直的称为直棱柱。底面各边相等的称为正棱柱。

下面以正棱柱为例,说明棱柱的投影。

2)形体分析

正六棱柱由两个形状、大小完全相同的正六边形的顶面、底面和六个矩形侧面及六条侧棱所组成,如图 4.3.2(a)所示。其顶面和底面是大小相同的两个水平面,左右四个侧棱面为铅垂面,前后两侧棱面为正平面,六条侧棱线为铅垂线。

3)投影分析

如图 4.3.2(b)所示,俯视图的正六边形为六棱柱顶面与底面的实形,也是特征形。六个侧面分别积聚在六条边上。主、左视图上的矩形框分别为棱柱侧面的类似形。

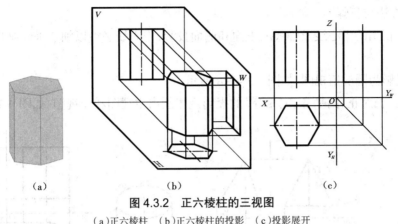

图 4.3.2　正六棱柱的三视图

（a）正六棱柱　（b）正六棱柱的投影　（c）投影展开

4）作图方法与步骤

（1）画出反映顶面和底面实形（正六边形）的水平投影，如图 4.3.2（c）所示。

（2）根据"长对正、高平齐、宽相等"的投影规律画出其余两个投影视图，如图 4.3.2（c）所示。

2. 棱锥及其投影

1）棱锥的形成

棱锥由一个底面和几个侧面所围成。棱锥侧面的交线称为棱线，棱线汇交的点称为锥顶。底面各边相等的棱锥称为正棱锥。

2）形体分析

如图 4.3.3（a）所示，正三棱锥的底面 ABC 为水平面，俯视图反映实形。侧面 SAC、SAB、SBC 为一般位置平面，其三面投影均为相仿形。

3）作图方法与步骤

（1）画出反映锥底 ABC 实形的水平投影及正面、侧面投影，如图 4.3.3（b）所示。

（2）确定锥顶 S 的三面投影，如图 4.3.3（b）所示。

（3）分别连接锥顶 S 与锥底各顶点的同面投影从而画出各侧棱线的投影，如图 4.3.3（b）所示。

3. 圆柱及其投影

1）圆柱的形成

圆柱由圆柱面和顶圆平面、底圆平面组成。如图 4.3.4（a）所示，圆柱面可看成由一条直母线 A_1A_1' 绕与它平行的轴线 O_1O_1' 旋转而成。

2）形体分析

圆柱的轴线垂直于 H 面，素线都是铅垂线，圆柱面为铅垂面，在俯视图上积聚为一个圆，其主视图和左视图上的轮廓线为圆柱面上最左、最右、最前、最后转向轮廓线的投影。圆柱的顶圆平面和底圆平面为水平面，水平投影为圆（反映实形），另两个投影积聚为直线。

3）作图方法与步骤

（1）画俯视图的中心线及轴线的正面和侧面投影，中心线必须以细点画线画出，如图4.3.4（b）所示。

（2）画投影为圆的俯视图，如图4.3.4（b）所示。

（3）根据"长对正、高平齐、宽相等"的投影规律画出主视图和左视图，如图4.3.4（b）所示。

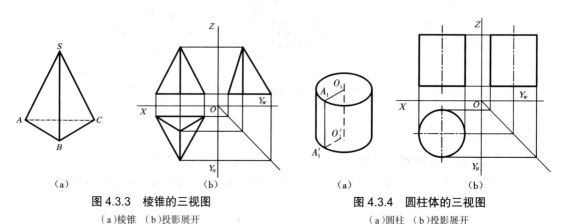

图4.3.3　棱锥的三视图　　　　　　　　图4.3.4　圆柱体的三视图
（a）棱锥　（b）投影展开　　　　　　　　（a）圆柱　（b）投影展开

4. 圆锥及其投影

1）圆锥的形成

圆锥体由圆锥面和一个底面组成。如图4.3.5（a）所示，圆锥面可看成由直线 SA 绕与它相交的轴线 O_1O_1' 旋转而成。运动的直线 SA 叫作母线，圆锥面上过锥顶 S 的任一直线称为圆锥面的素线。

2）圆锥的投影

当圆锥体的轴线垂直于 H 面时，其俯视图为圆，主视图及左视图为两个全等的等腰三角形，三角形的底边为圆锥底面的投影，两个等腰三角形的腰分别为圆锥面的轮廓素线的投影。圆锥面的三个投影都没有积聚性。

3）作图方法与步骤

（1）画俯视图的中心线及轴线的正面、侧面投影（细点画线），如图4.3.5（b）所示。

（2）画俯视图的圆，如图4.3.5（b）所示。

（3）按圆锥体的高确定顶点 S 的投影并按"长对正、高平齐、宽相等"的投影规律画出另两个视图（等腰三角形），如图4.3.5（b）所示。

5. 圆球及其投影

1）圆球的形成

如图4.3.6所示，圆球可看成是半圆形的母线绕其直径 O_1O_1' 旋转而成。

2）圆球的投影

圆球的三个视图均为大小相等的圆（圆的直径和球的直径相等），它们分别是球的三个方向的轮廓圆的投影。

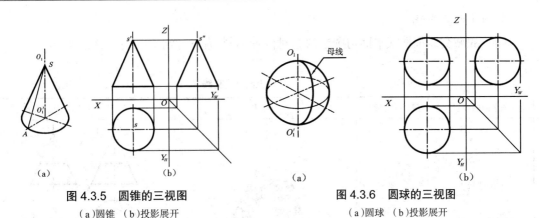

图 4.3.5　圆锥的三视图
（a）圆锥　（b）投影展开

图 4.3.6　圆球的三视图
（a）圆球　（b）投影展开

4.3.2　截交线

　　平面与立体表面的交线,称为截交线,该平面称为截平面。

　　平面与回转体相交时,截交线是截平面与回转体表面的共有线。截交线的形状与曲面的形状和截平面的相对位置有关,如图 4.3.7 所示。

图 4.3.7　截交线

　　1. 截交线的性质

　　（1）截交线上的点既在截平面上又在回转体表面上,具有共有性。

　　（2）截交线通常是一封闭的平面图形,具有封闭性。

　　2. 圆柱的截交线

　　圆柱的截交线按截平面与圆柱的相对位置不同,有三种情况,见表 4.3.1。

表 4.3.1　圆柱的截交线

截平面的位置	平行于轴线	垂直于轴线	倾斜于轴线
截交线的形状	矩形	圆	椭圆
立体图	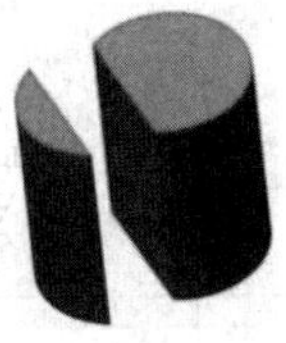		
投影图	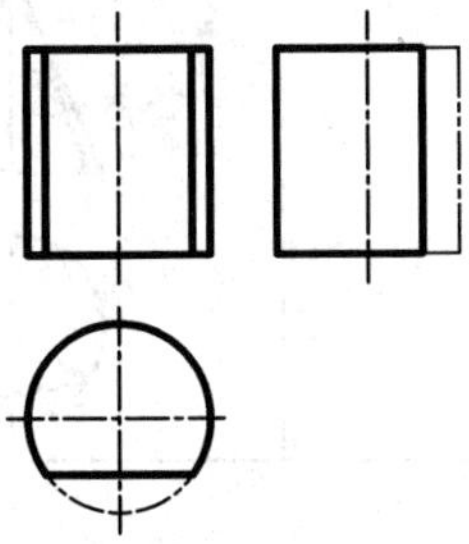	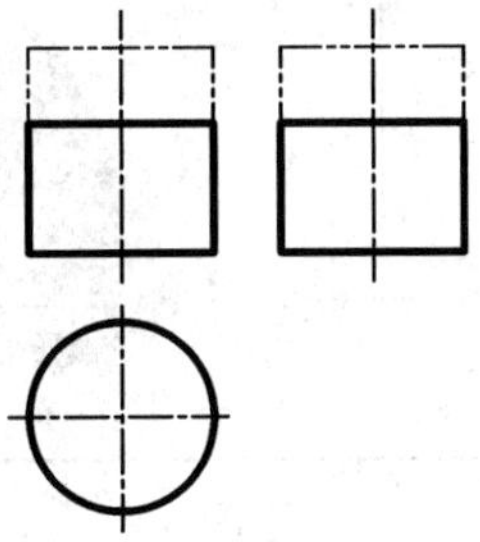	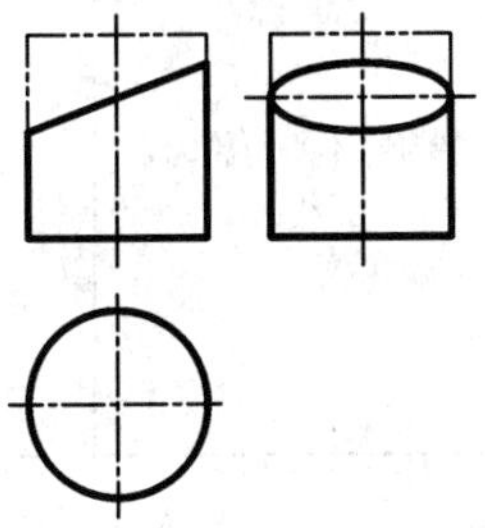

3. 圆锥的截交线

圆锥的截交线根据截平面与圆锥的相对位置不同,有五种情况,见表4.3.2。

表4.3.2   圆锥的截交线

截平面的位置	截交线的形状	立体图	投影图
与轴线垂直	圆	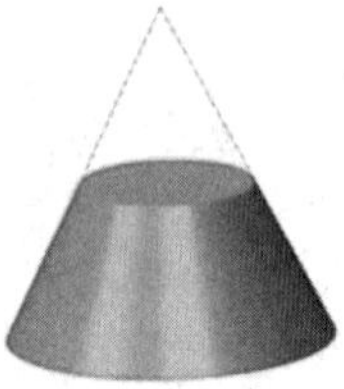	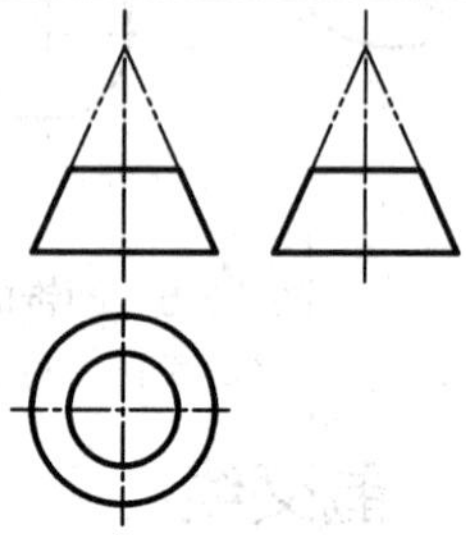
与轴线倾斜,不与轮廓线平行	椭圆	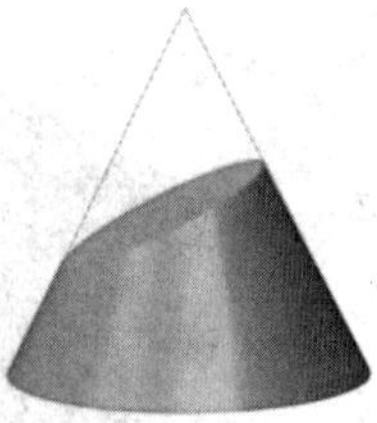	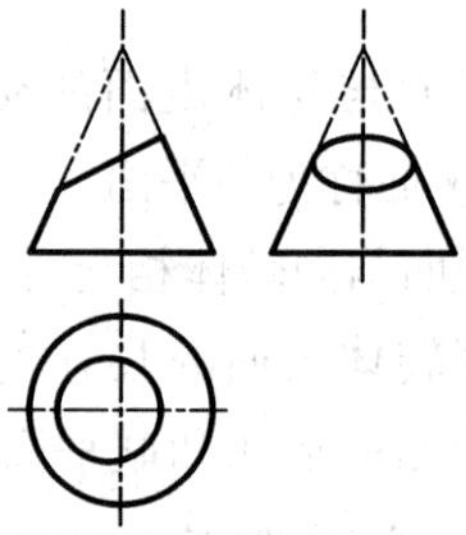
平行轮廓素线	抛物线	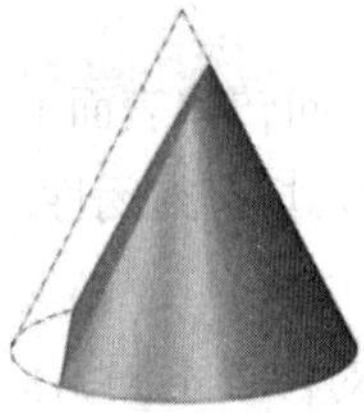	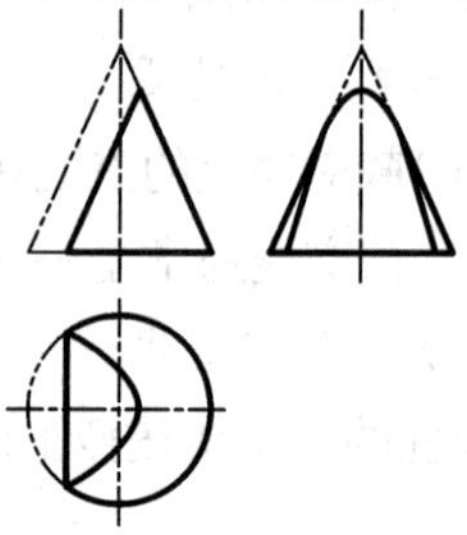
平行轴线,过锥顶除外	双曲线	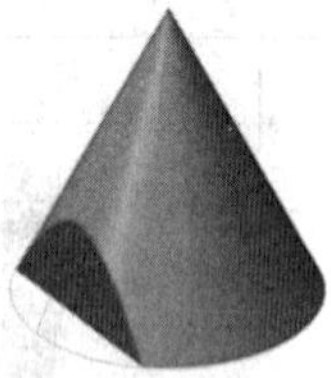	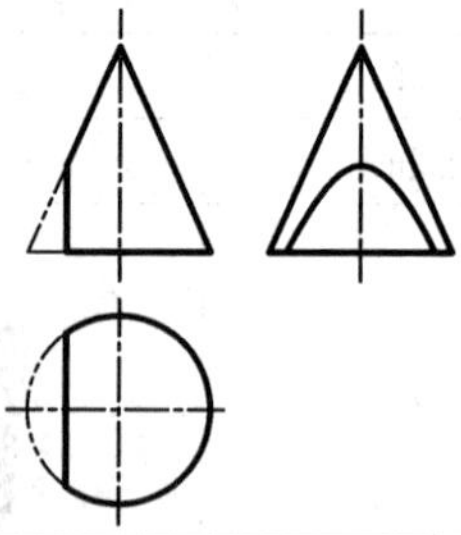
过锥顶,不平行轮廓素线	直线	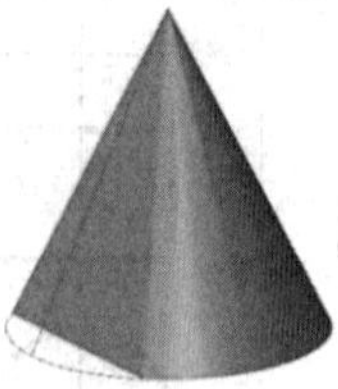	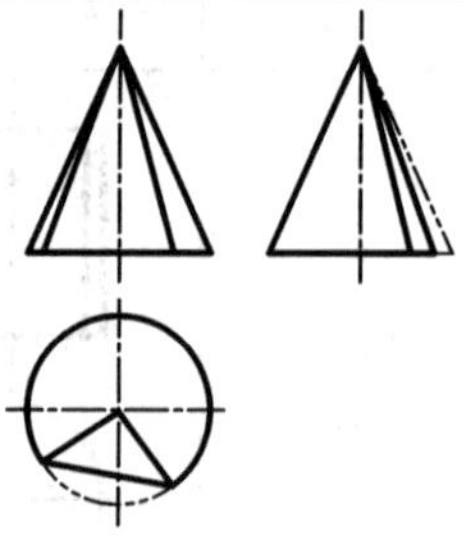

4.圆球的截交线

截平面与圆球相交,不管相对位置如何,其截交线都是圆,如图 4.3.8 所示。

5.求截交线的方法与步骤

如图 4.3.9 所示,求截交线一般按照如下步骤进行:

(1)进行空间分析,分析截交线的性质和特点;

(2)进行投影分析,主要分析截交线三面投影的性质和特点;

(3)求特殊位置点,确定截交线的范围;

(4)求一般位置点,为作图准确,还要求出截交线上的一般位置点;

(5)判断可见性,绘制截交线;

(6)补画出缺少的轮廓线,擦去多余的轮廓线,准确完成立体截切后的三面投影。

(a)　　　　　　(b)

图 4.3.8　圆球的截交线

(a)投影图　(b)立体图

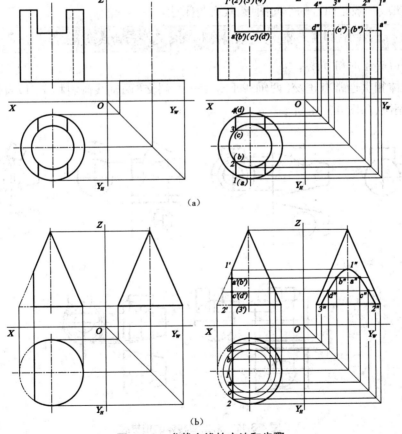

(a)

(b)

图 4.3.9　求截交线的方法和步骤

(a)利用积聚性法求圆筒开槽后的截交线　(b)利用纬圆法求圆锥截交线的三面投影

4.3.3 相贯线

两立体相交叫作相贯,其表面产生的交线叫作相贯线。两立体相交后组成的形体,称为相贯体,如图4.3.10所示。

图 4.3.10 回转体相贯

1. 相贯线的性质

(1)相贯线上的点是两立体表面的共有点,相贯线也就是两立体表面的共有线,具有共有性。

(2)相贯线一般是闭合的空间图形,具有封闭性。

提示:回转体的相贯线通常为空间曲线,特殊情况时是平面曲线或直线。

2. 常见回转体的相贯线

两回转体相贯通常有正交(两轴线垂直相交)、斜交(两轴线倾斜相交)以及偏交(两轴线相错)三种情况,如图4.3.11所示。

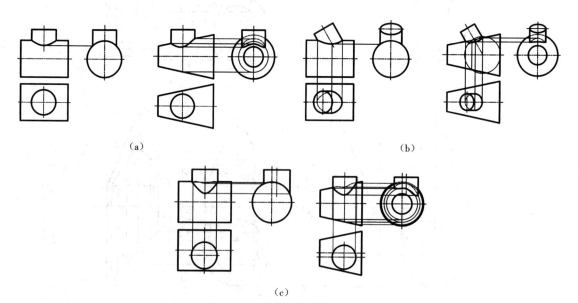

（a）　　　　　　　　　　　　　　　　　（b）

（c）

图 4.3.11 常见回转体的相贯线

（a）两相贯体轴线正交 （b）两相贯体轴线斜交 （c）两相贯体轴线偏交

3. 特殊情况下的相贯线

当回转曲面轴线通过球心或圆柱和圆锥轴线重合时,相贯线为圆,如图 4.3.12(a)所示;过两回转面轴线交点能作一个两回转面的公切球面时,相贯线为两个椭圆,如图 4.3.12(b)所示;两柱面轴线平行或两锥面轴线交于锥顶时,相贯线为两直线,如图 4.3.12(c)所示。

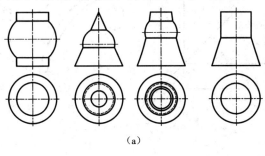

(a)

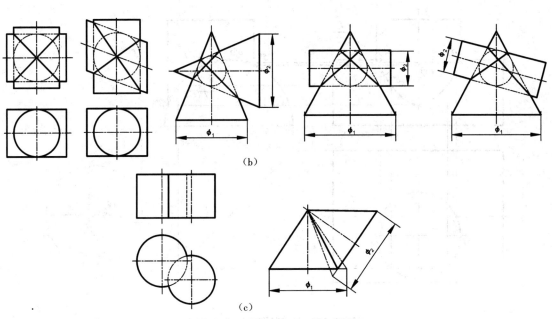

(b)

(c)

图 4.3.12　特殊情况下的相贯线

(a)相贯线为垂直于回转曲面轴线的圆　(b)相贯线为两个椭圆　(c)相贯线为两条直线

4. 相贯线的求解方法与步骤

求相贯线的步骤与求截交线的作图步骤相同,如图 4.3.13 所示,分六步求解:

(1)进行空间分析,分析相贯线的性质和特点;

(2)进行投影分析,主要分析相贯线三面投影的性质和特点;

(3)求特殊位置点,确定相贯线的范围;

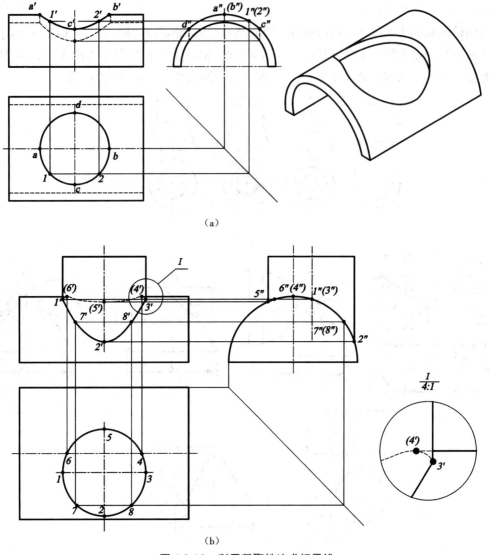

（a）

（b）

图 4.3.13　利用积聚性法求相贯线

（a）圆柱面与圆柱孔相贯　（b）两圆柱偏交

（4）求一般位置点,为了作图准确,还要求出相贯线上的一般位置点;

（5）判断可见性,作出相贯线;

（6）补画出缺少的轮廓线,擦去多余的轮廓线,准确完成立体相贯后的三面投影。

4.3.4　组合体

多数机器零件可以看作由若干基本体经过叠加、切割或穿孔等方式组合而成。这种由两个或两个以上的基本体组合构成的整体称为组合体。

1. 组合体

组合体由一些基本体经过叠加、切割或穿孔等方式组合而成,这些基本体可以是完整的柱、锥、球、环,也可以是不完整的基本形体,或者是它们的简单组合。

2. 形体分析法

在画图和读图时,假想将一个复杂的形体视为由若干基本形体组合的思考方法称为形体分析法。组合体的组合形式有叠加式、切割式等,如图 4.3.14 所示。

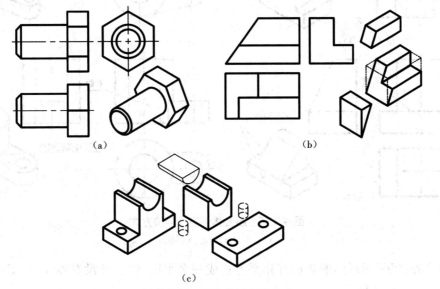

图 4.3.14　组合体的组合方式

(a)叠加式　(b)切割式　(c)综合式

(1)叠加式:由若干基本体叠加而成,如图 4.3.14(a)所示。

(2)切割式:由基本体经过切割或穿孔后形成,如图 4.3.14(b)所示。

在多数情况下,同一个组合体可以按叠加式进行分析,也可以从切割式去理解,一般要以便于作图和容易理解为原则分类。

3. 表面连接方式

组合体的各形体之间都有一定的相对位置,其表面连接关系有平齐、相切、相交三种,如图 4.3.15 所示。

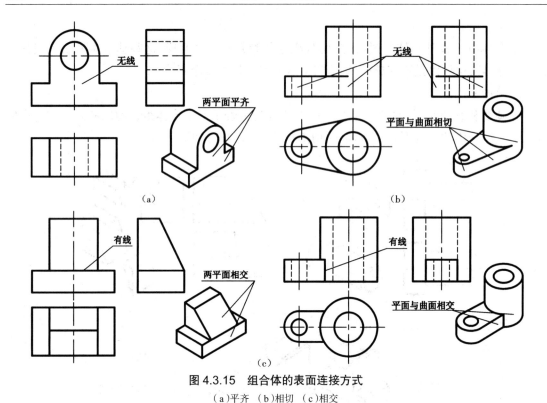

图 4.3.15　组合体的表面连接方式

（a）平齐　（b）相切　（c）相交

（1）平齐：相邻两形体的表面互相平齐连成一个平面，结合处没有界线，如图 4.3.15（a）所示。

（2）相切：两个基本体的相邻表面光滑过渡，相切处不存在轮廓线，在视图上一般不画分界线，如图 4.3.15（b）所示。

（3）相交：两基本体的表面相交所产生的交线（截交线或相贯线），应画出交线的投影，如图 4.3.15（c）所示。

提示： 在特殊情况下，当两圆柱表面相切时，若它们的公共切平面倾斜或平行于投影面，不画出相切的素线在该投影面上的投影；而当圆柱面的公切平面垂直于投影面时，应画出相切的素线在该投影面上的投影。

4. 组合体三视图的画法

画组合体的三视图时，应采用形体分析法把组合体分解为几个基本几何体，然后按它们的组合关系和相对位置有条不紊地逐步画出三视图。

以轴承架为例，说明画叠加式组合体三视图的方法和步骤。

1）形体分析

如图 4.3.16 所示，轴承架由底板Ⅰ、肋板Ⅱ、支撑板Ⅲ和轴承支撑Ⅳ等四个基本部分组成，各部分可看成由基本体组合而成的形体。

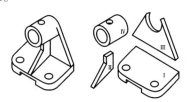

图 4.3.16　轴承架

2）选择主视图

画图时，首先要确定主视图。将组合体摆正，其主视图应能较明显地反映出该组合体的结构特征和形状特征，尽量使各视图中不可见的形体最少。

3）绘制视图

绘图过程如图 4.3.17 所示。

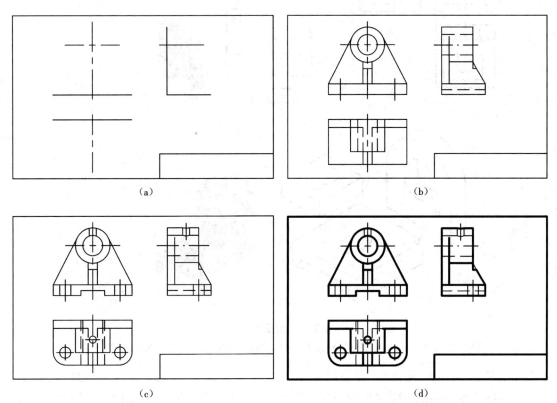

（a）

（b）

（c）

（d）

图 4.3.17 轴承架绘图步骤

（a）定出各视图的作图基准线 （b）画出各形体的三视图 （c）画出组合体细节部分 （d）检查、清理图样并加深图线

5.读图的基本方法

从视图想象物体的空间形状，最基本的方法是形体分析法，即根据视图的图形特点分成几个组成部分，然后以某一投影为基础，逐个按投影关系在其他视图上找出相应部分的投影，进而确定其形状，如图 4.3.18 所示。

6.分析视图，看清投影关系

先从主视图看起，借助丁字尺、三角板、分规等工具，把几个视图联系起来看清投影关系。

图 4.3.18（a），采用了主视图、俯视图、左视图表达物体形状，确定各视图的投影关系。

提示：分析投影时，遵循"长对正、高平齐、宽相等"的投影规律。

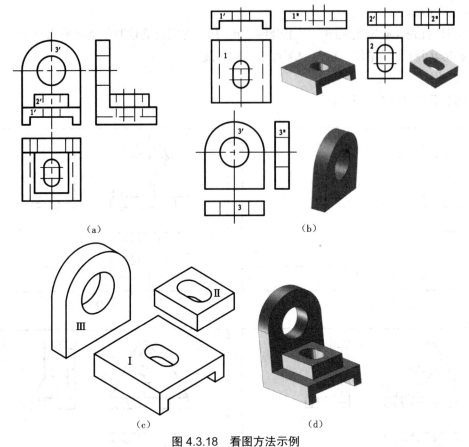

图 4.3.18　看图方法示例

(a)支架零件的三视图　(b)拆分零件的三视图　(c)拆分零件的立体图　(d)支架零件整体图

7. 分部分,想形状,定位置

一般把主视图中的封闭线框作为几个独立部分。根据各部分三视图的投影特点,想象各部分形状,并确定各部分之间的相对位置。

根据主视图将物体分为三个部分,如图 4.3.18(a)、(b)、(c)所示。根据三视图投影关系,逐个分析各部分的投影,想出各部分的形状,分析其相对位置。

8. 综合归纳想整体

在分析了各部分的形状以后,就可根据各部分投影在视图中的相互位置关系,想象出物体的整体形状。

如图 4.3.18(d)所示为支架零件的整体形状。

9. 看图时应注意的几个问题

(1)如图 4.3.19 所示,图中的一个封闭线框,对应物体上的一个平面和曲面;相邻的两个线框,对应物体上相邻的两个表面或对应物体上同向两个错位的表面。

(2)物体上的平面多边形,它的投影要么是一条直线,要么是一个边数相同的多边形。

提示:视图中的多边形线框如所对的是另一视图中的水平线段或垂直线段,则所表示的是物
　　　体上的一个投影面平行面。
　　　如所对的是一段斜直线,所表示的是物体上的一个投影面垂直面。
　　　如所对的是一边数相同的多边形,所表示的或是投影面垂直面,或是一般位置平面,随
　　　其第三投影为斜直线或为同边数多边形而定。

视图中当由各种平面折线围成的多边形或倾斜直线较多时,可用上述知识进行分析,想象它们的表面形状及其与相邻线框所对应的物体表面上的关系,进而确定物体的形状。这叫面形分析法。一般用来解决疑难问题,如图 4.3.20 所示。

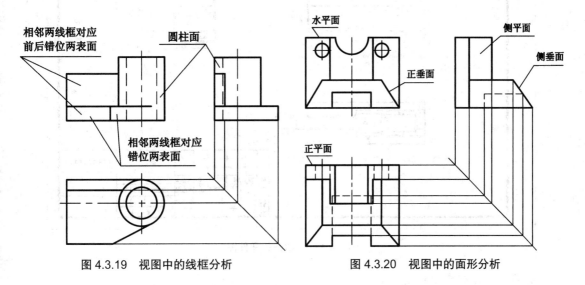

图 4.3.19　视图中的线框分析　　　　　　图 4.3.20　视图中的面形分析

4.4　零件图

4.4.1　典型零件的视图表达方法

1. 零件图的内容

由图 4.4.1 微动开关零件图可以看出,一张完整的零件图应包括以下基本内容。

(1)一组视图。用一定数量的视图、剖视图、断面图以及其他画法,正确、完整、清晰地表达出零件的内外结构形状。

(2)完整尺寸。正确、完整、清晰、合理地标注出零件各部分结构形状的大小和相对位置的全部尺寸,以便于零件的制造和检验。

(3)技术要求。用文字或规定的代号说明零件在制造和检验时应达到的技术指标,如表面粗糙度、尺寸公差、形状和位置公差、热处理、表面处理以及其他特殊要求等。

(4)标题栏。标题栏配置在图纸的右下角,应填写零件的名称、材料、数量、图号、比例以

及设计、审核、批准者的姓名、日期等。零件图上的标题栏要严格按国家标准《技术制图 标题栏》（GB/T 10609.1—2008）画出和填写。

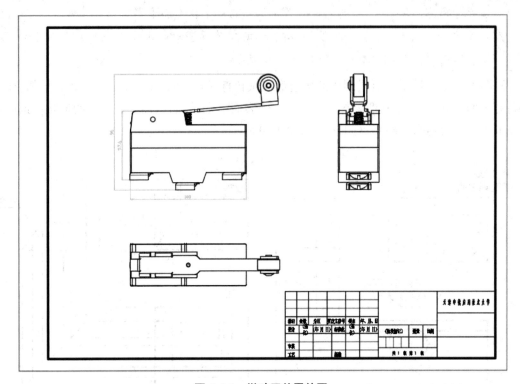

图 4.4.1　微动开关零件图

2. 典型零件的视图表达方法

机件形状多种多样,复杂程度不同,要想完整、清晰地表达它们,又画图简便,只用主视图、俯视图和左视图三个基本视图是满足不了要求的。为此,机械制图的国家标准规定了一系列的表达方法,以供选用。

1）视图

Ⅰ. 基本视图

为了清晰地表达机件六个方面的形状,可在 H、V、W 三投影面的基础上,再增加三个基本投影面。这六个基本投影面组成了一个方箱,把机件围在中间。机件在每个基本投影面上的投影,都叫基本视图。

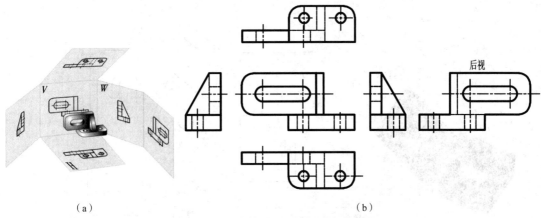

（a）　　　　　　　　　　　　　（b）

图 4.4.2　六个基本视图的形成及其配置

（a）工件投影　（b）基本视图

图 4.4.2 表示机件投射到六个投影面上后投影面展开的方法。展开后,六个基本视图的配置关系和视图名称如图 4.4.2(b)所示。按图 4.4.2(b)所示机件在一张图纸内的基本视图,除后视图上方标"后视"二字外,一律不注视图名称。

虽然机件可以用六个基本视图来表示,但具体采用哪几个视图,要根据具体情况而定。

Ⅱ. 向视图

未按投影关系配置的视图称为向视图,如图 4.4.3 中的 A 向视图、B 向视图及 C 向视图。

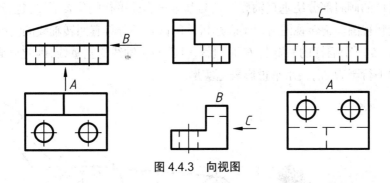

图 4.4.3　向视图

提示:(1)六个基本视图中,优先选择主视图、俯视图、左视图三个视图。

(2)向视图是基本视图的一种表达形式,其主要区别在于视图的配置方面,表达方向的箭头应尽可能配置在主视图上。

(3)向视图的名称"X"为大写字母,方向应与正常的读图方向一致。

Ⅲ. 斜视图

斜视图是机件向不平行于任何基本投影面的平面投影所得到的视图。斜视图适用于表达机件上的斜表面的实形,如图 4.4.4(b)中的 A 向所示。

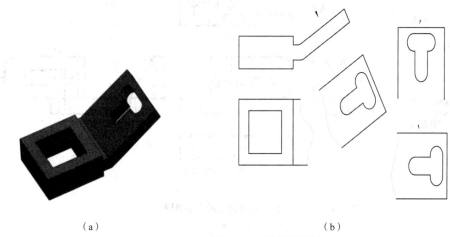

（a）　　　　　　　　　　　　　　　　　（b）

图 4.4.4　斜视图图例

（a）机件图　（b）斜视图

提示:旋转配置斜视图时,表示该视图名称的大写拉丁字母应靠近旋转符号的箭头端,旋转
符号用带箭头的半圆表示,圆的半径等于标注字母的高度,箭头指向旋转方向,也可将
旋转角度标注在字母之后。

Ⅳ. 旋转视图

假想将机件的倾斜部分绕垂直轴旋转到与基本投影面平行的位置后,再进行投射,这样得
到的视图叫旋转视图。旋转视图适用于表达机件的倾斜部分具有回转轴线的情况。

例如图 4.4.5 所示摇杆的右臂与 H 面倾斜,且其回转轴线为正垂线,因此可假想令右臂绕
回转轴旋转到平行于 H 面,使水平投影表达实形。

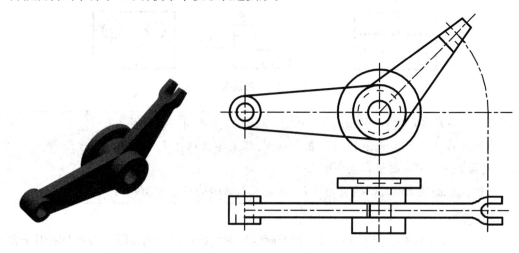

图 4.4.5　旋转视图

> 提示:(1)旋转视图的投影关系比较明显,无须标注。
> 　　　(2)旋转视图一方面可避免多种视图的产生,另一方面可更清晰地表达机件可见部分的轮廓,避免使用虚线,减少重叠的层次,增加图形的清晰度。

2)剖视图

当机件的内部结构较复杂时,在视图中会存在较多虚线或出现虚线与实线重叠现象,不利于画图及看图,也不利于尺寸标注。为此,相关国家标准规定了用"剖视"的方法解决内部结构的表达问题。

假想用一剖切平面剖开机件,然后将处在观察者与剖切平面之间的部分移去,将其余部分向投影面投射所得的图形,叫作剖视图(简称剖视)。

> 提示:(1)剖切平面应该平行于投影面,且尽量通过较多的内部结构(孔、槽等)的轴线或对称中心线、对称面等。
> 　　　(2)在剖视图上,机件内部形状变为可见,原来不可见的虚线画成实线。
> 　　　(3)剖视只是一种表达机件内部结构的方法,并不是真的剖开和拿走一部分。因此,除剖视图外,其他视图要按原状画出。
> 　　　(4)剖切部分必须画剖面符号。金属材料剖面符号画成与水平成45°方向且间距相等的细实线,也称剖面线;同一机件的所有剖面线的方向、间隔应相同。
> 　　　(5)为了便于看图,应将剖切位置、投影方向、剖视图的名称,标注在相应视图上。标注方法如图 4.4.6 所示,用剖切平面的迹线(剖切符号)来标明剖切平面的位置,并以箭头指明投射方向。在箭头旁和剖视图上方写上相同的字母(×—×),借以表示剖视的名称。

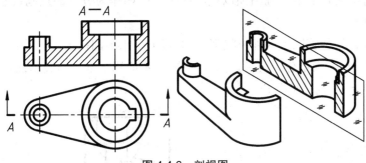

图 4.4.6　剖视图

Ⅰ.全剖视图

只用一个平行于基本投影的剖切平面,将机件全部剖开后画出的图形,叫作全剖视图,如图 4.4.6 所示。

Ⅱ.半剖视图

当机件具有对称平面时,以对称中心线为界,在垂直于对称平面的投影面上投影得到的,由半个剖视图和半个视图合并而成的图形称为半剖视图。半剖视图只适于表达具有对称平面的机件。

例如图 4.4.7(a)所示溢流阀壳体,左右对称,外有半圆凸台,内有阶梯孔等需要表达。比较图 4.4.7(b)和图 4.4.7(c),图 4.4.7(b)用主视图表达外形,"A—A"全剖视图表示内形,而图 4.4.7(c)用半剖视图表示,显然具有简单明了的优点。此图的俯视图也取半剖视图。

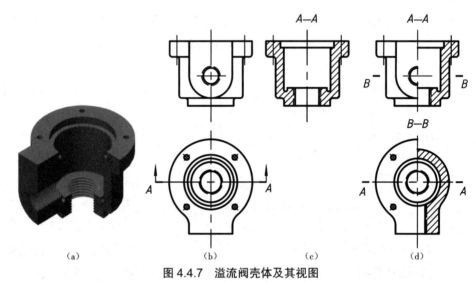

(a)   (b)   (c)   (d)

图 4.4.7 溢流阀壳体及其视图

(a)溢流阀壳体 (b)主视图 (c)全剖视图 (d)半剖视图

画半剖视图时应注意以下几点。

(1)具有对称平面的机件,在垂直于对称平面的投影面上,才宜采用半剖视图。如机件的形状接近于对称,而不对称部分已另有视图表达时,也可以采用半剖视图。

(2)半个剖视图和半个主视图须以点画线为界。如作为分界的点画线刚好和轮廓线重合,则应避免使用。

如图 4.4.8 所示,尽管图形内外形状都对称,似可采用半剖视图,但使用后,其分界线恰好和内轮廓线相重合,不满足分界线是点画线的要求,不应用半剖视图表示,而宜采取局部剖视图表示,并用波浪线将内外形分开。

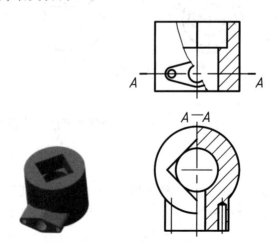

图 4.4.8 内轮廓线和对称线重合,不应采用半剖视图示例

Ⅲ. 阶梯剖视图

假想用几个平行的剖切平面剖开机件后向投影面投影所得的视图称为阶梯剖视图,如图 4.4.9 所示。

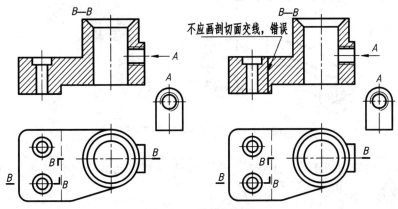

图 4.4.9　阶梯剖视图

> 提示:(1)阶梯剖视图必须标注,在剖切平面的起始和转折处要用剖切符号和相同的字母表示。
>
> （2）当转折处地方有限,而又不致引起误解时,允许在转折处省略标注字母。

剖视图上不应出现不完整的孔、槽等结构元素。仅当两个元素在图形上具有公共对称中心线或轴线时,以对称中心线或轴线为界,两要素可以各画一半,如图 4.4.10 所示。

为清晰起见,各剖切平面的转折处不能重合在图形的实线和虚线上,如图 4.4.11 所示。

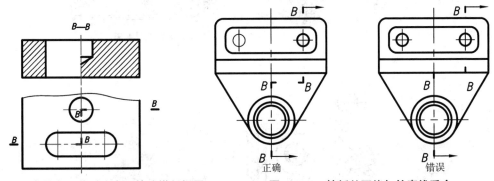

图 4.4.10　两要素具有公共对称中心的阶梯剖视图　　图 4.4.11　转折处不能与轮廓线重合

Ⅳ. 局部剖视图

为在同一视图上同时表达内外形状,将机件局部剖开后投射所得的图形叫作局部剖视图。剖视图与视图之间用波浪线分开。

图 4.4.12 中摇杆臂的左右轴孔都需剖开表达,但又不宜全剖,因此采用局部剖视图来表达内部结构。

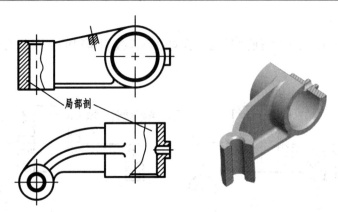

图 4.4.12　局部剖视图应用举例

> **提示:**局部剖视图是一种比较灵活的表达方法,剖切范围根据实际需要决定。但使用时要考虑看图方便,剖切不要过于零碎。

Ⅴ. 旋转剖视图

用两相交剖切平面剖开机件,并以交线为轴,把倾斜结构旋转到平行于投影面的位置,投影后的图形称为旋转剖视图,如图 4.4.13(a)所示。

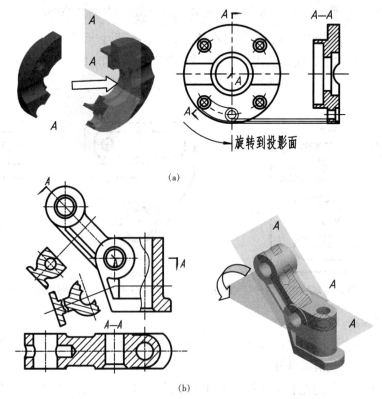

图 4.4.13　旋转剖视图示例

(a)旋转到投影面　(b)旋转剖视图的标注

提示:画旋转剖视图时应注意以下两点。

(1)倾斜的平面必须旋转到与选定的基本投影面平行,使投影表达实形。但剖面后面的结构,一般应按原来的位置画它的投影。

(2)旋转剖视图必须标注,如图 4.4.13(b)所示。

3)断面图

假想切断机件、只画切断面形状投影并画上规定剖面符号的图形,叫作断面图。断面分为移出断面和重合断面两种。

画在视图之外的平面叫移出断面,它的画法要点如下。

(1)断面的轮廓线用粗实线画出,并尽可能将断面配置在剖切符号的延长线或剖切平面的迹线(迹线规定用点画线表示)上,如图 4.4.14(a)、(b)所示。必要时也可以画在图纸的适当位置,但需加标注,如图 4.4.14(c)中的 A—A。

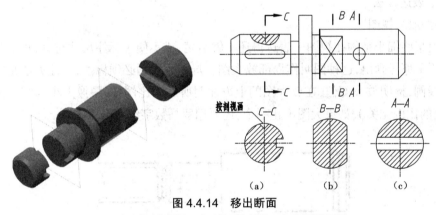

图 4.4.14　移出断面

(a)断面轮廓图 1　(b)断面轮廓图 2　(c)适当位置图

(2)画断面时,应设想把它绕着剖切平面迹线或剖切符号旋转 90° 后与画面重合。因此,同一位置的断面因剖切迹线画在不同的视图上,可能会使图形的方向不同,如图 4.4.14(a)所示。

(3)剖切平面应与被剖切部分的主要轮廓垂直。

(4)当剖切平面通过由回转面形成的圆孔、圆锥坑等结构的轴线时,这些结构应按剖视画出,如图 4.4.14(a)、(b)所示。

(5)图 4.4.15 中的 D—D 所示零件的结构,可用相交的两个平面,分别垂直于筋板来剖切。

断面的标注方法如下。

(1)画在剖切平面上的平面,如果图形对称(对剖切平面迹线而言),只需用点画线标明剖切位置,如图 4.4.14(c)所示。如不对称,则需用剖切符号标明剖切位置,并用箭头标明投射方向如图 4.4.14(a)所示。

(2)不是画在剖切平面迹线上的断面,当图形不对称时,要画出剖切符号标明剖切位置,注上相同字母,并用箭头表示投射方向,而在断面上方注出相同字母"X—X";如图形对称,则可省略箭头,如图 4.4.15 中 *C—C* 剖面。

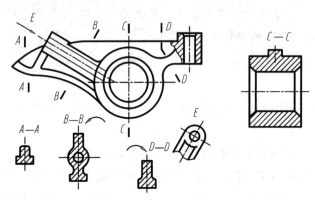

图 4.4.15　断面的标注图例

4)其他表达方法

Ⅰ.局部放大视图

机件上某些细小结构在视图中表达得还不够清楚,或不便于标注尺寸时,可将这些部分如图 4.4.16 所示那样画出,这种图叫作局部放大图。局部放大图必须标注,标注方法是在视图上画一细实线圆,标明放大部位,在放大图的上方注明所用的比例,即图像大小与实物大小比例(与原图上的比例无关),如果大图不止一个,还要用罗马数字编号以示区别。

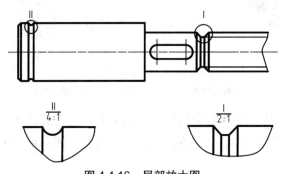

图 4.4.16　局部放大图

Ⅱ.轴上平面的表示法

当轴上的平面结构在视图中未能充分表达时,可采用平面符号(两条相交的细实线)表示,如图 4.4.17 所示。

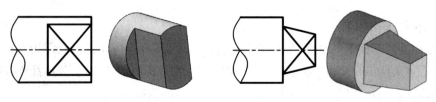

图 4.4.17　用平面符号表示平面

5）零件表达方案的选择原则

零件视图的选择,应根据零件的结构特点,选用恰当的表达方法,在正确、完整、清晰地表达零件各部分的内外结构形状,便于读图的前提下,力求使绘图简便。

确定零件表达方案时,应按照主视图→其他视图的先后顺序逐一确定,最终实现正确、完整、清晰地表达零件,如图 4.4.18 所示。

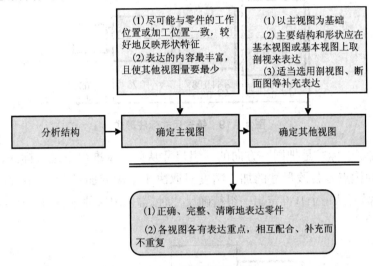

图 4.4.18　零件视图表达方案的确定

> **提示:** 表达方案确定后,应根据具体情况全面地加以分析、比较,仔细考虑是否可省略、简化、综合或减少一些视图,对视图表达方案做进一步优化改进,使零件的表达符合正确、完整、清晰而又简洁的要求。

6）主视图的选择

主视图是一组视图的核心,应选择表示零件信息量最多的那个视图作为主视图,主要考虑以下三个原则。

（1）形状特征原则:应以最能反映零件形体特征的方向作为主视图的投射方向,在主视图上尽可能多地展现零件的内外结构形状特征和各组成形体之间的相对位置关系。

（2）工作位置原则:主视图投影方向,应符合零件在机器上的工作位置。

（3）加工位置原则:主视图投影方向,应尽量与零件主要的加工位置一致。

7）其他视图的选择

其他视图的选择视零件的复杂程度而定。应注意使每一个视图都有其表达的重点内容,并应灵活采用各种表达方法。在满足正确、完整、清晰地表达零件的前提下,视图的数量越少越好,表达方法越简单越好。

4.4.2　零件图的尺寸标注形式

零件图上的尺寸因基准选择的不同,其标注形式有以下三种。

（1）链式。零件同一方向的几个尺寸依次首尾相接,如图4.4.19所示,后一尺寸以与它邻接的前一尺寸的终点为起点(基准),称为链式。此种标注的优点是能保证每一段尺寸的精度要求,前一段尺寸的加工误差不影响后一段。其缺点是各段的尺寸误差累计在总尺寸上,使总体尺寸的精度得不到保证。这种标注方法常用于要求保证一系列孔的中心距的尺寸标注。

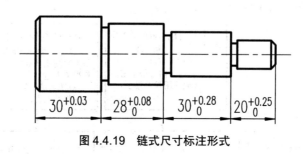

图4.4.19　链式尺寸标注形式

（2）坐标式。坐标式是把同一方向的一组尺寸从同一基准出发进行标注,如图4.4.20所示。此种标注的优点是各段尺寸的加工精度只取决于本段的加工误差,不会产生累计误差。因此,当零件上需要从一个基准定出一组精确尺寸时,常采用这种注法。

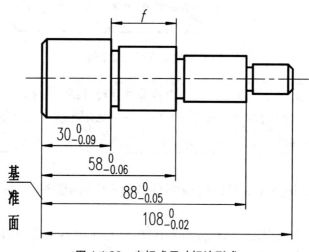

图4.4.20　坐标式尺寸标注形式

（3）综合式。综合式是零件上同一方向的尺寸标注既有链式又有坐标式,如图4.4.21所示。综合式具有链式和坐标式的优点,能适应零件的设计与工艺要求,是最常用的一种标注形式。

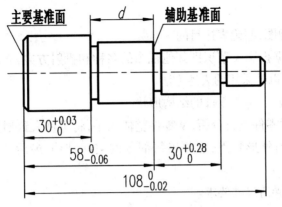

图 4.4.21　综合式尺寸标注形式

尺寸标注的注意事项如下。

1）重要尺寸必须直接注出

为了使零件的主要尺寸不受其他尺寸误差的影响,在零件图中主要尺寸应从设计基准出发直接标注。

2）避免注成封闭的尺寸链

如图 4.4.22 所示,轴的长度方向尺寸,除了标注总长尺寸外,又对轴上各段尺寸依次进行了标注,形成尺寸链式的封闭图形,即封闭尺寸链。这种标注,轴上的各段尺寸 A、B、C 的尺寸精度可以得到保证,而总长尺寸 L 的尺寸精度则得不到保证。各段尺寸的误差积累起来,最后都集中反映到总长尺寸上。为此,在标注尺寸时,应将次要的轴段空出,不标

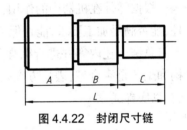

图 4.4.22　封闭尺寸链

注尺寸或标注带括号的尺寸,作为参考尺寸。该轴段由于不标注尺寸,使尺寸链留有开口,称为开口环。开口环尺寸在加工中自然形成。

4.4.3　零件图的识读

在设计和制造机器的实际工作中,我们需要通过识读零件图,了解零件的结构、技术要求、零件尺寸及其技术要求等,以指导设计与后续的制造工作。

1. 看零件图的要求

（1）了解零件的名称、材料和功用（包括各组成形体的作用）。

（2）分析视图,了解组成零件各部分结构的形状、特点以及它们之间的相对位置,看懂零件各部分的结构形状。

（3）理解零件尺寸,并了解其技术要求。

2. 看零件图的方法步骤

步骤 1:看标题栏,粗略了解零件。

了解零件的名称、材料、比例、数量等,粗略了解零件的功用、大致的加工方法和零件的结

构特点。

步骤2:分析研究视图,明确表达目的。

从主视图看起,根据投影关系识别其他视图的名称和投射方向,弄清各视图之间的关系、各视图表达的重点内容以及采用的表达方法。

步骤3:深入分析视图,想象零件的结构形状。

利用形体分析法对零件进行分析,从零件整体入手,将零件大致划分为几个组成部分,然后仔细分析每部分的内外形特点,想象出每部分的空间结构,最后综合想象出零件的整体结构。

步骤4:分析尺寸,弄清尺寸要求。

(1)根据零件的结构特点、设计和制造工艺要求,找出尺寸基准,分清设计基准和工艺基准,明确尺寸种类和标注形式。

(2)分析影响性能的功能尺寸标注是否合理,标准结构要素的尺寸标注是否符合要求,其余尺寸是否满足工艺要求。

(3)分析零件尺寸是否标注齐全等。

步骤5:分析技术要求,综合看懂全图。

根据零件在机器中的作用,分析零件的表面粗糙度、尺寸公差、形位公差标注是否正确、合理,能否满足加工要求,能否保证生产的经济性。

总结上述内容并进行综合分析,即可对零件有一个全面了解。但还应综合考虑零件的结构和工艺是否合理,表达方案是否恰当,检查有无错看或漏看的地方,以便加深对零件图的理解,彻底弄通。

4.5　装配图

4.5.1　装配图的内容

电气柜装配图如图4.5.1所示,一张完整的装配图一般由以下四方面内容组成。

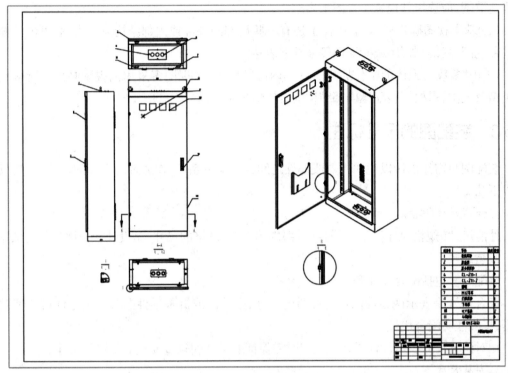

图 4.5.1　电气柜装配图

（1）一组图形。用以表达机器或部件的工作原理、装配关系、传动路线、连接方式及零件的基本结构。

（2）必要的尺寸。表示装配体的规格、性能、装配、安装和总体尺寸等。

（3）技术要求。在装配图空白处（一般在标题栏、明细栏的上方或左方），用文字或符号准确、简明地表示机器或部件的性能、装配、检验、调整等要求。

（4）标题栏、序号和明细栏。用于说明装配体及其各零部件名称、数量和材料等。

4.5.2　装配图的视图表达方法

画装配图之前，必须先了解所画部件的用途、工作原理、结构特征、装配关系、主要零件的装配工艺和工作性能要求等，以便后续确定表达方案。

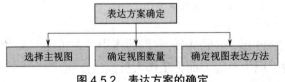

图 4.5.2　表达方案的确定

表达方案的确定包括选择主视图、确定视图数量及各视图表达方法，如图 4.5.2 所示的钻模装配图。

1. 选择主视图

一般按机器的工作位置选择，并使主视图能够反映装配体的工作原理、主要装配关系及主要结构特征。

2. 确定视图数量及表达方法

（1）主视图确定之后，若还带有全局性的装配关系，或工作原理及主要零件的主要结构没有表达清楚,应选择其他基本视图来表达。

　　(2)基本视图确定后,若装配体上还有一些局部的外部或内部结构需要表达,可灵活地选用局部视图、局部剖视图或断面图等来补充表达。

　　(3)因多数装配体的工作原理表现在内部结构上,主视图多采用剖视图画出。所取剖视的类型及范围,需根据装配体内部结构的具体情况决定。

4.5.3　装配图的尺寸标注

　　装配图只需注出用以说明机器或部件之间的装配关系、工作原理等方面的尺寸,一般只标注以下几类尺寸。

　　1.性能尺寸(规格尺寸)

　　性能尺寸(规格尺寸)是表示机器或部件的性能、规格的尺寸,是设计和选用机器的依据。

　　2.装配尺寸

　　装配尺寸包括配合尺寸和相对位置尺寸。

　　配合尺寸是表示两零件间配合性质的尺寸,是装配或拆画零件图时确定零件尺寸偏差的依据,一般注明配合代号。

　　相对位置尺寸表示设计或装配机器时需保证的零件间较重要相对位置的尺寸。

　　3.安装尺寸

　　安装尺寸表示将机器或部件安装在地基上或与其他部件相连接时所需要的尺寸。

　　4.外形尺寸(总体尺寸)

　　外形尺寸(总体尺寸)是表示机器或部件外形的总长、总宽、总高的尺寸,是在包装、运输和安装过程中确定其所占空间大小的依据。

　　5.其他重要尺寸

　　在设计过程中经过计算机确定或选定的尺寸,但又不包括在上述几类尺寸之中的重要尺寸即为其他重要尺寸。如轴向设计尺寸、主要零件的结构尺寸、主要定位尺寸、运动件极限位置尺寸等。

> 想一想:对零件图来说,它要求注出零件的全部尺寸。而对于装配图来说,不必注全所属零件的全部尺寸,为什么?

4.5.4　零件序号和明细栏

　　序号、标题栏、明细栏是装配图中不可缺少的重要组成部分,它们的作用是在机械产品的装配、图纸管理、备料、编制购货订单和有效地组织生产等方面为工作人员提供方便。

　　1.零件序号的编写

　　在装配图上要对所有零件或部件编上序号,而且每个零件只能编一个序号。

　　1)序号的形式

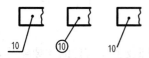

图4.5.3　标注序号的三种形式

　　常见标注序号的形式有三种,如图4.5.3所示。

2）序号的组成

序号由圆点、指引线、水平线（或圆）及数字组成。

3）注意事项

编写序号时，应注意以下几个问题：

（1）标注序号一般有三种形式，同一装配图中标注序号的形式应保持一致；

（2）序号的指引线应从零部件的可见轮廓内引出，末端画一小圆点；

（3）对于涂黑的零部件可在指引线的末端改成箭头的形式；

（4）指引线应尽可能分布均匀，不得相交，而且避免与剖面线平行；

（5）指引线可弯折而且只能弯折一次，如图 4.5.4 所示。

（6）连接件或装配件也可使用公共指引线，标注形式如图 4.5.5 所示。

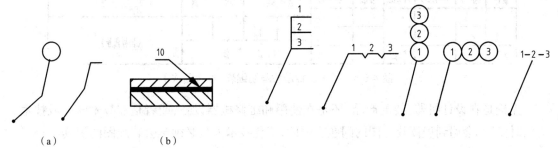

（a）　　　　　　　　　（b）

图 4.5.4　指引线的画法　　　　　　　图 4.5.5　公共指引线的标法

（a）指引线可弯折一次　（b）涂黑部分指引方法

（7）序号按水平或垂直方向书写，并按顺（逆）时针方向排列，不得跳号。

（8）对于标准件（如滚动轴承等），可看成一个整体，只编一个序号。

2. 标题栏和明细栏

装配图的标题栏与零件图的画法一致，可用标准画法，也可采用简化画法。

明细栏画在标题栏的上方，当标题栏的上方位置不够用时，也可续接在标题栏的左方。明细栏中一般包含零部件的序号、名称、数量、材料等内容，并在备注栏内注写标准件的国标代号或其他备注内容。

明细栏内的序号是从下向上按顺序写的。

装配图标题栏与明细表（参考画法）如图 4.5.6 所示。

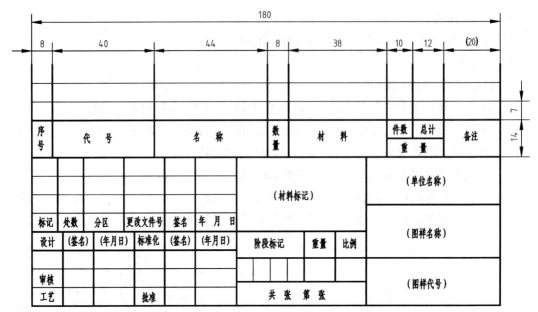

图 4.5.6　装配图标题栏与明细表（参考画法）

　　无论是在设计机器、装配产品，还是在使用和维修机器设备，或者是在技术学习或技术交流的时候，都会遇到识读装配图的问题。因此，工程技术人员必须学会装配图的识读。

4.5.5　装配图的识读

　　识读装配图的主要任务（图 4.5.7）如下。

　　（1）了解装配体（机器或部件）的性能、功用和工作原理。

　　（2）弄清各个零件的作用和它们之间的相对位置、装配关系、连接和固定方式以及拆装顺序等。

　　（3）看懂零件（特别是几个主要零件）的结构形状。

　　下面以减速器的装配图为例，来具体分析看装配图的方法和步骤。

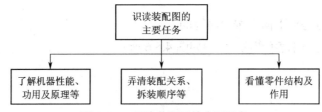

图 4.5.7　识读装配图的主要任务

　　识读装配图的方法及步骤如下。

　　步骤 1：概括了解装配体的结构、工作原理及性能特点。

　　看装配图时，先从标题栏里知道装配体的名称，概括地看一看所选用的视图和零件明细栏，大致可以看出装配体的规格、性能和繁简程度，并对装配体的功用和运动情况有一个概括了解。

步骤 2：确定视图关系，分析各图作用。

分析装配图上各视图之间的投影关系及每个图形的作用。先确定主视图，然后确定其他视图及剖视图、剖面图的剖切位置，再分析各视图的表达重点，了解装配体组成及基本结构。

步骤 3：分析部件运动，弄清装配关系。

（1）部件运动分析的方法。分析部件运动规律时，应先将装配图大体分成几个部分来分析，只有当各个部分都弄清楚了，才能更好地认识其总体。

具体看图时，可从反映该装配体主要装配关系的视图开始，根据各运动部分的装配干线，对照各视图的投影关系，从各零件的剖面线方向和密度来分清零件。

（2）零件的分类。组成每个运动部分的零件，根据它在装配体中的作用，大致可分为三类：运动件、固定件和连接件（后两者都是相对静止的零件）。

如减速器中的大、小齿轮、轴承、轴等零件属于运动件；箱体、箱盖、透盖、闷盖等零件属于固定件；螺栓、螺母、螺钉、圆锥销及键等属于连接件。

步骤 4：分析零件作用，看懂零件形状。

（1）分析零件的基本思路（图 4.5.8）。分析零件时，首先要分离零件，根据零件的序号，先找到零件在某个视图上的位置和范围，再遵循投影关系，并借助同一零件在不同的剖视图上剖面线方向、宽窄应一致的原则，来区分零件的投影。将零件的投影分离后，采用形体分析法和结构分析法，逐步看懂每个零件的结构形状和作用。

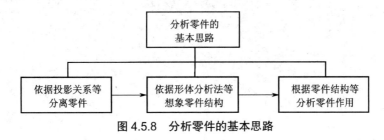

图 4.5.8　分析零件的基本思路

（2）分析零件的基本方法。分析零件形状的主要方法仍然是运用投影规律进行形体分析和线面分析。

①依照投影规律分清每个零件在各个视图中的位置，由平面图形想象空间形状。首先从主视图着手，分清各零件在视图中的轮廓线范围，并结合各零件剖面的差异，勾画出各零件的基本形状。

②逐条分析图中每一条轮廓线（包括不可见轮廓线）。如分析相贯线的形状，可以判断组成一个零件的基本形体的几何形状和它们之间的相对位置。

③分析与相邻零件的关系，相邻两零件的接触表面一般具有相似性。

在上述分析的基础上，想象零件的空间形状，从平面到空间，再从空间到平面反复思考，直到将零件的结构形状全部弄清楚。

（3）尺寸分析。装配图一般是按一定比例绘制的，图中只标注几种必要的尺寸。这些尺寸表明了装配体结构特征、配合性质、形状和大小,是装配图的重要组成部分。尺寸分析是包括分析图上及明细表内注写的全部尺寸及符号,分析尺寸是深入看图的手段。

步骤 5:综合各部结构,想象总体形状。

综合分析的目标是对整个装配体有一个完整的认识,以实现以下目标:

(1)全面分析装配体的整体结构形状、技术要求及维护使用要领,进一步领会设计意图及加工和装配的技术条件;

(2)掌握装配体的调整和装配顺序,画出拆装顺序图表;

(3)想象装配体的整体形状。

提示:上述识读装配图的一般步骤,事实上不能截然分开,而是交替进行的。

第 5 章　AutoCAD 2014 绘图

5.1　AutoCAD 2014 的工作界面与基本设置

5.1.1　启动 / 退出 AutoCAD 2014

1. 启动 AutoCAD 2014

一般来说，有两种方法可启动 AutoCAD 2014。

（1）双击 Windows 桌面上的 AutoCAD 2014 - 简体中文（Simplified Chinese）软件的快捷方式图标 。

（2）点击 Windows "开始" 按钮，选择 "所有程序" → "Autodesk" → "AutoCAD 2014- 简体中文" → " AutoCAD 2014 - 简体中文 "。

2. 退出 AutoCAD 2014

退出 AutoCAD 2014 的方法有如下几种。

（1）单击窗口标题栏右上角的 "关闭" 按钮 。

（2）按【 Alt+F4 】组合键。

（3）在命令行中执行 "exit" 或者 "quit" 命令。

5.1.2　AutoCAD 2014 工作界面

启动软件后，出现如图 5.1.1 所示工作界面，软件界面各组成部分名称如图 5.1.1 所示。

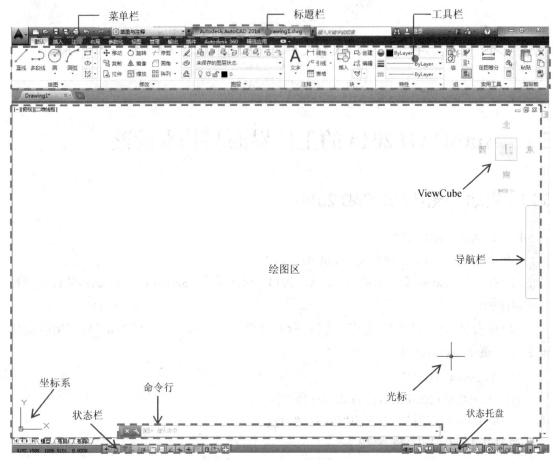

图 5.1.1　AutoCAD2014 工作界面

> **提示:**软件默认启动界面的背景色为黑色,为方便介绍软件界面,本书将底色调整为白色,调整方法在"5.1.3　工作界面的设置"一节中讲述。

1. 标题栏

标题栏(图 5.1.2)位于工作界面的顶部,显示软件的名称和文件的名称(当前是 Drawing1. dwg)。

Autodesk AutoCAD 2014　　Drawing1.dwg

图 5.1.2　标题栏

2. 菜单栏

菜单栏(图 5.1.3)位于标题栏的下方,由"默认""插入""注释""布局""参数化""视图""管理""输出""插件"等组成。

默认　插入　注释　布局　参数化　视图　管理　输出　插件　Autodesk 360　精选应用

图 5.1.3　菜单栏

3. 工具栏

1）绘图工具栏

绘图工具栏（图 5.1.4）由"直线""多线段""圆""矩形""圆弧"等常用的绘图按钮组成，用于完成基本图形的绘制。点击向下箭头按钮 绘图 ▼ ，将出现更多的绘图按钮；点击向下箭头按钮 □·，将出现与本按钮功能相近的扩展按钮。

> **提示:** 在 AutoCAD 2014 中将鼠标停留在各按钮上，会出现相应按钮的名称及使用注释，由此可以方便地了解按钮功能，从而指导使用。

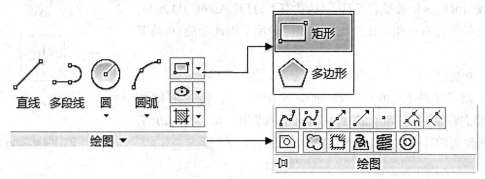

图 5.1.4　绘图工具栏

2）修改工具栏

修改工具栏（图 5.1.5）由"移动""旋转""修剪""复制""镜像""圆角""拉伸""缩放""阵列"等按钮组成，用于对图形进行修改、编辑。

3）图层工具栏

在绘图中，需要使用不同的线型、颜色、线宽等对图形进行编辑，这些都在图层工具栏（图 5.1.6）中设置，包括"图层特性""将对象图层设为当前图层""匹配"等功能按钮。

图 5.15　修改工具栏　　　　　　图 5.1.6　图层工具栏

4）注释工具栏

注释工具栏（图 5.1.7）中包括"多行文字"按钮，用于在图样中输入各种文字符号；"线型"按钮，用于创建线型标注；"引线"按钮，用于对部分图样进行引出说明。

5）块工具栏

块工具栏（图 5.1.8）包括"插入""创建""编辑"等按钮，用于创

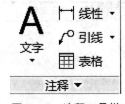

图 5.1.7　注释工具栏

图 5.1.8　块工具栏

建块、对块的编辑等操作。在绘图过程中,可将常用的零件及图形定义成块,在重复使用时,只需将其调出并调整即可使用,这样可以提高作图的效率。

4. 绘图区

绘图区位于工具栏以下、状态栏以上窗口中央区域,是进行绘图操作的工作区域。

5. ViewCube 工具

ViewCube 工具(图 5.1.9)是在二维模型空间或三维视觉样式中处理图形时显示的导航工具;默认状态下,打开 AutoCAD 2014,它就会显示在右上角。在二维作图中一般用不到此功能,可将其关掉。

6. 导航栏

导航栏(图 5.1.10)由"全导航控制盘""平移""范围缩放""动态观察"等按钮组成,提供对通用和专用导航工具的访问,对绘图界面的移动以及对绘图对象的放大、缩小等功能。

图 5.1.9　ViewCube 工具

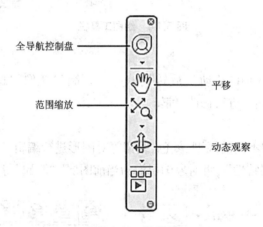

图 5.1.10　导航栏

7. 命令行

命令行(图 5.1.11)位于绘图区的下方,用于输入命令并显示执行的命令。在命令行输入命令后按【Enter】键便可执行。利用其他方式执行命令时,在命令行也将同时显示命令提示和命令记录。

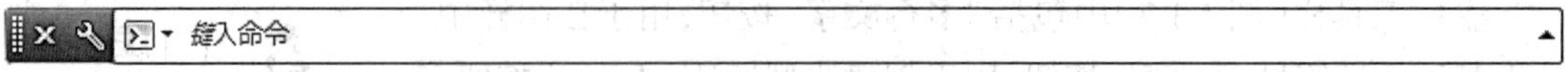

图 5.1.11　命令行

8. 坐标系

坐标系(图 5.1.12)位于绘图区的左下角,其中"X"和"Y"分别表示 X 轴和 Y 轴。

9. 状态栏

状态栏(图 5.1.13)位于命令行的左下方,由"推断约束""捕捉模式""正交模式"等按钮组成,用于实现改变绘图区域背景、拾取元素、切换绘图显示模式等功能。

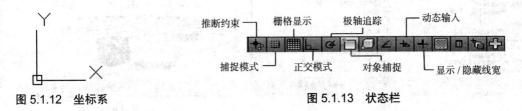

图 5.1.12　坐标系　　　　　　　　　　图 5.1.13　状态栏

10. 状态托盘

状态托盘(图 5.1.14)位于命令行的右下方,包括一些常见的显示工具和注释工具,用于切换绘图的模型或图纸空间、更改注释比例、切换全屏显示等。

图 5.1.14　状态托盘

5.1.3　工作界面的设置

1. 背景设置

在 AutoCAD 2014 的默认界面中,有些默认的设置和工具在二维绘图中用不到,可选择将其关闭;其界面默认为黑色背景色、栅格界面,可根据用户习惯进行改变其背景色、关掉栅格等设置,设置方法如下。

1)设置背景色

在绘图区单击鼠标右键,在弹出的快捷菜单中单出"选项"命令,在打开的"选项"对话框(图 5.1.15(a))中,选择"显示"选项卡,单击"颜色"按钮,在"图形窗口颜色"对话框的"颜色"下拉菜单中,选择白色,单击"应用并关闭"按钮返回"选项"对话框后单击"确定"按钮。

 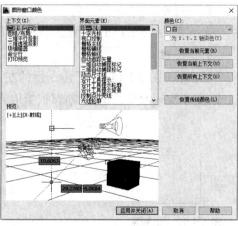

（a）　　　　　　　　　　　　　　　（b）

图 5.1.15　设置背景色

（a）"选项"对话框　（b）"图形窗口颜色"对话框

2）关闭栅格

在状态栏中，找到"栅格显示"按钮▦，单击即关闭栅格背景，再次单击则又切换为栅格背景，快捷键为【F7】。

2. 常用状态按钮操作

1）关闭推断约束

在作图时，如果"推断约束"按钮🔲打开，则会显示绘图中各元素之间的相对位置关系符号，这样会增加计算机的数据处理负担，同时使绘图界面显得相对冗杂，在作图中单击"推断约束"按钮将其关闭，如图 5.1.16 所示。

2）动态输入开/关

在绘制直线时，开启动态输入，选定好角度，可直接在光标旁边的文本框中输入数值，然后按【Space】空格键确认，即可确定线段的长度（图 5.1.17）。对于新手来说，这是一个非常方便的工具，而熟练使用老版本的操作者会不习惯此操作，可单击"动态输入"按钮🔲将其关闭，快捷键为【F12】。

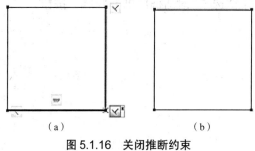 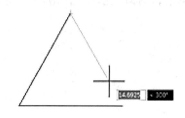

（a）　　　　　　　　（b）

图 5.1.16　关闭推断约束

（a）打开时　（b）关闭后

图 5.1.17　确定长度

3）极轴追踪开 / 关

在"极轴追踪"按钮 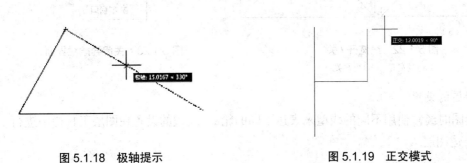 上单击鼠标右键,选择 30º,绘制直线时,每到 30º 的倍数角度时,将出现极轴提示（图 5.1.18）,在画角度线时非常方便,如不需要,可单击"极轴追踪"按钮将其关闭,快捷键为【F3】。

4）正交模式开 / 关

使用正交模式作图时,所画图形或所做的动作只能沿着水平或垂直方向延伸,同时光标提示正交模式,后面跟的是线段长度和正交角度 90º（图 5.1.19）,在水平、竖直方向作图或做动作是非常方便的,可单击"正交模式"按钮 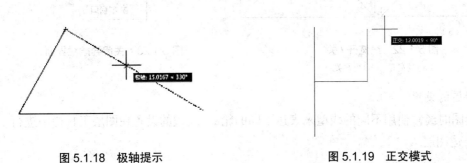 将其关闭,快捷键为【F8】。

图 5.1.18　极轴提示　　　　　　　　　　图 5.1.19　正交模式

5）对象捕捉开 / 关

在"对象捕捉"按钮 上单击鼠标右键,在弹出的"草图设置"对话框中单击"对象捕捉"选项卡可选择所需捕捉的点（图 5.1.20）,作图时,当鼠标靠近所选择的类型点时,会突出显示要设置捕捉的点及名称（图 5.1.21）,可单击"对象捕捉"按钮将其关闭,快捷键为【F3】。

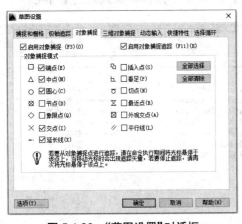

图 5.1.20　"草图设置"对话框

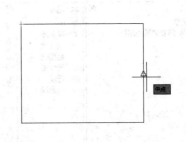

图 5.1.21　对象捕捉提示

6）线宽开 / 关

在绘图时,表达不同的轮廓需要不同的线型,有些轮廓线需要选择粗实线,有些需要细实线,单击"线宽"按钮 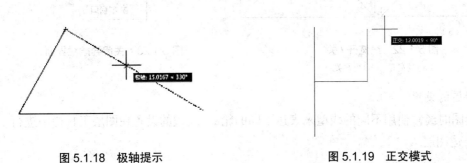,就会显示线的宽度不同,如关掉则显示一致,如图 5.1.22 所示。

3. 关闭导航栏、ViewCube

ViewCube 主要用于 AutoCAD 三维建模,在绘制二维图形时基本用不到,可在菜单栏的

"视图"中找到"用户界面"命令,然后在下拉菜单中将"ViewCube"取消勾选即可,如需关闭导航栏,方法一致,如图 5.1.23 所示。

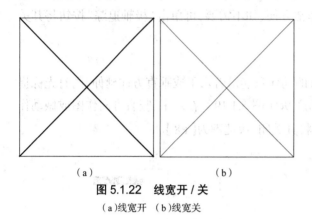

（a）　　　　　　　　　　（b）

图 5.1.22　线宽开 / 关

（a）线宽开　（b）线宽关

图 5.1.23　关闭导航栏界面

4. 图层的设置

在绘图时经常使用不同的线型来表达不同的轮廓,线型的设置在图层工具栏中进行。

1)新建图层

单击图层工具栏左上角的"图层特性"按钮，在弹出的对话框中单击"新建图层"按钮，添加各种常用线型设置,如图 5.1.24 所示。其中颜色和线宽的选择,只需单击对应的颜色或者线宽,在下拉菜单中选择需要的即可;线型的设置方法为单击线型,在弹出的"选择线型"对话框(5.1.25（a）)中单击"加载"按钮,在弹出的"加载或重载线型"对话框(5.1.25（b）)中选择所需的线型样式后单击"确定"按钮,返回"选择线型"对话框选择新加载的线型即可。

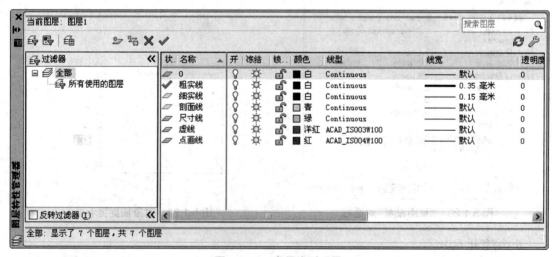

图 5.1.24　常用线型设置

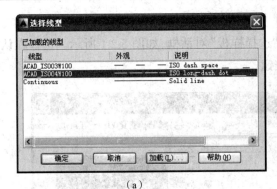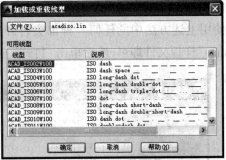

（a） （b）

图 5.1.25 选择线型

（a）"选择线型"对话框 （b）"加载或重载线型"对话框

2）选择图层

建立好图层后，可在"图层"的下拉菜单中选择建立好的图层作为当前图层进行作图，如图 5.1.26 所示。

图 5.1.26 选择图层

5.2 AutoCAD 2014 的基本操作

5.2.1 文件的基本操作

1. 新建图形文件

启动 AutoCAD 后自动新建一个标题为"Drawing1"的图形文件。绘图时需要建立其他文件时，可以采用下面几种方法。

（1）单击软件界面左上角图标 ，在下拉菜单中选择"新建"命令。

（2）单击 右边的"新建"按钮 。

（3）在命令行中输入"new"命令。

（4）按【Ctrl+N】快捷键。

使用上述方法中的任何一种都会打开"选择样板"对话框,如图 5.2.1 所示。选择默认的
"acadiso"样板文件即可,然后单击"打开"按钮。

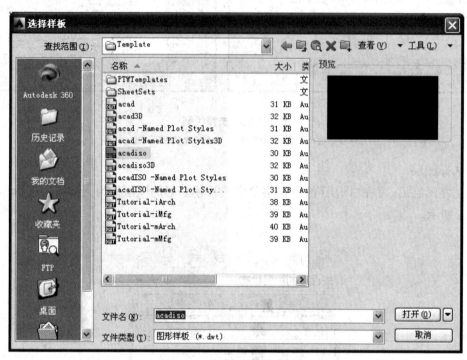

图 5.2.1　"选择样板"对话框

2. 保存文件

采用以下几种方法可以对图形文件进行保存。

（1）单击软件界面左上角图标 ![A], 在下拉菜单中选择"保存"命令。

（2）单击 ![A] 右侧的"保存"按钮 ![保存]。

（3）在命令行输入"save"命令。

（4）按【Ctrl+S】快捷键。

使用上述方法中的任何一种中都会打开"选择样板"对话框。在"文件名"文本框中写入
文件名,在"查找范围"和"文件类型"下拉列表框中选择合适的路径和文件类型。

第一次保存文件会打开"图形另存为"对话框,如果已经保存过文件,再次保存会直接将
文件保存到已经保存过的文件中。如果需要修改保存路径可以选择菜单栏中的"文件"→"另
存为"命令或者在命令行中输入"save as"命令,会打开图 5.2.2 所示的对话框。

> **提示:** 在绘图的过程中,要及时保存文件,防止由于电脑故障造成之前的工作丢失。

图 5.2.2　"图形另存为"界面

3. 关闭文件

关闭图形文件可以采用以下几种方法。

（1）单击软件界面左上角图标 ，在下拉菜单中选择"关闭"→"所有图形"命令。

（2）单击软件界面右上角的"关闭"按钮 。

（3）在命令行输入"close"命令。

（4）按【Ctrl+F4】快捷键。

4. 打开文件

打开已经存在的图形文件，可以采用以下几种方法。

（1）单击软件界面左上角图标 ，在下拉菜单中选择"打开"→"图形"命令。

（2）单击 右侧的"打开"按钮 。

（3）在命令行输入"open"命令。

（4）按【Ctrl+O】快捷键。

使用上述方法中的任何一种都可以打开如图 5.2.3 所示的对话框，在"查找范围"下拉列表框中选择要打开文件的路径，在"名称"列表框中选择要打开的文件，单击"打开"按钮即可。

图 5.2.3 打开文件界面

5.2.2 绘图区基本操作

1. 调用命令

1）利用键盘发出命令

（1）在命令行输入命令的全称或者简称。例如，要画一个正六边形，在命令行输入下列命令。

命令：_polygon 输入侧面数 <6>；
指定正多边形的中心点或[边（E）]；
输入选项[内接于圆（I）/ 外切于圆（C）]<I>:i

调用命令的界面如图 5.2.4 所示。

图 5.2.4 调用命令界面

根据命令行的提示在冒号后面输入相应的内容即可；尖括号 < > 中的内容是默认值；方括号[ ]中的是相关可操作选项，只需在冒号后面输入相关字母即可。在每次输入命令后一定要按【 Space 】键或【 Enter 】键，系统才执行相关命令。

提示：在 AutoCAD 的绘图过程中，所有的操作都会在命令行中显示，绘图中要经常观察命令行中的提示。

（2）为确定功能键，在执行完一个图形元素的绘图时，单击【 Space 】键或【 Enter 】键即可确定已绘制完成此元素;在命令行的操作中,每输入一个命令,按下【Space】键或【Enter】键即可执行命令;重复按下【Space】键或【Enter】键可再次执行上个命令。

(3)【Esc】键为退出键,使用鼠标或键盘完成绘图后,单击【Esc】键退出此次命令或绘图元素。

2)利用鼠标发出命令

(1)左键:拾取键,单击工具栏中可按钮或选择菜单栏中的命令,在绘图中可以指定点、选择图形等。

(2)右键:系统默认单击右键弹出快捷菜单,然后选择快捷菜单里的选项即可执行相应的命令。

(3)滚轮:滚动滚轮放大或缩小图形,按住滚轮不放并拖动鼠标可以平移图形,在绘图区双击滚轮可查看全部绘制图形。

2.选择对象

1)利用鼠标左键单击选择对象

利用鼠标左键连续单击所需的绘图元素可选中多个元素。

2)利用矩形框选择对象

在待选择图形左上角或左下角单击一点,向右拖动鼠标将显示一个浅蓝色矩形框(图5.2.5(a)),再单击一点,全部被该框包围的图形元素对象将被选中,没有全部被框进去的图形元素则没有被选中,被选中的图形以虚线显示;在待选择图形的右上或右下单击,往左拖动鼠标会显示一个浅绿色的矩形框,再单击一点固定矩形框,则被矩形框框到的全部或一部分的所有图形元素都将被选中(图5.2.5(b)),被选中的图形以虚线显示。

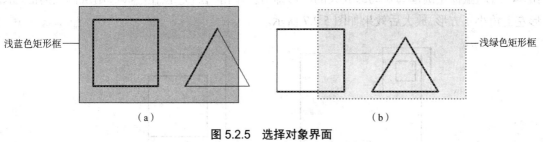

浅蓝色矩形框　　　　　　　　　　　　　　　　　　　　　　　　　浅绿色矩形框

(a)　　　　　　　　　　　　　　　(b)

图 5.2.5　选择对象界面

(a)向右拖动　(b)向左拖动

3)给选择的对象添加或去除对象

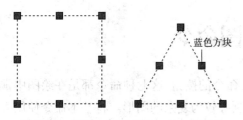

蓝色方块

图 5.2.6　给选中的对象添加或去除对象

利用上面的方法选中图形对象后,如果需要添加或者去除已经选中的对象,可以先按住【Shift】键,然后选择要加入或者删除的对象。不论利用上述哪种方法选中图形,选中后的结果如图 5.2.6 所示,在每个顶点位置都有蓝色的方块。

4)删除对象

删除对象的方法有如下两种。

（1）选中要删除的对象,然后单击修改工具栏中的"删除"按钮 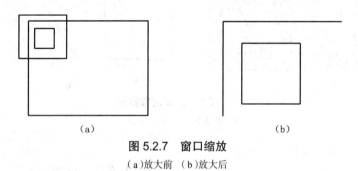。

（2）选中要删除的图形,在命令行输入"erase"命令,或者直接输入快捷指令"e",也可先输入"e"或"erase",然后选择要删除的图形,按【Space】键确定。

5）取消已绘制对象 / 已执行的命令

需要放弃或者重做某个命令的方法如下。

（1）按 右侧的 或者 按钮即可。

（2）在命令行输入"undo"或者"redo"命令。

（3）按【Ctrl+Z】快捷键取消上一步操作,按【Space】键重复上一个命令操作。

3. 窗口操作

1）图形平移

图形平移的方法有如下两种。

（1）按住鼠标滚轮拖动鼠标可移动图形。

（2）选择菜单栏中的"视图"→"平移"命令,按住鼠标左键拖动图形。

2）窗口缩放

窗口缩放的方法有如下几种。

（1）在所要缩放图形的位置上上下滚动鼠标的滚轮即可放大、缩小图形。

（2）选择菜单栏中的"视图"→"范围"命令,可显示全部所作图形。

（3）在绘图区双击滚轮,也可显示全部所作图形。

（4）如需对一部分图形进行放大,单击"范围"按钮 的向下箭头,选择"窗口"按钮 ,用鼠标左键框选要局部放大的图形即可。单击"窗口"按钮 ,用鼠标左键框选图形左上角小正方形,放大后效果如图 5.2.7 所示。

（a）　　　　　　　　　　　　　（b）

图 5.2.7　窗口缩放

（a）放大前　（b）放大后

5.3　AutoCAD 2014 的基本绘图命令

在 AutoCAD 2014 的绘图工具栏中,提供了七种命令的按钮,这七种命令都是在绘图中常用的基本命令,熟练地掌握基本命令的使用,才能绘制好较为复杂的图形。将基本命令使用方法介绍如下。

5.3.1　直线命令

直线是工程制图中使用最为广泛的命令之一。使用直线命令,可以创建一系列连续的直线段,每条线段都是可以单独编辑的直线对象。绘制直线必须知道直线的位置和长度,也就是说,只要指定了起点和终点即可绘制一条直线。

调用直线命令可以采用以下两种方法。

(1)单击绘图工具栏中的"直线"按钮 。

(2)在命令行输入"line"或者"l"

在输入点坐标时,绝对坐标的格式为(x,y),输入点的坐标是相对于软件默认原点的位置;相对坐标的输入格式为($@x,y$),表示相对于上个绘图点,如果 x 是正值,则表示往正方向的长度增加,如果是负值,则表示往负方向的长度增加;利用线段的长度和角度的输入方式为 $@L<\alpha$,L 代表线段的长度,α 表示相对于 $X+$ 坐标轴的回转角度,顺时针为正,逆时针为负。

例:绘制有装订边的 A3(420×297)图纸的边框(图 5.3.1),用如下两种绘图方式。

(1)选择之前预设图层的细实线图层,作为外边框的图层,在命令行输入下列命令。

```
命令:l      //键盘输入,按【Space】键确定
line 指定第一个点:0,0      //键盘输入,按【Space】键确定
line 指定下一点或 [ 放弃( U )]:@420      //键盘输入,按【Space】键确定
line 指定下一点或 [ 放弃( U )]:@0,297      //键盘输入,按【Space】键确定
line 指定下一点或 [ 闭合( C )/ 放弃( U )]:@-420,0      //键盘输入,按【Space】键确定
line 指定下一点或 [ 闭合( C )/ 放弃( U )]:0,0      //键盘输入,按【Space】键确定
line 指定下一点或 [ 闭合( C )/ 放弃( U )]:* 取消 *      //按【Esc】键
```

(2)选择粗实线层,打开正交模式(【F8】键),使用鼠标导向,绘制内框。

```
命令:l      //键盘输入,按【Space】键确定
line 指定第一点:25,5      //键盘输入,按【Space】键确定
line 指定下一点或 [ 放弃( U )]:390      //键盘输入,鼠标 X+ 导向
line 指定下一点或 [ 放弃( U )]:287      //键盘输入,鼠标 Y+ 导向
line 指定下一点或 [ 放弃( U )]:390      //键盘输入,鼠标 X- 导向
line 指定下一点或 [ 放弃( U )]:287      //键盘输入,鼠标 Y- 导向
line 指定下一点或 [ 闭合( C )/ 放弃( U )]:* 取消 *      //按【Esc】键
```

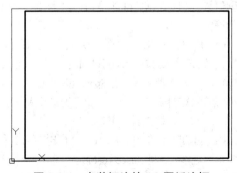

图 5.3.1　有装订边的 A3 图纸边框

例:绘制如图 5.3.2 所示动合触点的符号,绘图过程为:选择细实线图层,打开正交模式,打开对象捕捉,设置对象捕捉,将中端点、最近点作为捕捉对象,在命令行输入下列命令。

命令: 1   // 键盘输入,按【Space】键确定

line 指定第一点: 任一点   // 鼠标点击

line 指定下一点或 [放弃(U)]: 10   // 键盘输入,鼠标 X+ 导向

line 指定下一点或 [放弃(U)]: @10<20   // 键盘输入,按【Space】键确定

(重复直线命令)   // 再次按【Space】键,鼠标选择第一条线的右端点作为起点

line 指定下一点或 [放弃(U)]: 20   // 键盘输入,鼠标 X+ 导向

line 指定下一点或 [闭合(C)/放弃(U)]: * 取消 *   // 按【Esc】键

选中右边直线段,单击左端点,将左端点沿直线拖到合适位置单击   // 鼠标操作

图 5.3.2　绘制动合触点

5.3.2　多线段命令

多线段命令用于创建二维多线段。二维多线段是作为单个平面对象创建的相互连接的限度序列。可以创建直线段、圆弧或者两者的组合线段。

调用多线段命令可以采用以下两种方法。

(1)单击绘图工具栏中的"多线段"按钮 。

(2)在命令行输入 "pline"。

例:使用多线段命令绘制图 5.3.3 图形。

选择细实线图层,打开正交模式。

在命令行输入下列命令。

命令:pline   // 键盘输入,按【Space】键确定

指定第一点: 任一点   // 鼠标点击

pline 指定下一点或 [圆弧(A)] [半宽(H)] [长度(L)] [放弃(U)] [宽度(W)]: 75   // 键盘输入,鼠标 X+ 导向

pline 指定下一点或 [圆弧(A)] [闭合(C)] [半宽(H)] [长度(L)] [放弃(U)] [宽度(W)]: a // 键盘输入,按【Space】键确定

pline [角度(A)] [圆心(CE)] [闭合(CL)] [方向(D)] [半宽(H)] [直线(L)] [第二个点(S)] [放弃(U)] [宽度(W)]:ce   // 键盘输入,按【Space】键确定

pline 指定圆弧的圆心:@0,5   // 键盘输入,按【Space】键确定

pline 指定圆弧的端点或 [角度(A)] [长度(L)]:a   // 键盘输入,按【Space】键确定

pline 指定包含角:90   // 键盘输入,按【Space】键确定

pline [角度(A)] [圆心(CE)] [闭合(CL)] [方向(D)] [半宽(H)] [直线(L)] [第二个点(S)] [放弃(U)] [宽度(W)]:1   // 键盘输入,按【Space】键确定

pline 指定下一点或 [圆弧(A)] [闭合(C)] [半宽(H)] [长度(L)] [放弃(U)] [宽度(W)]: 15

// 键盘输入,鼠标 *Y+* 导向

pline 指定下一点或 [圆弧(A)] [闭合(C)] [半宽(H)] [长度(L)] [放弃(U)] [宽度(W)]: a

// 键盘输入,按【 Space 】键确定

pline [角度(A)] [圆心(CE)] [闭合(CL)] [方向(D)] [半宽(H)] [直线(L)] [第二个点(S)] [放弃(U)] [宽度(W)]:ce 　　// 键盘输入,按【 Space 】键确定

pline 指定圆弧的圆心:@-10,0　　// 键盘输入,按【 Space 】键确定

pline 指定圆弧的端点或 [角度(A)] [长度(L)]:a　　// 键盘输入,按【 Space 】键确定

pline 指定包含角:90　　// 键盘输入,空格键确定

pline [角度(A)] [圆心(CE)] [闭合(CL)] [方向(D)] [半宽(H)] [直线(L)] [第二个点(S)] [放弃(U)] [宽度(W)]:1　　// 键盘输入,按【 Space 】键确定

pline 指定下一点或 [圆弧(A)] [闭合(C)] [半宽(H)] [长度(L)] [放弃(U)] [宽度(W)]: 30

// 键盘输入,鼠标 *Y–* 导向

pline 指定下一点或 [圆弧(A)] [闭合(C)] [半宽(H)] [长度(L)] [放弃(U)] [宽度(W)]: @-40,-15　　// 键盘输入,按【 Space 】键确定

pline 指定下一点或 [圆弧(A)] [闭合(C)] [半宽(H)] [长度(L)] [放弃(U)] [宽度(W)]: c

// 键盘输入,按【 Space 】键确定

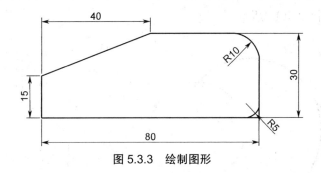

图 5.3.3　绘制图形

提示:使用多线段命令能方便地绘出由直线和圆弧组成的图形,用到圆弧作图时,要计算好圆弧参数并选择相应的命令,才能做到正确地作图;另外使用此命令所绘图形为组合体,不能对其单一段线段或圆弧修改。

5.3.3　圆命令

调用圆命令可以采用以下两种方法。

(1)单击绘图工具栏中的"圆"按钮⊘。

(2)在命令行输入"circle"或"c"。

打开圆命令的下拉菜单,分为以下几种作圆的命令,分别介绍如下。

1. 圆心,半径 / 圆心,直径命令

利用"圆心,半径"按钮⊘ 或"圆心,直径"按钮⊘创建圆,命令使用方法相同,不同的是输入的数值一个是半径,一个是直径。

图 5.3.4　圆

例:绘制如图 5.3.4 所示用户分支器的符号。

图层选择细实线,打开正交模式(【F8】键),打开对象捕捉模式(【F3】键),设置"中点"为捕捉对象。

在命令行输入下列命令。

命令:1　　// 键盘输入,按【Space】键确定

line 指定第一点:任一点　　// 鼠标点击

line 指定下一点或 [放弃(U)]: 20　　// 键盘输入,鼠标导向

line 指定下一点或 [闭合(C)/放弃(U)]: * 取消 *　　// 按 Esc 键

c　　// 键盘输入,按【Space】键确定

circle 指定圆心或 [三点(3P)两点(2P)切点、切点、半径(T)]:点击线段的中点
// 鼠标点击

circle 指定圆的半径或 [直径(D)]:5　　// 键盘输入,按【Space】键确定

2. 两点 / 三点命令

"两点"按钮◯指用直径的两个端点创建圆。直接选择"两点"按钮◯,单击 1、2 两点即可完成作圆,如图 5.3.5(a)所示。

"三点"按钮◯指用圆周上的三个点创建圆。直接选择"三点"按钮◯,单击 1、2、3 三点即可完成作圆,如图 5.3.5(b)所示。

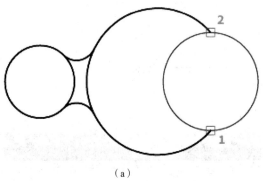

（a）　　　　　　　　　　　　　　　　　　（b）

图 5.3.5　绘制圆

（a）两点命令　（b）三点命令

3. 相切、相切、半径 / 相切、相切、相切命令

"相切、相切、半径"按钮:以指定半径创建相切于两个对象的圆。如图 5.3.6(a)所示,在上面作相切于两个圆的外切圆,点击"相切、相切、半径"按钮◯,在两圆的上部分别选择两点,输入半径值即可。

"相切、相切、相切"按钮◯:创建相切于三个对象的圆。如图 5.3.6(b)所示,在图形的右边作相切于三条边的圆,点击"相切、相切、相切"按钮◯,在三条边上随意单击三个点即可生成相切圆。

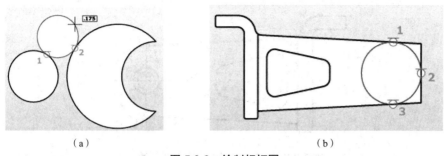

（a）　　　　　　　　　　　　　　　　（b）

图 5.3.6　绘制相切圆

（a）相切、相切、半径命令　（b）相切、相切、相切命令

5.3.4　圆弧命令

调用圆弧命令可以采用以下两种方法。

（1）单击绘图工具栏中的"圆弧"按钮 。

（2）在命令行输入"arc"或"a"。

在 AutoCAD 2014 中，提供了 11 种绘制圆弧的命令，简单介绍如下。

1. 三点命令

三点命令是用三点创建圆弧（图 5.3.7）。单击"三点"按钮 ，选择不在同一条直线上的三个点即可完成作弧，是比较常见的圆弧命令使用方法。

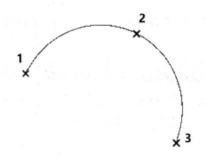

图 5.3.7　用三点创建圆弧

2. 起点、圆心、端点命令

起点、圆心、端点命令是用起点、圆心和端点创建圆弧（图 5.3.8）。单击"起点、圆心、端点"按钮 ，以起点和圆心之间的距离作为半径，端点由圆心引出的通过第三点的直线决定。所得圆弧始终从起点按逆时针绘制。

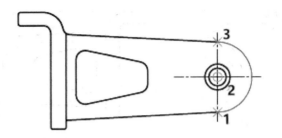

图 5.3.8　用起点、圆心和端点创建圆弧

3. 起点、圆心、角度命令

起点、圆心、角度命令是用起点、圆弧和包含角度创建圆弧（图 5.3.9）。单击"起点、圆心、角度"按钮 ⌒，以起点和圆心之间的距离确定半径。圆弧的另一端通过指定将圆弧的圆心用作顶点的夹角来确定。所得圆弧始终从起点按逆时针绘制。

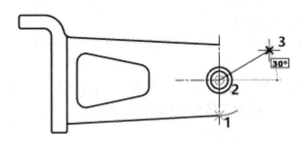

图 5.3.9　用起点、圆心和包含角度创建圆弧

4. 起点、圆心、长度命令

起点、圆心、长度命令是用起点、圆心和弧长创建圆弧（图 5.3.10）。单击"起点、圆心、长度"按钮 ⌒，以起点和圆心之间的距离确定半径。圆弧的另一端通过指定圆弧的起点和端点之间的弧长来确定。所得圆弧始终从起点按逆时针绘制。

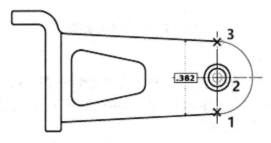

图 5.3.10　用起点、圆心和弧长创建圆弧

5. 起点、端点、角度命令

起点、端点、角度命令是用起点、端点和包含角度创建圆弧（图 5.3.11），单击"起点、端点、角度"按钮 ⌒，以圆弧端点之间的夹角确定圆弧的圆心和半径。

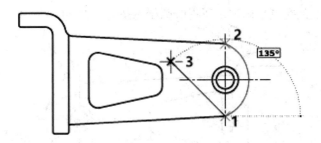

图 5.3.11　用起点、端点和包含角度创建圆弧

6. 起点、端点、方向命令

起点、端点、方向命令是用起点、端点和起点处的切线方向创建圆弧（图 5.3.12）。单击"起点、端点、方向"按钮，选择起点和端点，通过在所需切线上指定一个点或输入角度指定切向，更改指定两个端点的顺序，可以确定哪个端点控制切线。

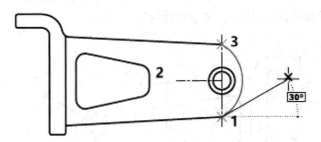

图 5.3.12　用起点、端点和起点处的切线方向创建圆弧

7. 起点、端点、半径命令

起点、端点、半径命令是用起点、端点和半径创建圆弧（圆 5.3.13）。单击"起点、端点、半径"按钮，选择起点和端点，圆弧凸度的方向由指定端点的顺序决定。可通过输入半径或在所需半径距离上指定一点来指定半径。

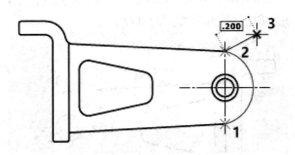

图 5.3.13　用起点、端点和半径创建圆弧

8. 圆心、起点、端点命令

圆心、起点、端点命令是用圆心、起点和用于确定端点的第三个点创建圆弧（图 5.3.14）。单击"圆心、起点、端点"按钮，起点和圆心的距离确定半径，端点由从圆心引出的通过第三

点的直线与圆弧相交的交点来确定。所得圆弧始终从起点按逆时针绘制。

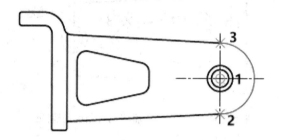

图 5.3.14　用圆心、起点和确定端点创建圆弧

9. 圆心、起点、角度命令

圆心、起点、角度命令是用圆心、起点和包含角创建圆弧（图 5.3.15）。单击"圆心、起点、角度"按钮，起点和圆心之间的距离确定半径，圆弧的另一端通过指定将圆弧的圆心用作顶点的夹角来确定。所得圆弧始终从起点按逆时针绘制。

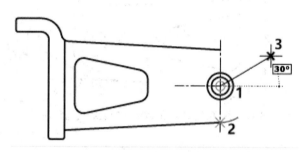

图 5.3.15　用圆心、起点和包含角度创建圆弧

10. 圆心、起点、长度命令

圆心、起点、长度命令是用圆心、起点和弧长创建圆弧（图 5.3.16）。单击"圆心、起点、长度"按钮，起点和圆心之间的距离确定半径，圆弧的另一端点通过指定将圆弧起点和端点之间的弧长来确定。所得圆弧始终从起点按逆时针绘制。

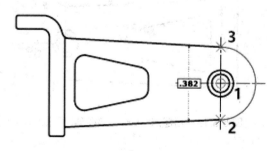

图 5.3.16　用圆心、起点和弧长创建圆弧

11. 连续命令

连续命令是连续命令创建圆弧使其相切于上一次绘制的直线或圆弧（图 5.3.17）。创建圆弧或直线后，点击"连续"按钮，通过在"指定起点"提示下启动"arc"命令并按【ENTER】键，可以立即绘制一个在端点处相切的圆弧，只需指定圆弧的端点。

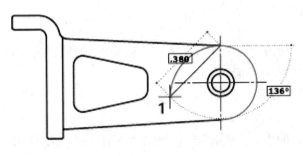

图 5.3.17　连续创建圆弧

5.3.5　矩形 / 多边形命令

1. 矩形命令

矩形命令用于创建矩形多线段。按指定的矩形参数创建矩形多线段和角点类型。调用矩形命令可以采用以下两种方法。

（1）单击"矩形"按钮。

（2）在命令行输入"rectang"或"rec"。

如绘制长 30、宽 20 的矩形（图 5.3.18），在命令行输入下列命令。

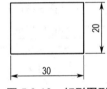

图 5.3.18　矩形图形

命令:rec　//键盘输入,按【 Space 】键确定
rectang 指定第一个角点或 [倒角（ C ）] [标高（ E ）] [圆角（ F ）] [厚度（ T ）] [宽度（ W ）]: 任一点 // 鼠标点击
rectang 指定第一个角点或 [面积（ A ）] [尺寸（ D ）] [旋转（ R ）]: @30，-20　　// 键盘输入,按【 Space 】键确定

2. 多边形命令

多边形命令用于创建等边闭合多边形。其中要指定多边形的边数、内切或外切于圆以及圆的直径。调用多边形命令可以采用以下两种方法。

（1）单击绘图工具栏中的"多边形"按钮

（2）在命令行输入"polygon"。

如绘制一个内接于直径为 100 的圆的正六边形（图 5.3.19），在命令行输入下列命令。

图 5.3.19　多边形图形

命令:polygon　　//键盘输入,按【Space】键确定

polygon 输入侧面数:6　　//键盘输入,按【Space】键确定

polygon 指定正多边形的中心点或 [边(E)] :任一点　　//鼠标点击

polygon 输入选项 [内接于圆(I)外切与圆(C)] :i　　//键盘输入,按【Space】键确定

polygon 指定圆的半径:100　　//键盘输入,按【Space】键确定

5.3.6　椭圆命令

椭圆命令用于创建椭圆。调用椭圆命令可以采用以下两种方法。

（1）单击绘图工具栏中的"椭圆"按钮 ⬭。

（2）在命令行输入 "ellipse" 或 "el"。

1. 圆心命令

圆心命令是用指定的中心点创建椭圆。点击"椭圆"按钮 ⬭ 使用中心点、第一个轴的端点和第二个轴的长度来创建椭圆,可通过单击所需距离处的某个位置或输入长度值来指定距离。圆心命令是最常用的创建椭圆的命令。

例:创建长轴 30、短轴 20 的椭圆(图 5.3.20)。

命令:el　　//键盘输入,按【Space】键确定

ellipse 指定椭圆的中心点:任一点　　//鼠标点选

ellipse 指定轴的端点:@30,0　　//键盘输入,按【Space】键确定

ellipse 指定另一条半轴长度或 [旋转(R)]:20　　//键盘输入,按【Space】键确定

2. 轴、端点命令

轴、端点命令用于创建椭圆或椭圆弧。单击"轴、端点"按钮 ⬭,选择前两点确定第一条轴的位置,第三点确定椭圆的圆心与第二条轴的端点之间的距离,如图 5.3.21 所示。

3. 椭圆弧命令

椭圆弧命令用于创建椭圆弧。单击"椭圆弧"按钮 ⬭,鼠标单击选择或键盘输入创建椭圆弧所需的点,前两个点确定第一条轴的位置和长度,第三个点确定椭圆弧的圆心与第二条轴的端点之间的距离,第四个和第五个点确定起点和端点的角度,如图 5.3.22 所示。

图 5.3.20　椭圆

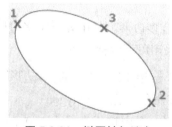

图 5.3.21　椭圆轴与端点

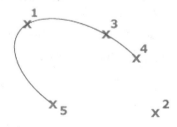

图 5.3.22　椭圆弧

5.3.7　填充命令

填充命令指使用填充图案或颜色对封闭区域或选择对象进行填充。AutoCAD 2014 提供

了图案填充▨、渐变色▨、边界▨三种填充命令,这里只介绍在二维图形中使用最多的图案填充命令。调用填充命令可以采用以下两种方法。

（1）单击绘图工具栏中的"填充"按钮▨。

（2）在命令行输入"hatch"或"h"。

例：在轴的断面图中填充剖面线（图 5.3.23）。

> 命令：h　　// 键盘输入,按【Space】键确定
> 在弹出的剖切菜单中找到【图案】-ANSI31 图案（图 5.3.23）　　// 鼠标点选
> hatch 拾取内部点或 [选择对象（S）放弃（U）设置（T）]：选择剖切面被中心线分割成的四个区域
> 　　// 鼠标点选,按【Space】键确定

提示：被选择的填充区域必须是封闭的区域,否则会提示"无法确定闭合的边界"。

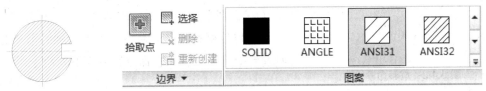

图 5.3.23　填充剖面线　　　　　　　　图 5.3.24　命令界面

5.4　AutoCAD 2014 的基本修改命令

使用基本绘图命令完成图形绘制后总是有很多地方不符合要求或者基本绘图工具达不到绘制图形的要求,此时就需要使用修改工具栏中的命令对图形进行编辑,以达到要求的效果。本节将软件提供的 12 种修改工具介绍如下。

5.4.1　移动命令

移动命令的作用是将对象在指定方向上移动指定距离。调用移动命令可以采用以下两种方法。

（1）单击修改工具栏中的"移动"按钮✥。

（2）在命令行输入"move"或"m"。

例：将目标正六边形向 $X+$ 方向水平移动 200（图 5.4.1）,首先打开正交模式,然后在命令行输入下列命令。

> 命令：m　　// 键盘输入,按【Space】键确定
> move 选择对象：点选正六边形　　// 鼠标点击,按【Space】键确定
> move 指定基点或 [位移（D）] < 位移 >：选择其中一个端点　　// 鼠标点击
> move 指定第二个点或 < 使用第一个点作为位移 >：200　　// 键盘输入,鼠标 $X+$ 导向

上一步如不打开正交模式,则可以：

> move 指定第二个点或 < 使用第一个点作为位移 >：@200,0　　// 键盘输入,按【Space】键确定

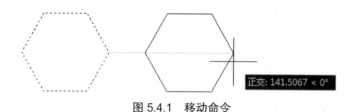

图 5.4.1　移动命令

5.4.2　旋转命令

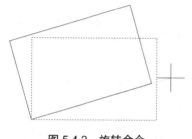

图 5.4.2　旋转命令

使用旋转命令可以围绕基点将选定对象旋转到一个绝对角度。调用旋转命令可以采用以下两种方法。

（1）单击修改工具栏中的"旋转"按钮○。

（2）在命令行输入"rotate"或"ro"。

例：将目标长方形以左下角顶点为圆心沿逆时针方向旋转 30º（图 5.4.2），在命令行输入下列命令。

命令：ro　　//键盘输入，按【Space】键确定

rotate 选择对象：点选长方形　　//鼠标点击，按【Space】键确定

rotate 指定基点：选择左下角顶点　　//鼠标点击

rotate 指定旋转角度或 [复制（C）参照（R）]：30　　//键盘输入，按【Space】键确定

5.4.3　修剪 / 延伸命令

1. 修剪命令

修剪命令的作用是修剪对象以适合其他对象的边。要修剪对象,首先要选择边界,然后按【Space】键选择要修剪的对象。如果要修剪的对象较多且不好分辨边界,可将要修剪的对象区域全选,这样所有对象互为边界,然后对所需修剪的对象进行修剪。调用修剪命令可以采用以下两种方法。

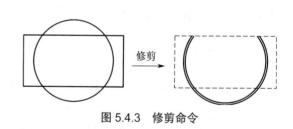

图 5.4.3　修剪命令

（1）单击修改工具栏中的"修剪"按钮 。

（2）在命令行输入"trim"或"tr"。

例：修剪图 5.4.3 中超出矩形边框部分的圆，在命令行输入下列命令。

命令:tr　　//键盘输入，按【Space】键确定

trim 选择对象或 <全部选择>：点选长方形　　//鼠标点击，按【Space】键确定

trim [栏选（F）窗交（C）投影（P）边（E）删除（R）放弃（U）]:点选圆超出矩形边框的上下两部分　　//鼠标点击

trim [栏选（F）窗交（C）投影（P）边（E）删除（R）放弃（U）]:　　//按【Space】键确定

2. 延伸命令

延伸命令的作用是延伸对象以适合其他对象的边。首先选择要延伸对象的边界,按【Space】键确定,然后选择要延伸的对象。调用延伸命令可以采用以下两种方法。

（1）单击修改工具栏中的"延伸"按钮 ⊸ 。

（2）在命令行输入"extend"或"ex"。

例：将图 5.4.4 中矩形框中的直线和圆弧延伸至矩形上面直线处,在命令行输入下列命令。

> 命令:ex　　 // 键盘输入,按【Space】键确定
> extend 选择对象或 < 全部选择 >: 点选横线　　 // 鼠标点击,按【Space】键确定
> extend 选择对象: 依次点选要延伸的对象　　 // 鼠标点击

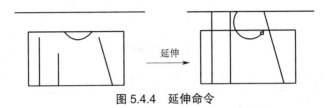

图 5.4.4　延伸命令

5.4.4　复制命令

复制命令的作用是将对象复制到指定方向的指定距离处。调用复制命令可以采用以下两种方法。

（1）单击修改工具栏中的"复制"按钮 ⌖ 。

（2）在命令行输入"copy"或"co"。

例：将图 5.4.5 左图图形复制一份连接于其后端点处。

打开对象捕捉、正交,设置"端点"作为捕捉点,然后进行如下操作。

> 按"复制"按钮 ⌖ 　　 // 鼠标点击
> 使用鼠标框选全部图形　　 // 鼠标框选,按【Space】键确定
> 点选图形左上角点作为基点　　 // 鼠标点击,按【Space】键确定
> 选择右上角点作为第二个点　　 // 鼠标点击,按【Space】键确定

图 5.4.5　复制命令

5.4.5　镜像命令

利用镜像命令,可创建表示半个图形的对象,然后选择这些对象并沿指定的线创建另一半

图形。调用镜像命令可以采用以下两种方法。

（1）单击修改工具栏中的"镜像"按钮◢◣。

（2）在命令行输入"mirror"或"mi"。

例：使用镜像命令作电缆头图标（图5.4.6）。

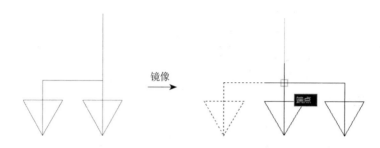

图5.4.6 镜像命令

首先利用基本绘图工具绘制好图标的左半边和中间图形，然后进行如下操作。

> 按"镜像"按钮◢◣ //鼠标点击
>
> 使用鼠标框选竖线左半边图形 //鼠标框选，按【Space】键确定
>
> 选择中间竖线的两个端点 //鼠标点击
>
> mirror 要删除源对象吗？[是（Y）否（N）]：n //键盘输入，按【Space】键确定

5.4.6 过渡命令

过渡命令主要用于图形尖点的过渡。

1. 圆角命令

使用圆角命令创建的圆弧与选定的两条直线均相切，直线被修剪到圆弧的两端。调用圆角命令可以采用以下两种方法。

（1）单击修改工具栏中的"过渡"按钮。

（2）在命令行输入"fillet"或"fi"。

2. 倒角命令

倒角命令用于给对象添加倒角。调用倒角命令可以采用以下两种方法。

（1）单击修改工具栏中的"倒角"按钮。

（2）在命令行输入"chamfer"或"cha"。

例：对利用直线命令所作的矩形的四个角进行圆角或倒角，如图5.4.7所示。

利用直线命令绘制长20、宽10的矩形，对矩形的四个角进行圆角，在命令行输入下列命令。

> 命令：fi //键盘输入，按【Space】键确定
>
> fillet 选择第一个对象或[放弃（U）多线段（P）半径（R）修剪（T）多个（M）]：r //键盘输入，按【Space】键确定
>
> fillet 指定圆角半径：2 //键盘输入，按【Space】键确定

　　fillet 选择第一个对象或 [放弃（U）多线段（P）半径（R）修剪（T）多个（M）]：点击左侧边
鼠标点选
　　fillet 选择第二个对象，或按住【Shift】键选择对象以应用角点 [半径（R）]：点击上边　　// 鼠标点
选

　　重复圆角命令，相同的方法作右上角边圆角。对矩形四个角进行倒角，在命令行输入下列
命令。

　　命令：cha　　// 键盘输入，按【Space】键确定
　　chamfer 选择第一条直线或 [放弃（U）多线段（P）距离（D）角度（A）修剪（T）方式（E）多个（M）]：
d　　// 键盘输入，按【Space】键确定
　　chamfer 指第一个倒角距离：1　　// 键盘输入，按【Space】键确定
　　chamfer 指第二个倒角距离：1　　// 键盘输入，按【Space】键确定
　　chamfer 选择第一条直线或 [放弃（U）多线段（P）距离（D）角度（A）修剪（T）方式（E）多个
（M）]：点击右侧边　　// 鼠标点选
　　fillet 选择第二条直线，或按住【Shift】键选择直线以应用角点 [距离（D）角度（A）方法（M）]：点击
下边　　// 鼠标点选

　　按【Space】键，重复倒角命令，相同的方法作左下角倒角。

图 5.4.7　过渡命令

5.4.7　拉伸命令

　　拉伸命令的作用是通过窗选或多边形框选的方式拉伸对象。将拉伸窗交窗口包围的对
象，将移动完全包含在窗交窗口中的对象或单独选定的对象。某些对象类型（如圆、椭圆和
块）无法拉伸。调用拉伸命令可以采用以下两种方法。

　　（1）单击修改工具栏中的"拉伸"按钮▣。

　　（2）在命令行输入"stretch"。

　　例：将图 5.4.8（a）所示的长方形拉伸至图 5.4.8（b）的形状。

　　打开对象捕捉，设置端点、中点作为捕捉对象，然后进行如下操作。

　　按"拉伸"按钮▣　　// 鼠标点选
　　从右侧框选长方形右侧三条边　　// 鼠标框选
　　点击右上角顶点作为基点　　// 鼠标点选
　　点击下边的中点作为第二点　　// 鼠标点选

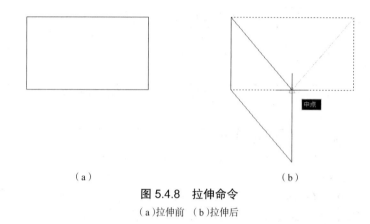

（a）　　　　　　　　　　　　　　（b）

图 5.4.8　拉伸命令

（a）拉伸前　（b）拉伸后

提示： 在选择拉伸对象时，一定要选择正确，在本例中，选择两条边和三条进行边拉伸有本质的区别。

5.4.8　缩放命令

缩放命令用于放大或缩小选定对象，缩放后保持对象的比例不变。缩放对象，要先指定基点和比例因子。基点将作为缩放操作的中心，并保持静止。比例因子大于 1 时将放大对象，比例因子介于 0 和 1 之间时将缩小对象。调用缩放命令可以采用以下两种方法。

（1）单击修改工具栏中的"缩放"按钮⬜。

（2）在命令行输入"scale"或"sc"。

例：将如图 5.4.9 所示三角形放大一倍，通过如下操作实现。

> 按"缩放"按钮⬜　　// 鼠标点击
> 全选三角形　　// 鼠标框选，按【Space】键确定
> 选择左下角点作为基点　　// 鼠标点击
> 输入比例因子：2　　// 键盘输入，按【Space】键确定

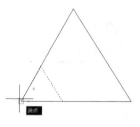

图 5.4.9　缩放命令

5.4.9　阵列命令

1. 矩形阵列命令

矩形阵列命令用于创建选定对象的副本行和列的阵列。调用矩形阵列命令可以采用以下

两种方法。

（1）单击修改工具栏中的"矩形阵列"按钮 $\boxplus$ 。

（2）在命令行输入"arrayrect"或"ar"。

例：将目标三角形作 4 列 3 行阵列，每列中每两个元素的间隔为 15，每行中每两个元素的间距为 12，如图 5.4.10 所示，通过如下操作实现。

> 按"矩形阵列"按钮 $\boxplus$ 　　// 鼠标点击
>
> 选择三角形作为对象　　// 鼠标框选，按【 Space 】键确定
>
> 出现图 5.4.10（a）所示界面，按图进行设置，按【 Space 】键确定　　// 设置参数，按【 Space 】键确定

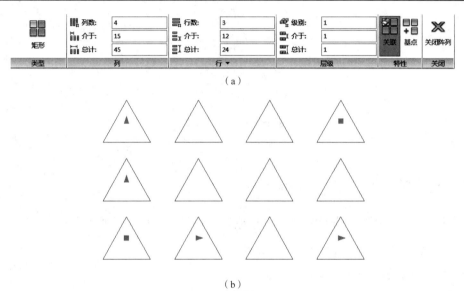

（a）

（b）

图 5.4.10　阵列命令

（a）矩形阵列设置界面　（b）矩形阵列效果

2. 圆形阵列命令

圆形阵列命令用于围绕某个中心点或旋转轴形成环形图案平均分布对象副本。调用圆形阵列命令可以采用以下两种方法。

（1）单击修改工具栏中的"矩形阵列"按钮 $\boxplus$ 。

（2）在命令行输入"arraypolar"。

例：将目标三角形以顶点为圆心作总数 4 环形均匀阵列，如图 5.4.11 所示，通过如下操作实现。

> 按"圆形阵列"按钮 $\boxplus$ 　　// 鼠标点击
>
> 选择三角形作为对象　　// 鼠标框选，按【 Space 】键确定
>
> 选择三角形顶点作为阵列中心点　　// 鼠标框选
>
> 出现图 5.4.11（a）所示界面，按图进行设置，按【 Space 】键确定　　// 设置参数，按【 Space 】键确定

（a）

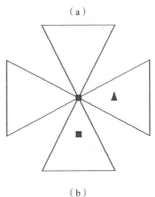

（b）

图 5.4.11　圆形阵列

（a）圆形阵列设置界面　（b）圆形阵列效果

5.4.10　删除命令

删除命令用于从图形中删除对象。调用删除命令可以采用以下两种方法。

（1）单击修改工具栏中的"删除"按钮 。

（2）在命令行输入"erase"或"e"。

（3）选中所要删除的图形,按【Delete】键直接删除。

此命令操作非常简单,只需调用删除命令,选择所需删除的对象,然后按【Space】键确定即可,如图 5.4.12 所示。

图 5.4.12　删除命令

5.4.11　分解命令

分解命令用于将复合对象分解为其部件对象,可分解的对象包括块、多线段以及面域等。调用分解命令可以采用以下两种方法。

(1)单击修改工具栏中的"分解"按钮 ![]。

(2)在命令行输入"explode"或"ex"。

例:使用多边形命令所作的正五边形为一个整体,如需将其分解成五条独立可选的线,只需执行分解命令,选择正五边形,然后按【Space】键确定即可,如图 5.4.13 所示。

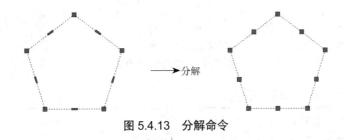

图 5.4.13　分解命令

5.4.12　偏移命令

偏移命令是用指定距离创建偏移对象,可用于创建同心圆、平行线和等距曲线等。调用偏移命令可以采用以下两种方法。

(1)单击修改工具栏中的"偏移"按钮 ![]。

(2)在命令行输入"offset"或"of"。

例:使用偏移命令创建同心圆,调用偏移命令,输入偏移距离,选择偏移对象,然后选择往外或往里的偏移方向即可,如图 5.4.14 所示。

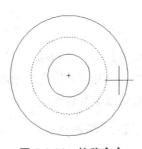

图 5.4.14　偏移命令

5.5　AutoCAD 2014 的注释功能

AutoCAD 2014 的注释工具栏提供了文字、标注、引线、表格几种注释工具,其中最常用的为文字和标注工具,下面分别介绍这两种工具。

5.5.1　文字命令

1. 多行文字命令

多行文字命令用于创建多行文字对象,可以将若干文字段落创建为单个多行文字对象,使用内置编辑器,可以格式化文字外观、列和边界(图 5.5.1)。调用多行文字命令的方法。

(1)单击注释工具栏中的"多行文字"按钮**A**。

(2)在命令行输入"mtext"或"mt"。

图 5.5.1　文字命令界面

例:创建如图 5.5.2 所示的文字。

> 点击"多行文字"按钮**A**　　// 鼠标点击
> 鼠标点选两个角点选择输入文字的区域　　// 鼠标点击
> 在弹出的文字编辑菜单中设置文字的格式
> 在文字输入框中输入文字　　// 键盘输入
> 按【Esc】键退出文字编辑,在弹出的菜单中选择"是"保存文字更改　　// 鼠标点击

图 5.5.2　多行文字

2. 单行文字命令

使用单行文字命令可以创建一行或多行文字。与多行文字命令的区别在于,使用多行文字创建的文字是一个整体,编辑时要对其整体进行编辑;使用单行文字创建的每一行都是一个独立的对象,可分别对每一行进行移动、格式设置或其他修改。单行文字的使用方法与多行文字命令相同,调用单行文字命令可采用以下两种方法。

(1)单击注释工具栏中的"单行文字"按钮**A**。

(2)在命令行输入"text"。

5.5.2　标注命令

标注命令用于对直线的长度、夹角,圆弧的半径等进行尺寸标注。在 AutoCAD 2014 中提供了八种常用的标注命令,下面对常用的命令进行介绍。

1. 线性命令

线性命令是使用水平、垂直或旋转的尺寸线创建线性标注。调用线性命令可采用以下两种方法。

（1）单击标注工具栏中的"线性"按钮┝┥。

（2）在命令行输入"dimlinear"。

例：对长方形进行尺寸标注，如图 5.5.3 所示。

打开对象捕捉按钮，设置端点为捕捉点，然后进行如下操作。

> 按"线性"按钮┝┥　// 鼠标点击
> 依次点选长边的两个端点，创建长度尺寸　// 鼠标点击
> 依次点选短边的两个端点，创建宽度尺寸　// 鼠标点击

使用标注命令时，如对标注的文字、尺寸线的宽度、箭头大小、尺寸精度等不满意，可按注释工具栏的向下三角按钮，在下拉列表框中选择"标注样式"，如图 5.5.4 所示。

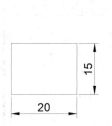

图 5.5.3　对长方形进行尺寸标注　　　　　　图 5.5.4　标注样式界面

在弹出的"标注样式管理器"对话框（图 5.5.5）的左边栏可以选择合适的标注样式，如都不满足要求，可对当前的样式进行编辑或新建一个自定义的标注样式。

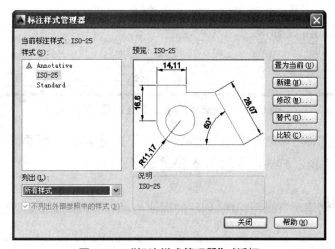

图 5.5.5　"标注样式管理器"对话框

以新建标注样式为例,按图5.5.5中的"新建"按钮,在弹出的"创建新标注样式"对话框(图5.5.6)中输入新建标注样式的名称为"新建标注",基础样式不变,按"继续"按钮。

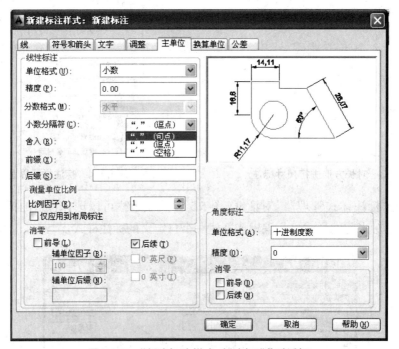

图5.5.6　"创建新标注样式"对话框

在弹出的"新建标注样式:新建标准"对话框(图5.5.7)中,将各元素设置为适合的参数或样式。如在"主单位"选项卡的"小数点分隔符"中,将默认的",,"改为"."。

图5.5.7　"新建标注样式:新建标准"对话框

设置完成后,按"确定"按钮,关闭"新建标准样式:新建标注"对话框。在注释工具栏的下拉菜单中选择"新建标注"样式即可,如图5.5.8所示。

2. 对齐命令

对齐命令用于创建对齐线型标注,创建的标注与尺寸界线的原点对齐。调用对齐命令可采用以下两种方法。

(1)单击标注工具栏中的"对齐"按钮 。

（2）在命令行输入"dimaligned"。

例：对梯形斜边进行尺寸标注，如图 5.5.9 所示。

打开对象捕捉，设置端点为捕捉对象，然后进行如下操作。

> 按"对齐"按钮 　　// 鼠标点击
> 依次点选左边斜边的两个端点，标注尺寸　　// 鼠标点击
> 依次点选右边斜边的两个端点，标注尺寸　　// 鼠标点击

图 5.5.8　新建标注样式界面

3. 角度命令

角度命令用于创建角度标注。测量选定的对象或 3 个点之间的角度，可以选择的对象包括圆弧、圆和直线等。调用角度命令可采用以下两种方法。

（1）单击标注工具栏中的"角度"按钮 。

（2）在命令行输入"dimangular"。

例：对图形的夹角和圆弧角进行标注，如图 5.5.10 所示，通过如下操作实现。

> 按"角度"按钮 　　// 鼠标点击
> 分别依次点选两个夹角的两条边，标注夹角角度　　// 鼠标点击
> 点击圆弧，标注圆弧夹角尺寸　　// 鼠标点击

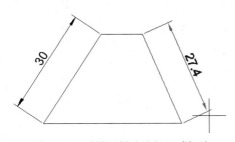

图 5.5.9　对梯形斜边进行尺寸标注

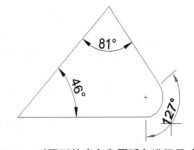

图 5.5.10　对图形的夹角和圆弧角进行尺寸标注

4. 弧长命令

弧长命令用于测量圆弧或多线段圆弧上的距离。弧长标注的尺寸界线可以正交或径向，在标注文字的上方或前面将显示圆弧符号。调用弧长命令可采用以下两种方法。

（1）单击标注工具栏中的"弧长"按钮 。

（2）在命令行输入"dimarc"。

例：标注图 5.5.11 中圆弧的长度，只需按"弧长"按钮 ，然后单击圆弧即可。

5. 半径 / 直径命令

半径 / 直径命令用于创建圆或圆弧的半径 / 直径标注。测量圆或圆弧的半径 / 直径，并显示前面带有半径 / 直径符号的标注文字。调用半径 / 直径命令可采用以下两种方法。

（1）单击标注工具栏中的"半径 / 直径"按钮⊙ / ⊙。

（2）在命令行输入"dimradius/dimdiameter"。

例：分别标注图 5.5.12 中圆和圆弧的直径和半径。

标注直径时，只需按"直径"按钮⊙，然后单击各圆即可；标注半径时，只需按"半径"按钮⊙，然后单击圆弧即可。

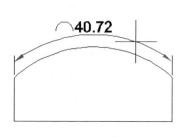

图 5.5.11　弧长命令

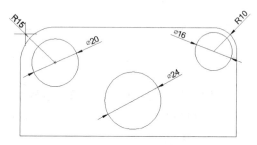

图 5.5.12　半径 / 直径命令

5.6　综合举例

应用所学的 AutoCAD 2014 的各种命令，绘制图 5.6.1 所示的控制电路图。

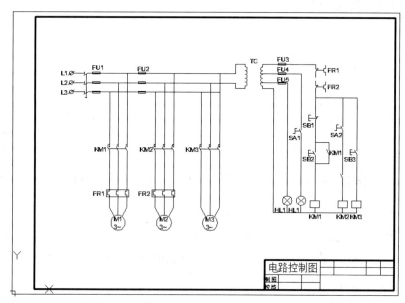

图 5.6.1　控制电路图

准备工作，创建各图层备用，如图 5.6.2 所示。

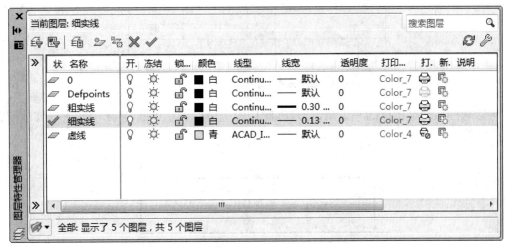

图 5.6.2　创建图层

步骤 1：绘制图框和标题栏。

（1）绘制外图框。

选择细实线图层，然后进行如下操作。

> 按▢按钮　　// 鼠标点击
> 指定第一角点输入：0,0　　// 键盘输入，按【Space】键确定
> 指定另一角点输入：@420,297　　// 键盘输入，按【Space】键确定

选择粗实线图层，然后进行如下操作。

> 按▢按钮　　// 鼠标点击
> 指定第一角点输入：25,5　　// 键盘输入，按【Space】键确定
> 指定另一角点输入：@390,287　　// 键盘输入，按【Space】键确定

（2）绘制标题栏。

选择细实线图层，然后进行如下操作。

> 按▢按钮　　// 鼠标点击
> 指定第一角点输入：空白处任选　　// 鼠标点击
> 指定另一角点输入：@140,32　　// 键盘输入，按【Space】键确定
> 按▱按钮，点击所画的矩形　　// 鼠标点击，按【Space】键确定

按▱按钮，偏移边框，如图 5.6.3 所示。

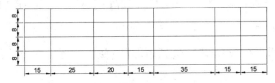

图 5.6.3　偏移边框

按⌐‑‑‑按钮，修剪多余线段，如图 5.6.4 所示。

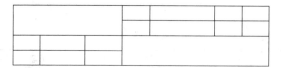

图 5.6.4　修剪多余线段

　　将标题栏移动至图框的左下角,选定标题栏的上边框和左边框,将图层改为粗实线层,如图 5.6.5 所示。

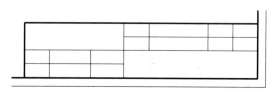

图 5.6.5　更改图层

步骤 2:绘制各种电器元件符号。

选择细实线图层,在图框的上面空白处创建下列图形。

(1)绘制熔断器元件。

打开对象捕捉,设置中点为捕捉对象。

使用矩形命令 ⬚,点击任一点为第一点,输入 @8,2 作出矩形。

使用直线命令 ╱,捕捉矩形两侧边中点创建直线如图 5.6.6 所示。

将绘制的符号作 1 列 3 行阵列,行间距为 10,如图 5.6.6 所示。

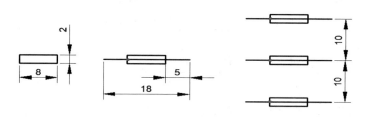

图 5.6.6　熔断器

(2)绘制接触器元件。

①接触器开关。

绘制单一的接触器开关符号,然后作 1 行 3 列阵列,列间距为 10,如图 5.6.7 所示。

②接触器操作器件。

使用矩形命令 ⬚ 和直线命令 ╱,绘制矩形和直线,创建如图 5.6.8 所示线圈图形。

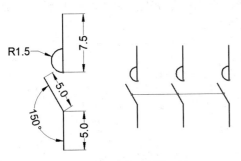

图 5.6.7　接触器开关

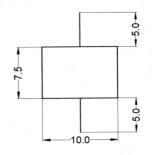

图 5.6.8　接触器操作器件

（3）绘制热继电器元件。

①热继电器驱动元件。

首先使用直线命令 ╱ 绘制单一的热继电器驱动元件,然后作 1 行 3 列阵列,列间距为 10,如图 5.6.9 所示。

使用矩形命令 ▭ 作长 25、宽 7.5 的矩形,将其移动到合适位置,如图 5.6.9 所示。

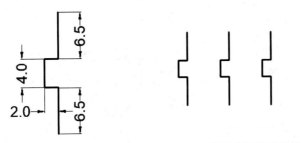

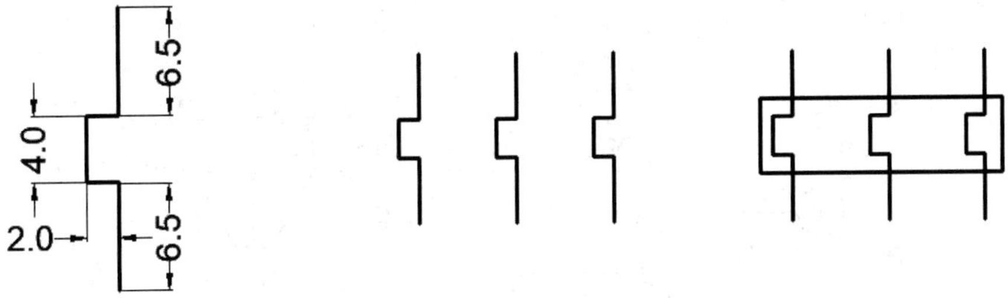

图 5.6.9　热继电器驱动元件

②热继电器常闭触点。

使用直线命令 ╱ 绘制热继电器常闭触点,将其与热继电器符号相连接,如图 5.6.10 所示。

（4）绘制变压器。

绘制半圆,使用直线命令 ╱ 先作变压器的一半;中间绘制一条辅助直线,使用镜像命令 ⊿⊿ 得到另一半,再将辅助直线删除,如图 5.6.11 所示。

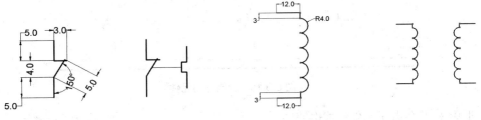

图 5.6.10　热继电器常闭触点

图 5.6.11　变压器

（5）绘制灯。

绘制半径为 5 的圆,绘制其内接正四边形,使用直线命令 ✎ 连接四个顶点,删除矩形,如图 5.6.12 所示。

（6）绘制开关。

使用直线命令 ✎ 绘制按钮开关和旋转开关,如图 5.6.13 所示。

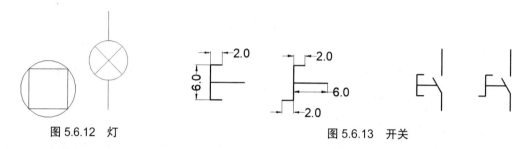

图 5.6.12　灯　　　　　　　图 5.6.13　开关

（7）绘制电动机和辅助符号。

使用圆命令 ◎ 和直线命令 ✎ 绘制辅助符号,并作 1 列 3 行阵列,行间距为 10;使用圆命令 ◎ 和多行文字命令 **A** 绘制电动机图形,圆半径为 8,字高为 4.5;使用直线命令 ✎ 绘制接线。如图 5.6.14 所示。

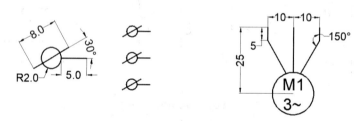

图 5.6.14　电动机和辅助符号

所需元件绘制好后,将其移动至图框附近备用,如图 5.6.15 所示。

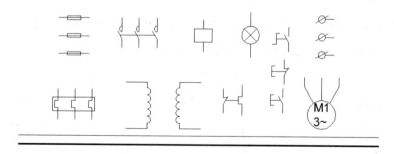

图 5.6.15　绘制好的元件

步骤 3：将各电子元件组成电路图。

（1）分别将辅助符号、接触器开关复制到图框的左上角位置,并将接触器开关符号旋转 90°、移动与辅助符号拼接,如图 5.6.16 所示。

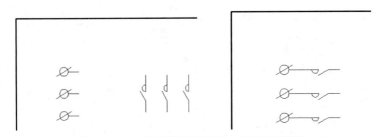

图 5.6.16　接触器开关符号与辅助符号拼接

（3）将接触器开关符号分解，删除半圆的触点符号，使用直线命令 ![直线] 将其改成隔离开关，如图 5.6.17 所示。

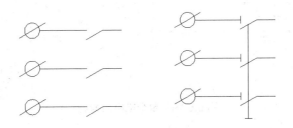

图 5.6.17　隔离开关

（4）布局左半部分线路。

在隔离开关后作 3 条直线，各长 155，将熔断器符号参照中点复制到 3 条线上；选中熔断器，打开正交模式，沿 X+ 方向再复制一份，如图 5.6.18 所示。

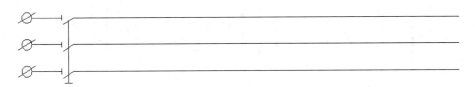

图 5.6.18　熔断器复制

将接触器开关复制到两组熔断器中间位置，并将其垂直向下移动距离 50；并在其下作 3 条竖线，各长 50；将电动机图形和热继电器驱动元件复制到相应的位置；将接触器开关上面线往上延伸至相应位置，并修剪热继电器中多余的线段。单个电机的情况如图 5.6.19 所示。

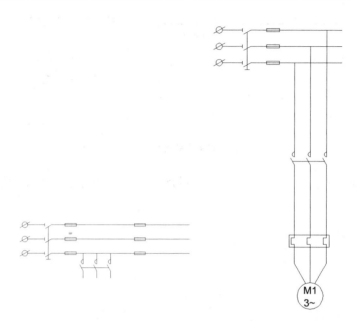

图 5.6.19　单个电机的情况

　　将电动机以上所作部分沿 $X+$ 方向,复制 3 份,每份间隔 50,并修剪多余的线段;将变压器图形复制到图例位置,用直线将其左半部分与上面两根连接。多个电机的情况如图 5.6.20 所示。

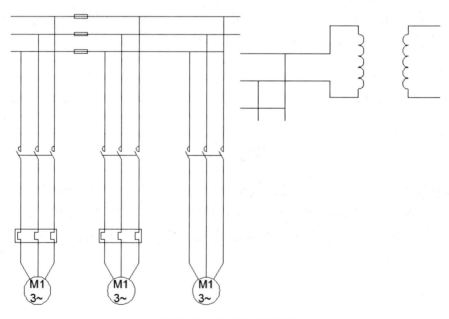

图 5.6.20　多个电机的情况

　　(5)布局右半部分线路。

　　复制熔断器图形与变压器右半边相连,并将前端线段延伸至变压器圆弧;在熔断器后端点作水平直线段,每条长 50;从变压器的右下端点作竖直直线段,长 120,并以相互间隔 15 偏移 7

条平行线。按照图 5.6.21，将电器元件图形复制到相应位置，并调整合适。

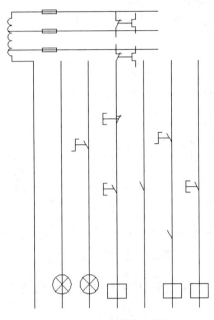

图 5.6.21　右半部分线路

对照图 5.6.22，通过延伸、修剪以及补画所需线段，将轮廓调整成图样轮廓。

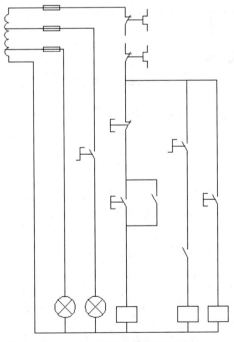

图 5.6.22　处理右半部分线路

步骤 4：填入注释文字。

创建一处文字,字高为 4.6,并将其复制到所有需要文字注释的位置,如图 5.6.23 所示,双击文字将其修改为图 5.6.1 所示文字。

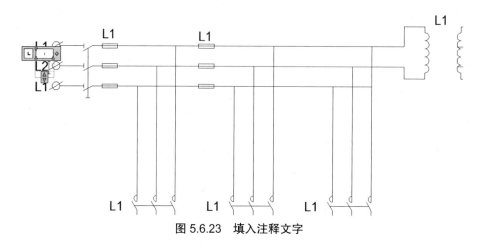

图 5.6.23　填入注释文字

同时,在创建的标题栏中注释文字,其中标题字高 7.5,其余与图形中字一致,如图 5.6.24 所示。

图 5.6.24　标题栏

步骤 5:调整整体图形,使其处于图框中间位置,如图 5.6.1 所示。

第6章 SolidWorks 的基础知识和界面介绍

6.1 AutoCAD 和 SolidWorks 的比较

6.1.1 AutoCAD

相信大家通过前面的学习对 AutoCAD 软件及绘图方法已经有了初步的认知,有些同学会有疑问,掌握了 AutoCAD,还需要学习 SolidWorks 吗? 它有什么特性,能带来什么样的体验呢? 我们下面来看一个实例。

图 6.1.1 是用 AutoCAD 画的一幅图,对于很多非机械专业的学生来说,无法从图中直观地读取信息,也无法想象图中物体的三维模型是什么样子,下面看一下用 SolidWorks 画的图形(图 6.1.2)。

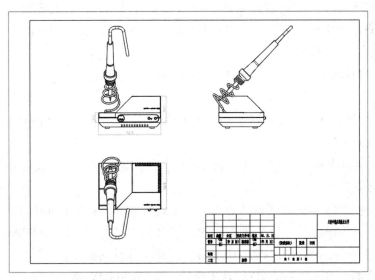

图 6.1.1　图纸 1

同学们可以从图中直观地读取物体信息,SolidWorks 使用 3D 设计方法,可以根据 3D 模型生成 2D 工程图,或者生成由零件或子装配体组成的配合零部件以生成 3D 装配体,与此同时还可以生成 3D 装配体的 2D 工程图。

图6.1.2　图纸2

有同学就会发问了，SolidWorks 既能完成三维建模，又能转化成工程图，那为什么还要学习 AutoCAD。其实很多同学不知道 AutoCAD 从 AutoCAD R12、R13 版本开始已经加入了三维设计，但由于该软件在开发中自身的原因，使得该软件存在一些不足之处，比如，该软件在二维设计中无法做到参数化的全相关的尺寸处理；在三维设计中实体造型能力不足，与此同时，SolidWorks 是功能相当强大的三维造型软件，三维造型是其主要优势，二维图形绘制的功能和在工程中的应用不如 AutoCAD。本书旨在让学生掌握每款软件的主要功能，在以后的工作学习中不断提高。本书后面的章节会介绍 SolidWorks 和 AutoCAD DWG 实体格式的互转。

6.1.2　SolidWorks

SolidWorks 是 Windows 原创的三维设计软件，具有易用和友好的界面，能够在产品的整个设计过程中自动捕捉设计意图和引导设计修改。在 SolidWorks 的装配设计中可以直接参照已有的零件生成新的零件。

不论使用"自顶而下"的方法还是"自底而下"的方法进行装配设计，SolidWorks 都能以其易用的操作大幅度地提高设计效率。SolidWorks 具有全面的零件实体建模功能，其丰富程度有时会出乎设计者的意料。利用 SolidWorks 的标注和细节绘制工具，能快捷地生成完整的、符合实际产品表示的工程图纸。

SolidWorks 具有全相关的钣金设计能力。钣金件的设计既可以先设计立体的产品，也可以先按平面展开图进行设计。

通过数据转换接口，SolidWorks 可以很容易地将目前市场上几乎所有的机械 CAD 软件集成到设计环境中。为评价不同的设计方案，减少设计错误，提高产量，SolidWorks 强劲的实体建模能力和易用、友好的 Windows 界面形成了三维产品设计的标准。

机械工程师不论有无 AutoCAD 的使用经验，都能用 SolidWorks 提高工作效率，使企业以较低的成本、更好的质量、更快的速度将产品投放市场。

6.2　SolidWorks 2016 的特性

SolidWorks 2016 是基于 Windows 平台开发的一款机械设计自动化软件。SolidWorks 主要具有以下特性。

6.2.1　基于特征

在 SolidWorks 中,任何复杂或简单的实体模型都是由一个个单独成行的系统单元组成的,这些系统单元即可称为特征。

在实际建模过程中, SolidWorks 采用最简单、易于理解的几何体来进行特征的创建,这些特征包括凸台、旋转体、孔、倒圆角、倒角等。

在 SolidWorks 中,特征主要分为以下两种。

(1)基于草图的特征:该特征需要由一个草图特征通过拉伸、旋转、扫描等操作转化为实体。

(2)基于基础特征的特征:该特征即应用特征,应用在基于草图的特征中,是对基础特征的进一步细化,如倒圆角、拔模、抽壳等特征。

在 SolidWorks 中,可以通过查看 Feature Manager 设计树来了解构成模型的特征结构,如图 6.2.1 所示。还可以通过 Feature Manager 设计树熟悉模型的创建思路、特征创建的先后顺序以及对特征结构进行必要的调整。在后面的章节中会对此部分做详细的介绍,这里不再赘述。

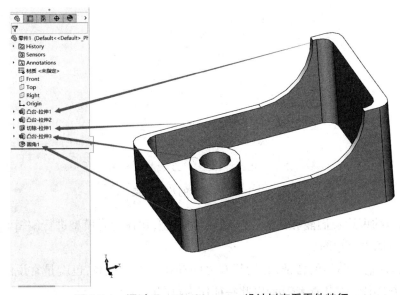

图 6.2.1　通过 Feature Manager 设计树查看零件特征

6.2.2 参数化

在 SolidWorks 中,参数化主要体现在两个方面:尺寸和几何约束。

1. 尺寸

尺寸用于在创建模型时对模型进行准确的绘制,包括自身以及其他几何元素的尺寸数据,如图 6.2.2 所示,更改尺寸后模型会进行实时更新。

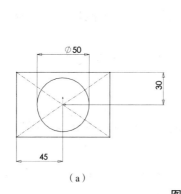

（a）

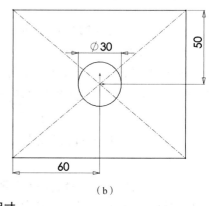

（b）

图 6.2.2 更改尺寸

（a）更改尺寸前 （b）更改尺寸后

2. 几何约束

几何约束用来定义草图特征中的几何元素本身或同其他几何元素之间的相互关系,包括平行、相切、重合、相等、同心等,如图 6.2.3 所示,体现了两个几何元素之间平行、相切及同心的几何关系。

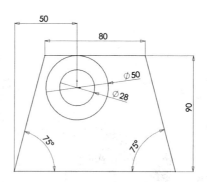

图 6.2.3 草图显示的几何约束

尺寸和几何约束让我们能够快速、准确地创建模型,快速地对模型进行编辑和修改,同时又能体现设计者的设计意图。

参数体现为:组成模型的特征,有的相互之间存在着参考关系,也就是常说的父子关系。每个特征的重新编译都会影响到其他以此特征作为草图的特征。

如图 6.2.4 所示,特征的修改会影响后续与其有关联参考的特征。从图 6.2.5 中可以看出,因为以凸台特征 1 的每条边作为尺寸参考,所以不管凸台特征 1 怎么变化,凸台特征 2 的边都同凸台特征 1 的边的尺寸数值保持不变。

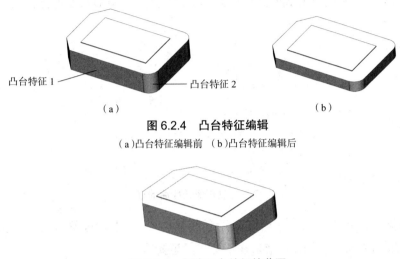

图 6.2.4　凸台特征编辑

（a）凸台特征编辑前　（b）凸台特征编辑后

图 6.2.5　创建凸台特征的草图

6.2.3　全相关性

在 SolidWorks 中,模型的所有参数在各个模块中是全相关的,也就是具有全相关性,例如在建模模块中对模型进行某个特征的修改,修改的结果会在工程图模块中实时更新,以使模型保持相关性,同样,在工程图模块中进行的修改也会在建模模块中实时更新。

6.2.4　设计意图

设计意图是在对所创建的模型进行某些参数的更改后,所得到的预期效果的规划安排,因此在 SolidWorks 的参数系统中,设计意图显得尤为重要。

在创建模型之初,就需要对创建模型有一个清晰、明朗的思路,这样在更改后续模型时才能使模型的更改效果实时符合我们设想的结果,也就是所说的设计意图。

下面以一个实例说明。如图 6.2.6（a）所示,对草图中的矩形长度进行修改,修改后要求最左边的圆的圆心到左边线的距离不变。

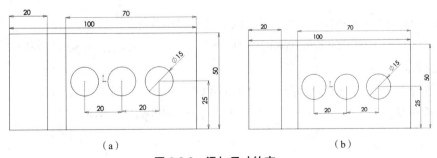

图 6.2.6　添加尺寸约束

（a）添加尺寸约束前　（b）添加尺寸约束后

为了实现以上的设计效果,在进行草图绘制时就需要用尺寸进行必要的约束,如图 6.2.6(b)所示,设置左边第一个圆的圆心到左边线的距离为 40,然后对矩形长度进行更改,更改后的效果如图 6.2.7 所示。

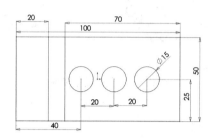

图 6.2.7　更改矩形长度后的草图

如果没有添加尺寸约束或尺寸约束设置为其他参考,如图 6.2.8 所示,那么更改矩形长度之后的草图效果如图 6.2.9 所示,其结果并不是我们想要的。

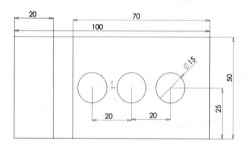
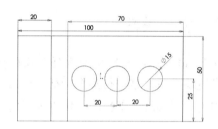

图 6.2.8　未设置合适的尺寸约束　　　　　　图 6.2.9　更改矩形长度后未得到预期效果

6.3　SolidWorks 2016 的启动

SolidWorks 是在 Windows 平台下使用的,熟悉 Windows 工作界面的用户可以在短时间内熟悉并熟练应用 SolidWorks。

6.3.1　启动 SolidWorks

安装完 SolidWorks 2016 后,可以通过以下方式启动软件。

(1)双击桌面上生成的 SolidWorks 2016 快捷方式图标,此时出现 SolidWorks 2016 的启动界面,如图 6.3.1 所示。

(2)选择"开始"→"所有程序"→"SOLIDWORKS 2016",如图 6.3.2 所示。

(3)直接双击一个 SolidWorks 文件,也可以打开 SolidWorks 2016。

图 6.3.1　SolidWorks 2016 启动界面　　　　　　图 6.3.2　通过"开始"菜单启动

提示：SolidWorks 2015 是支持 Windows 32 位操作系统的最后版本，从 SolidWorks 2016 开始不再支持 Windows 32 位操作系统，只支持 Windows 64 位操作系统。

6.3.2　新建文件

在 SolidWorks 2016 中新建文件的方法有以下几种。

（1）单击标准工具栏中的"新建文件"按钮📄。

（2）选择菜单栏中的"文件"→"新建"命令。

（3）使用【Ctrl+N】快捷键。

进行以上操作后会弹出"新建 SOLIDWORKS 文件"对话框，如图 6.3.3 所示，对其中的各项介绍如下。

零件：选择该项后单击"确定"按钮，或直接双击图标，即可创建一个单独的三维零部件文件。

装配体：选择该项后单击"确定"按钮，或直接双击图标，即可创建一个零部件或其他装配体的装配部件。

工程图：选择该项后单击"确定"按钮，或直接双击图标，即可创建一个零部件或装配体的工程图文件。

单击"新建 SOLIDWORKS 文件"对话框中的"高级"按钮，可以将该对话框切换为如图 6.3.4 所示的样式，其中的"模板"选项卡主要针对的是对 SolidWorks 应用比较熟练的技术人员。通过"模板"选项卡可以选择创建工程图的标准模板。

图 6.3.3 "新建 SOLIDWORKS 文件"对话框   图 6.3.4 "模板"选项卡

6.3.3 打开与导入文件

在 SolidWorks 2016 中打开文件的方法有以下几种。

(1)单击标准工具栏中的"打开文件"按钮 ![button]。

(2)选择菜单栏中的"文件"→"打开"命令。

(3)使用【Ctrl+O】快捷键。

(4)双击 SolidWorks 文件。

进行以上操作后会弹出"打开"对话框,如图 6.3.5 所示,对其中的各项介绍如下。

快速过滤器:用来对 SolidWorks 不同类型的文件进行过滤选择,当文件数量及类型较多时,能够极大地提高文件的选择效率。

文件类型选择框:用来选择来自软件自身或外部软件的文件类型,所有可以打开的文件类型如图 6.3.6 所示。

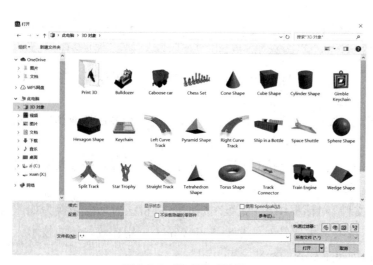

图 6.3.5 "打开"对话框

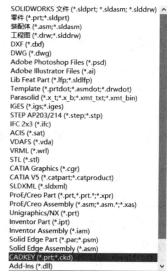

图 6.3.6 所有可以打开的文件类型

提示：在三维软件的文档类型中，常用的文件格式有 IGS、OBJ、STP、STL 等，另外在 Solid-Works 2016 中也可以直接打开或导入其他三维软件的文件，如 ProE、CATLA、UG、Inventor、Solid Edge、AutoCAD 等。

6.3.4　保存、导出与关闭文件

1. 保存文件

设计工作结束后，需要对文件进行保存，在 SolidWorks 中可以通过以下方式对文件进行保存。

（1）单击标准工具栏中的"保存"按钮🖫。

（2）使用【 Ctrl+S 】快捷键。

提示：在设计过程中，建议对文件进行实时保存，以防出现软件突然退出但文件没有保存的情况，从而对设计工作造成影响。

还可以将软件设置为自动保存，这样系统在运行过程中，每隔一个固定的时间就会自动对文件进行保存，具体的操作步骤如下。

步骤 1：选择菜单栏中的"工具"→"选项"命令，在弹出的对话框中打开"系统选项"选项卡。

步骤 2：选择"备份\恢复"选项，在右侧对文件的自动恢复时间进行设置。

步骤 3：选择"保存通知"中的"显示提醒，如果文档未保存"和"之前自动解除"复选框，并对两个复选框的系统值进行设置。

步骤 4：单击对话框中的"确定"按钮，完成自动保存的设置。

在默认情况下，系统会每隔 20 min 对文件进行一次自动保存，并弹出提示，该提示会持续数秒，然后淡化消失。

2. 导出文件

在实际工作中，由于用到的软件不同，在进行工作沟通时经常需要将文件转化为其他格式，以保证其他人可以打开并查看该文件，这就需要对 SolidWorks 文件进行导出。

导出文件的方法有以下两种。

（1）选择菜单栏中的"文件"→"另存为"命令。

（2）单击标准工具栏中的"保存"按钮后面的扩展符号，在弹出的扩展菜单中单击"另存为"按钮🖫。

进行以上操作后会弹出"另存为"对话框，如图 6.3.7 所示。

在"保存类型"下拉列表中选择需要保存的文件格式，例如选择 UGS 格式为另存为格式，设置好另存为路径，并对文件进行重命名后，单击"保存"按钮，即可另存为模型文件。

图 6.3.7 "另存为"对话框

提示: 在另存为文件时,需要进行必要的设置,在"另存为"对话框中单击"保存类型"按钮, 系统弹出"输出选项"对话框,如图 6.3.8 所示,从而保证文件按照要求进行保存。

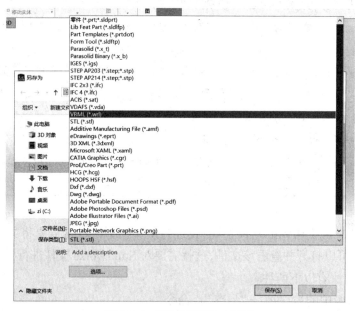

图 6.3.8 "输出选项"对话框

3. 关闭文件

在 SolidWorks 中可以通过以下方式对文件进行关闭。

(1)选择菜单栏中的"文件"→"关闭"命令。

(2)单击活动窗口右上角的"关闭并退出"按钮×。

提示: 若在关闭文件时文件没有被保存,会弹出如图 6.3.9 所示的提示,提示对文件进行"全部保存"或"不保存"。

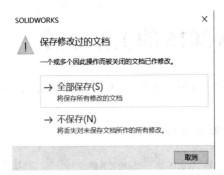

图 6.3.9　保存文件的提示

6.3.5　切换文件

当打开多个文件时,需要在多个文件之间来回切换,具体操作如下。

(1)单击菜单栏中的"窗口"菜单,在弹出的下拉列表中会列出已经打开的文件的文件名,如图 6.3.10 所示。

图 6.3.10　通过"窗口"菜单进行文件的切换

(2)单击要进行切换的文件名,即可实现文件的相互切换。

也可以通过以下两种方式进行文件间的快速切换。

(1)通过不断地按【Tab】键,可以实现文件和文件之间的快速切换,此方式使用的是操作系统的功能键,适合任何软件。

(2)将鼠标光标移至桌面任务栏中的 SolidWorks 图标上,等待数秒,将可以预览 Solid-Works 软件已经打开的所有文件,然后将鼠标光标移至要切换到的文件预览图上单击即可完成文件的切换,如图 6.3.11 所示。

图 6.3.11　通过桌面任务栏进行文件的切换

6.4　SolidWorks 2016 的工作界面

SolidWorks 2016 的工作界面依然延续了 Windows 风格,因此使用者能够快速地熟悉该软件。

SolidWorks 2016 的用户界面如图 6.4.1 所示。

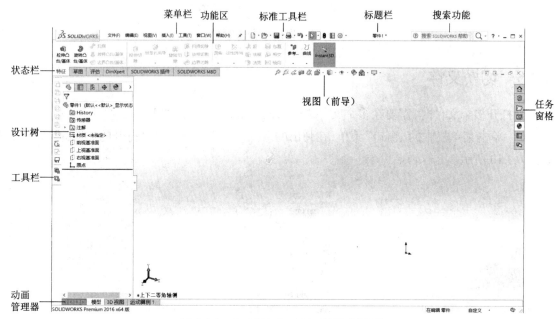

图 6.4.1　SolidWorks 2016 的用户界面

用户界面包括标题栏、菜单栏、工具栏、状态栏、设计树、标准工具栏、任务窗格、视图(前导)、动画管理器、搜索功能等,其中设计树包括了特征管理设计树、属性管理器、Configuration Manager、Dimxpert Manager、Display Manager。

6.4.1　菜单栏

菜单栏位于用户界面的顶部,即标题栏下方,如图 6.4.2 所示。

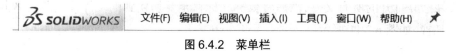

图 6.4.2　菜单栏

菜单栏包含了系统所有的使用命令,包括"文件""编辑""视图""插入""工具""窗口""帮助"。在零件模块中部分菜单的内容如图 6.4.3 至图 6.4.8 所示。

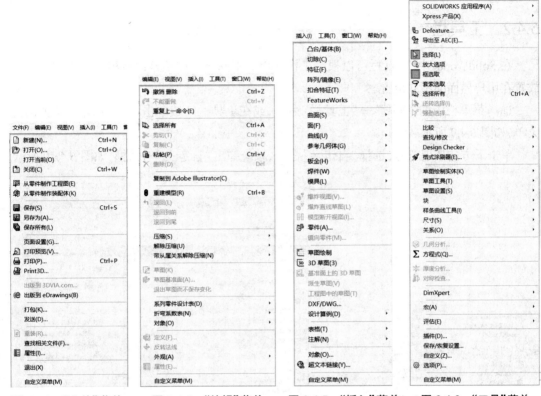

图 6.4.3 "文件"菜单　　图 6.4.4 "编辑"菜单　　图 6.4.5 "插入"菜单　　图 6.4.6 "工具"菜单

图 6.4.7 "窗口"菜单

图 6.4.8 "帮助"菜单

SolidWorks 的菜单栏将根据不同的工作模块而有不同的变化。当菜单命令为灰色显示时,表明此命令不可用。

提示:单击菜单栏右侧的"取消固定"图标,图标变为"固定",菜单栏被固定在用户界面,再次单击后图标又变为"取消固定",菜单栏切换为自动隐藏状态。该方法同样适用于有"取消固定"图标的窗口或对话框。

6.4.2　工具栏

在 SolidWorks 中,工具栏可以根据工作环境的不同显示或隐藏以及根据用户习惯的不同放置在用户界面的不同位置。

选择菜单栏中的"视图"→"工具栏"命令,或在工具栏区域单击鼠标右键,系统弹出快捷菜单,如图 6.4.9 所示。

单击下方的拓展符号,选择"自定义"命令,系统弹出"自定义"对话框,如图 6.4.10 所示。

图 6.4.9　快捷菜单　　　　　　　　　　图 6.4.10　"自定义"对话框

若选择未显示的工具栏,此工具栏就会出现在用户界面中,并且可以用鼠标拖动进行放置位置的设置,用户可以根据使用习惯随意放置。

6.4.3　状态栏

状态栏位于用户界面的下方,如图 6.4.11 所示,主要面向用户提供正在编辑中的内容的状态,包括鼠标位置坐标、草图的状态等。

图 6.4.11　状态栏

　　单击状态栏中的"自定义"按钮,系统弹出上拉菜单,如图 6.4.12 所示,显示了当前文件的单位类型。

图 6.4.12　当前文件的单位类型

6.4.4　特征管理设计树

　　特征管理设计树位于用户界面的左侧,它体现了零件、装配体、工程图的结构目录,让用户能够很方便和清晰地了解模型、装配体、工程图的设计过程和装配过程。

　　特征管理设计树组织和记录了模型中相关要素的参数信息和相互关系以及模型、特征和零件之间的相互关系等,它包含了近乎所有的设计信息,是模块设计、装配体、工程图方面的学习重点。

　　特征管理设计树的主要功能如下。

　　(1)通过在设计树中选择名称来选择项目。当鼠标光标移至特征上时,会在绘图区域以黄色加亮显示相关特征,如图 6.4.13 所示。当需要选择多个非连续特征时,可配合使用【Ctrl】键;当需要选择多个连续特征时,可配合使用【Shift】键。

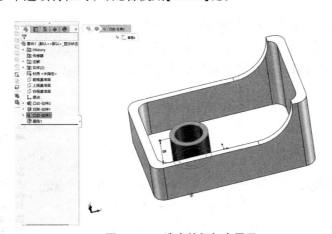

图 6.4.13　选中特征加亮显示

　　(2)调整和确认特征的生成顺序。如图 6.4.14 所示,调整抽壳和倒圆角顺序后生成的模型结构不同。

　　(3)双击设计树中的项目名称可以对其进行重命名。当模型比较复杂,设计树中的特征项目较多时,可以对关键特征进行必要的重命名,以方便后续的设计工作。

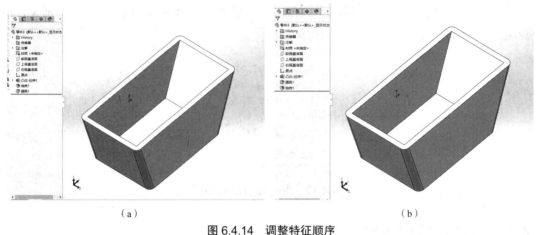

（a）　　　　　　　　　　　　　　　　　　　（b）

图 6.4.14　调整特征顺序

（a）调整特征顺序前　（b）调整特征顺序后

　　用鼠标右键单击设计树中的项目,在弹出的快捷菜单中选择"父子关系"命令,可以对特征的父子关系进行查看,如图 6.4.15 所示,通过查看特征的父子关系,可以清晰地了解本特征同其他特征是否存在参数关系等信息。

　　压缩和解压缩零部件特征或装配部件,多选时可以先按住【Ctrl】键,再用鼠标右键单击逐个选取零部件。

　　在特征管理设计树中添加文件夹,对特征进行归类整理:可以将需要归类的特征拉入所添加的文件夹中,以方便后续的管理、查看等工作,如图 6.4.16 所示。将特征放入文件夹的方法为:单击要移动的特征,按住鼠标左键不放,移动到文件夹图标上,此时出现箭头,表明可放入文件夹中。

　　熟练掌握和使用好特征管理设计树,是学习 SolidWorks 的基础,也是重点。只有熟练使用特征管理设计树,才能更快、更有效地学习后续的模型绘制的知识。具体学习内容会在后边的章节中进行介绍。特征管理设计树的其他功能选项如图 6.4.17 所示。

图 6.4.15　查看特征的父子关系

图 6.4.16　添加文件夹

图 6.4.17　其他功能选项

6.5　SolidWorks 基本环境设置

在 SolidWorks 2016 中,可根据用户的实际需要对某些工具栏、某些命令进行显示或隐藏等操作,还可以根据需要对零件、装配体、工程图的工作界面进行必要的设置。

6.5.1　设置工具栏

在 SolidWorks 中,默认的工具栏常常不能满足设计的需要,这就需要对默认的工具栏进行必要的调整,使设计中经常用到的工具栏显示出来,或将设计过程中用不到或用途不大的工具栏隐藏,以使用户界面既保持简洁,又能满足设计工作的需要。

在 SolidWorks 中,设置工具栏的方法有以下两种。

1. 利用"自定义"命令设置工具栏

步骤 1:选择菜单栏中的"工具"→"自定义"命令,或者在工具栏中单击鼠标右键,在弹出的快捷菜单中选择"自定义"命令,系统弹出"自定义"对话框,如图 6.5.1 所示。

步骤 2:打开"自定义"对话框中的"工具栏"选项卡,将出现所有的工具栏,勾选需要显示的工具栏。

步骤 3:单击"自定义"对话框中的"确定"按钮,完成工具栏的添加。此时工具栏会出现在用户界面中。

步骤 4:如果要隐藏已显示的工具栏,可在"工具栏"选项卡中单击已勾选的工具栏,工具栏将被隐藏,单击"确定"按钮。

图 6.5.1　"自定义"对话框

2. 利用快捷菜单设置工具栏

步骤 1：在用户界面的工具栏中单击鼠标右键，弹出快捷菜单，如图 6.5.2 所示。

图 6.5.2　快捷菜单

步骤 2：单击需要显示的工具栏图标按钮，则图标按钮处于按下状态，同时用户界面中会出现该工具栏。

步骤 3：如果要隐藏已显示的工具栏，可在快捷菜单中单击已显示的工具栏图标按钮，则图标按钮处于未按下状态，同时在用户界面中此工具栏被隐藏。

> 提示：隐藏工具栏还有一个更快捷、更简便的方法。
> 步骤 1：将鼠标光标移至工具栏的框柄处。
> 步骤 2：按住鼠标左键不放，将工具栏拖至绘图区中，此时工具栏呈现为独立的对话框模式，如图 6.5.3 所示。
> 步骤 3：单击对话框右上角的"关闭"按钮，将对话框关闭，完成工具栏的隐藏。

图 6.5.3　独立的
对话框模式

步骤 4：在快捷菜单中选中"CommandManager"后，系统自动对工具栏进行归类管理，即将工具栏按类别组成不同的选项卡，如图 6.5.4 所示。还可以双击"特征"选项卡，此时"CommandManager"选项卡会变为活动状态，如图 6.5.5 所示。单击"自动折叠"图标，可以让"CommandManager"选项卡在用户进行设计时自动折叠，以不影响用户的设计操作。若要让"CommandManager"选项卡恢复为初始的固定状态，可以在活动标题栏上双击。若在弹出的快捷菜单中同时选中"CommandManager"和"使用带有文本的大按钮"，则"CommandManager"选项卡的显示状态如图 6.5.6 所示。

图 6.5.4　组成不同的选项卡

图 6.5.5　活动的"CommandManager"选项卡

图 6.5.6　带有文本的"CommandManager"选项卡

提示:对工具栏进行的添加或删除操作仅仅适用于当前激活的文件类型,若打开其他类型的文件,相关工具栏需要重新调整。

6.5.2　设置工具栏中的命令按钮

在前面的章节中已经详细讲解了工具栏的设置。下面对工具栏中的命令按钮的设置进行详细的说明。

步骤 1:选择菜单栏中的"工具"→"自定义"命令,或者在工具栏中单击鼠标右键,在弹出的快捷菜单中选择"自定义"命令,弹出"自定义"对话框。

步骤 2:打开"自定义"对话框中的"命令"选项卡,如图 6.5.7 所示。

图 6.5.7 "命令"选项卡

步骤 3:在"类别"选项区中选择某个工具栏后,会在右侧的"按钮"选项区中出现该工具栏中的所有命令按钮。

步骤 4:在"按钮"选项区中选择需要添加的命令按钮,按住鼠标左键不放,将按钮拖动至用户界面的工具栏中,松开鼠标左键;也可以选择窗口工具栏中已有的命令按钮,按住鼠标左键不放,将按钮拖动至绘图区,此命令按钮将从工具栏中去除。

步骤 5:单击"自定义"对话框中的"确定"按钮,完成命令按钮的添加。

下面以在零件模块中添加"拔模"特征为例进行说明。

步骤 1:选择菜单栏中的"工具"→"自定义"命令,系统弹出"自定义"对话框。

步骤 2:打开"自定义"对话框中的"命令"选项卡。

步骤 3:在"类别"选项区中选择"特征"工具栏,在"按钮"选项区中选择"拔模"特征图标,如图 6.5.8 所示。

步骤 4:按住鼠标左键不放,将按钮拖动至用户界面的工具栏中,松开鼠标左键,"拔模"特征即被添加到工具栏中,如图 6.5.9 所示。

图 6.5.8　选择定义的特征图标

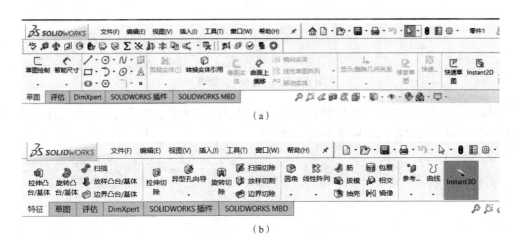

（a）

（b）

图 6.5.9　特征按钮放置

（a）特征按钮放置前　（b）特征按钮放置后

6.5.3　设置快捷键

在 SolidWorks 中除了使用菜单栏、工具栏、标准工具栏中的命令按钮外，为了提高设计工作的效率，还可以使用快捷键进行命令的调用。在 SolidWorks 中快捷键需要自定义设置，具体操作如下。

步骤 1：选择菜单栏中的"工具"→"自定义"命令，或在工具栏中单击鼠标右键，在弹出的快捷菜单中选择"自定义"命令，弹出"自定义"对话框。

步骤 2：打开"自定义"对话框中的"键盘"选项卡，出现如图 6.5.10 所示的"类别"选项和所包含的命令选项。

图 6.5.10　"键盘"选项卡

步骤 3：在"类别"选项中选择要进行快捷键设置的菜单名，在"命令"列中选择要进行快捷键设置的命令，如图 6.5.12 和图 6.5.13 所示。

图 6.5.11　选择设置快捷键的菜单名

图 6.5.12　选择设置快捷键的命令

步骤 4：在"快捷键"列中输入设置的快捷键，单击"自定义"对话框中的"确定"按钮，完成快捷键的添加。

下面以为"凸台"特征添加快捷键【Ctrl+L】为例进行说明，具体操作如下。

步骤 1：选择菜单栏中的"工具"→"自定义"命令，弹出"自定义"对话框。

步骤 2：打开"自定义"对话框中的"键盘"选项卡。

步骤 3：在"类别"选项中选择"插入"菜单，在"命令"列中选择"凸台"特征。

步骤 4：在"快捷键"列中输入设置的快捷键【Ctrl+L】。

步骤 5：单击"自定义"对话框中的"确定"按钮，完成快捷键的添加。

提示：在输入快捷键【Ctrl+L】时，要同时按住键盘上的【Ctrl】键和【L】键才能正确输入。

6.5.4　设置工作区域的背景颜色

在 SolidWorks 中,可以对用户界面的背景进行更改,以体现个性化的用户界面,具体操作如下。

步骤 1:选择菜单栏中的"工具"→"选项"命令,弹出"系统选项"对话框,如图 6.5.13 所示。

步骤 2:在"系统选项"选项卡中选择"颜色"选项,如图 6.5.14 所示。

图 6.5.13　"系统选项"对话框

图 6.5.14　"系统选项"选项卡

步骤 3：在"系统选项"对话框右侧的"颜色方案设置"中选择"视区背景"，然后单击"编辑"按钮。

步骤 4：选择想设置的颜色，然后单击"确定"按钮，完成背景颜色的设置。

下面对"背景外观"的四个选项进行说明，以确保能够完全理解 SolidWorks 2016 中关于用户界面背景的设置。

（1）使用文档布置背景（推荐）：以系统自带的应用布景的场景和颜色作为视区背景，资源比较丰富，一般能够满足用户的常规需要。

（2）素色（视区背景颜色在上）：使用用户设置的视区背景颜色作为背景的颜色，选择素色后，背景为单一颜色。

（3）渐变（顶部 / 底部渐变颜色在上）：需要先设置顶部渐变颜色和底部渐变颜色，选择渐变后，背景顶部和底部的颜色由两种不同的颜色渐变而来。

（4）图像文件：以图案作为背景，需要选择一张图像作为背景素材，可选择图像的格式有很多种。

6.5.5   设置模型颜色

在 SolidWorks 中，默认的实体图形颜色为灰色，但是在零件和装配体中，为了区分某些几何元素、零部件，为了让模型的显示更具层次感等，通常会对模型进行单独着色。图 6.5.15 和图 6.5.16 所示为系统默认颜色和对实体进行着色后的颜色效果。

图 6.5.15   默认颜色图

图 6.5.16   着色图

下面以模型为例讲解模型着色的操作步骤。

1. 设置零件颜色

步骤 1：在特征管理设计树中用鼠标右键单击零件，在弹出的快捷菜单中选择"外观"命令，在弹出的下拉列表中选择"零件 1"，如图 6.5.17 所示。

步骤 2：系统弹出"颜色"属性管理器，在"颜色"属性管理器的"所选几何体"选项卡的"零件"中出现"零件 1.SLDPRT"，如图 6.5.18 所示，表明零件已被选中。

步骤 3：在"颜色"选项卡中选择要设置的颜色。

步骤 4：单击对话框中的"确定"按钮，完成零件的着色，此时的模型状态如图 6.5.19 所示。

图 6.5.17　选择零件

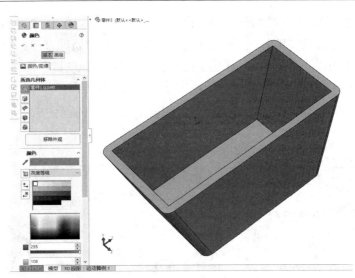

图 6.5.18　选中图

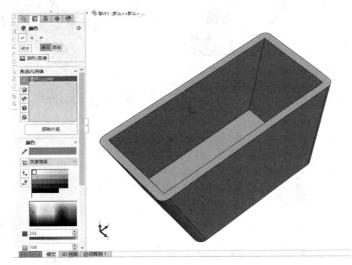

图 6.5.19　零件着色

2. 设置特征颜色

步骤 1：在特征管理设计树中用鼠标右键单击模型的"凸台 - 拉伸 1"特征，在弹出的快捷菜单中选择"外观"命令，在弹出的下拉列表中选择"凸台 - 拉伸 1"，如图 6.5.20 所示。

步骤 2：系统弹出"颜色"属性管理器，在"颜色"属性管理器的"所选几何体"选项卡的"特征"中出现"凸台 - 拉伸 1"，表明凸台特征已被选中。

步骤 3：在"颜色"选项卡中选择要设置的颜色。

步骤 4：单击对话框中的"确定"按钮，完成特征的着色，此时的模型状态如图 6.5.21 所示。

3. 设置几何面颜色

步骤 1：在绘图区的模型上用鼠标右键单击模型几何面，在弹出的快捷菜单中选择"外观"

命令,在弹出的下拉列表中选择"面 <1>@ 抽壳 1",如图 6.5.21 所示。

　　步骤 2:系统弹出"颜色"属性管理器,在"颜色"属性管理器的"所选几何体"选项卡的"选取面"中出现"面 <1>",如图 6.5.22 所示,表明几何面已被选中。

　　步骤 3:在"颜色"选项卡中选择要设置的颜色。

　　步骤 4:单击对话框中的"确定"按钮,完成几何面的着色,此时的模型状态如图 6.5.23 所示。

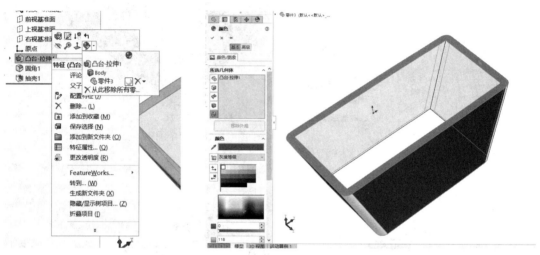

图 6.5.20　选择特征　　　　　　　　　　　图 6.5.21　特征着色

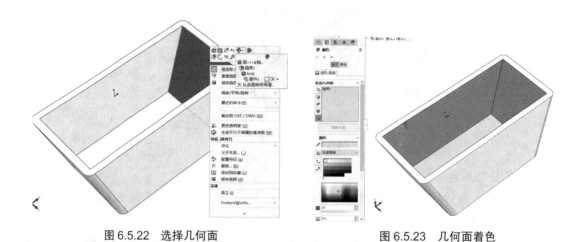

图 6.5.22　选择几何面　　　　　　　　　　图 6.5.23　几何面着色

提示:还可以通过标准工具栏中的"外观"按钮进入"颜色"属性管理器,然后进行着色对象的选择。

6.5.6　设置模型显示

在 SolidWorks 中,还可以对模型的显示特性进行个性化设置或按照使用要求设置。图 6.5.24 所示为系统默认模型的显示效果和对模型进行设置之后的显示效果。

对模型的显示状态进行设置的操作如下。

步骤 1:选择菜单栏中的"工具"→"选项"命令,弹出"系统选项"对话框,在"系统选项"选项卡中选中"显示 / 选择"选项,在右侧弹出如图 6.5.25 所示的系统参数。

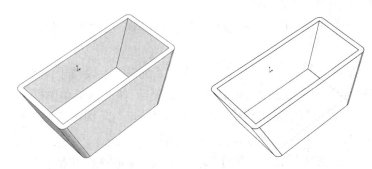

图 6.5.24　系统默认模型效果

图 6.5.25　系统参数

步骤 2:对图 6.5.25 中的系统参数进行必要的设置,单击"系统选项"对话框中的"确定"按钮完成模型显示的设置。

6.5.7 设置单位和精度

由于使用人、使用单位、使用国家不同,在绘制模型前,需要对模型的绘制单位进行设置,以确保绘制出的模型零件符合指定的尺寸单位。

在 SolidWorks 中,默认的单位系统为 MMGS(毫米、克、秒),同样也可以对其他文档类型的单位系统和尺寸单位进行自定义设置。

以更改模型的单位系统为 MKS(米、公斤、秒)、模型的尺寸精度为 0.001 为例,来讲解 SolidWorks 的单位和精度的设置步骤。

步骤 1:选择菜单栏中的"工具"→"选项"命令,打开弹出的"系统选项"对话框的"文档属性"选项卡。

步骤 2:选中"单位"选项,右侧弹出相关的单位系统设置参数,如图 6.5.26 所示。

步骤 3:在"单位系统"选项区中选中"MKS(米、公斤、秒)(M)"单选框。

步骤 4:在"单位系统"的参数表中单击对应于"长度"的"小数"文本框,如图 6.2.27 所示,将精度设置为".123",表明小数点后留有 3 位小数。

步骤 5:单击"系统选项"对话框中的"确定"按钮,完成单位和精度的设置,如图 6.5.27 所示。

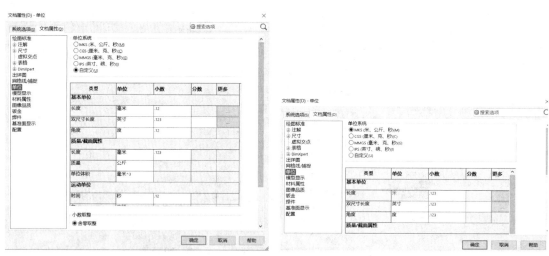

图 6.5.26　设置单位系统　　　　图 6.5.27　确定小数位数

6.6　SolidWorks 的基本操作

在初步接触 SolidWorks 后,还需要熟练掌握软件的各项基本操作,包括视图定向、视图显示方式、视图(前导)、模型定位特征等。

6.6.1　视图定向

对视图进行定向的具体操作步骤如下。

单击标准视图工具栏中的"视图定向"按钮,系统弹出如图
6.6.1 所示的标准视图工具栏。

其中:前视图、后视图、左视图、右视图、上视图、下视图、正视

图 6.6.1　标准视图工具栏

图、等轴侧、上下二等角轴侧、左右二等角轴侧在标准视图工具栏中已有体现,可以自行操作查
看视图效果。

单一视图、二视图(水平)、二视图(竖直)及四视图的视图效果如图 6.6.2 所示。

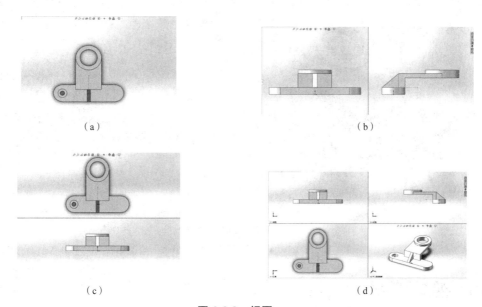

（a）　　　　　　　　　　　　　　　　　（b）

（c）　　　　　　　　　　　　　　　　　（d）

图 6.6.2　视图

（a）单一视图　（b）二视图（水平）　（c）二视图（竖直）　（d）四视图

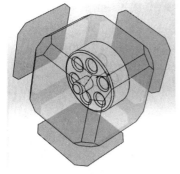

图 6.6.3　视图几何面

连接视图:用于连接视图窗口中的所有视图,进行同步移
动和旋转操作。

视图选择器:用于显示或隐藏关联内视图选择器,从各种
正视和非正视视图方向中进行选择,将鼠标光标移动到如图
6.6.3 所示的模型几何面上单击,视图会自动以选择的几何面
正视于屏幕。

> **提示:**也可以选择其他几何元素,系统会根据选择的元素对
> 视图进行自行调整。

6.6.2　视图显示方式

在 SolidWorks 中,可以使模型中以不同的显示状态显示。在设计过程中,也需要对不同

的显示状态进行切换,以便设计者能够全面地查看模型特征,保证设计的准确性和高效性。视图的显示方式主要有以下五种。

（1）带边线上色:按下该工具按钮,模型会以带边线和上色状态显示。

（2）上色:按下该工具按钮,模型会以上色状态显示。

（3）消除隐藏线:按下该工具按钮,模型会使隐藏线消除。

（4）隐藏线可见:按下该工具按钮,模型会使隐藏线以浅灰色线条显示。

（5）线架图:按下该工具按钮,模型会使所有模型线条以实线显示。

以上五种显示方式的显示效果如图 6.6.4 所示。

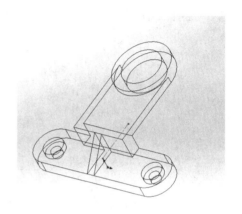

（a）　　　　　　　　　　　　　　　　　　　　　　（b）

图 6.6.4　显示效果

（a）上色　（b）线架图

6.6.3　视图（前导）

在 SolidWorks 中有一个非常实用且方便操作的工具——视图（前导）工具,如图 6.6.5 所示。它位于绘图区上方的中间位置。

图 6.6.5　视图（前导）工具

默认的视图（前导）工具面板包含以下功能。

（1）整屏显示全图:将所有零件或装配体全屏显示。

（2）局部放大:对局部位置进行放大查看。

（3）上一视图:查看上一个视图的显示状态。

（4）剖视图:对零件或装配体进行剖视查看。

（5）视图定向:包含视图定向的所有工具,如图 6.6.6 所示。

（6）视图显示方式:对模型进行视图显示方式的设置,显示样式如图 6.6.7 所示。

图 6.6.6　扩展工具

图 6.6.7　显示样式

（7）隐藏 / 显示项目：将模型中的其他元素，包括基准、草图、约束等隐藏或显示，使模型视图不致因显示元素过多而显得杂乱，又能提高绘图效率，如图 6.6.8 所示。

（8）编辑外观：对模型进行颜色设置。

（9）应用布景：包含系统自带的所有背景布景。

（10）视图设定：对模型的显示效果进行设定，视图设定如图 6.6.9 所示。

图 6.6.8　隐藏 / 显示项目

图 6.6.9　视图设定

> 提示：还可以对视图（前导）工具进行个性化设置，增加其他工具或对工具的排列顺序进行调整等，设置方法与设置工具栏相同。

6.6.4　模型定位特征

模型定位特征包括：参考点、基准坐标系、基准轴、基准面。其中基准坐标系是其他三者的基础。在 SolidWorks 中，新建零件模型时都会建立默认的基准坐标系、基准面和基准原点。在其他模块，如装配体、钣金、工程图的工作环境中也都有默认的基准坐标系、基准面和基准原点。

1. 参考点

参考点是一个几何元素，不但可以辅助创建其他的参考基准，本身也可以用作参考基准。单击参考几何体工具栏中的"参考点"按钮，或者选择菜单栏中的"插入"→"参考几何体"→"点"命令,会弹出如图6.6.10所示的"点"对话框。

对"点"对话框的说明如下。

(1)选择整圆或圆弧,系统会以其圆心作为参考点,如图6.6.11所示

(2)选择几何面,系统会以面轮廓的重心作为参考点,如图6.6.12所示。

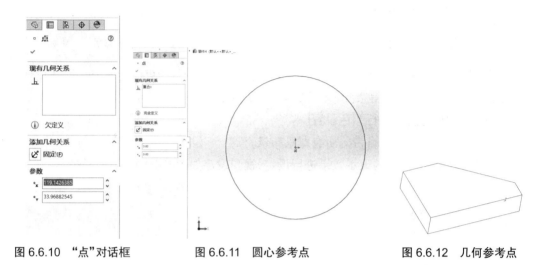

图6.6.10 "点"对话框　　　图6.6.11 圆心参考点　　　图6.6.12 几何参考点

(3)以两个实体交叉处为参考点,实体可以为曲线、特征边线、草绘线、参考轴线等,如图6.6.13所示。

(4)选择一个点作为投影对象,此点可以为边线端点、特征几何点、草绘线端点等,然后选择要进行投影的面,该面可以为平面、曲面、基准面等。这样就在投影面上生成以投影对象为投影的参考点,如图6.6.14所示。

(5)沿曲线、边线、草绘线定义一定的距离生成参考点,如图6.6.15所示。创建方式有三种,按距离、按百分比、均匀分布。

图6.6.13 实体交叉参考点　　　图6.6.14 投影对象点　　　图6.6.15 距离创建参考点

2.基准坐标系

在SolidWorks中坐标系的作用主要是定位参考、创建其他参考基准、计算模型质量和体积、划分网格等。

单击参考几何体工具栏中的"坐标系"按钮,或者选择菜单栏中的"插入"→"参考几何体"→"坐标系"命令,会弹出如图6.6.16所示的"坐标系"对话框。

对"坐标系"对话框的说明如下。

（1）原点：可以选择边线端点、特征几何点、草绘线端点等作为基准坐标系的原点。

（2）X 轴、Y 轴、Z 轴：用来定义坐标系的方向。可以选择边线、直线或平面等，如图 6.6.17 所示。

图 6.6.16　"坐标系"对话框

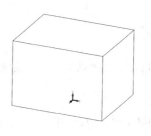

图 6.6.17　坐标轴

（3）反向：用来改变 X 轴、Y 轴、Z 轴的方向。

3. 基准轴

在 SolidWorks 中，基准轴可以被其他特征作为参考使用，基准轴没有长度的概念。

单击参考几何体工具栏中的"基准轴"按钮，或者选择菜单栏中的"插入"→"参考几何体"→"基准轴"命令，会弹出如图 6.6.18 所示的"基准轴"对话框。

对"基准轴"对话框的说明如下。

（1）以现有特征的边线、直线、草绘直线段或已存轴线为参考，创建基准轴，如图 6.6.19 所示。

（2）以两个相交平面或基准面的交线为参考，创建基准轴，如图 6.6.20 所示。

图 6.6.18　"基准轴"对话框

图 6.6.19　基准轴参考

图 6.6.20　创建基准轴

（3）选择两个现有点，可以为特征的顶点、直线或曲线端点、特殊点、基准点等。以两个点作为参考，两个点的连线可用来创建基准轴，如图 6.6.21 所示。

（4）选择一个圆柱面或圆锥面，系统自动以该圆柱面或圆锥面的轴线作为参考，创建基准轴,如图 6.6.22 所示。

（5）选择一个点和一个面,以点到面的最短距离作为参考,创建基准轴,如图 6.6.23 所示。

　　图 6.6.21　基准轴 1　　　　　图 6.6.22　基准轴 2　　　　　图 6.6.23　基准轴 3

4. 基准面

在 SolidWorks 中,基准面是无限延伸的平面,可以作为草图绘制的平面、特征放置平面、参考平面,在工程图和草图中可以作为标注基准,在装配体中还可以作为装配基准。进入 SolidWorks 零件模块后,系统会自动创建前视图、上视图、右视图这三个正交基准面。

单击参考几何体工具栏中的“基准面”按钮,或者选择菜单栏中的“插入”→“参考几何体”→“基准面”命令,会弹出如图 6.6.24 所示的“基准面”对话框。

创建基准面需具备两个条件:几何参考和约束条件。“基准面”对话框提供了三个参考选择框。当在模型中选中一个基准面为几何参考后,系统默认为第一参考,同时,对话框中显示出约束条件,用来对生成的基准面进行定位约束。

图 6.6.24　“基准面”对话框

第7章 草图绘制

7.1 基础知识

在使用"草图绘制"命令前,首先要了解草图绘制的基本概念,以更好地掌握草图绘制和草图编辑的方法。本节主要介绍草图的基本操作,认识草图工具栏,熟悉绘制草图时光标的显示状态。

7.1.1 进入草图绘制状态

草图必须绘制在平面上,平面既可以是基准面,也可以是三维模型中的平面。初始进入草图绘制状态时,系统默认有三个基准面:前视基准面、右视基准面和上视基准面,如图7.1.1所示。由于没有其他平面,因此零件的初始草图绘制是从系统默认的基准面开始的。

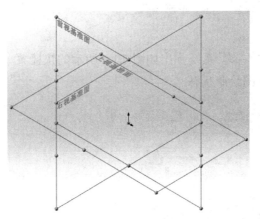

图 7.1.1　系统默认的三个基准面

图7.1.2所示为常用的草图工具栏,工具栏中有草图绘制、编辑草图及其他相关命令的按钮。

图 7.1.2　草图工具栏

绘制草图既可以先指定绘制草图的平面,也可以先选择草图绘制实体,具体根据实际情况灵活运用。进入草图绘制状态的操作方法如下。

（1）在 FeatureManager 设计树中选择要绘制草图的基准面，即前视基准面、右视基准面和上视基准面中的一个。

（2）单击标准视图工具栏中的"正视于"按钮 ⊥，使基准面旋转到正视于绘图者的方向。

（3）单击草图工具栏中的"草图绘制"按钮 ⌐，进入草图绘制状态。

7.1.2　退出草图绘制状态

零件是由多个特征组成的，有些特征需要由一个草图生成，有些需要由多个草图生成，如扫描实体、放样实体等。绘制草图后既可立即建立特征，也可以退出草图绘制状态再绘制其他草图，然后建立特征。退出草图绘制状态的方法主要有以下几种，下面分别进行介绍，在实际使用中要灵活运用。

1. 菜单方式

绘制草图后，选择菜单栏中的"插入"→"退出草图"命令，如图 7.1.3 所示，退出草图绘制状态。

2. 工具栏命令按钮方式

单击草图工具栏中的"退出草图"按钮，或者单击标准工具栏中的"重建模型"按钮，退出草图绘制状态。

3. 快捷菜单方式

在绘图区域单击鼠标右键，系统弹出如图 7.1.4 所示的快捷菜单，在其中用鼠标左键选择"退出草图"选项，退出草图绘制状态。

图 7.1.3　以菜单方式退出草图绘制状态

图 7.1.4　快捷菜单

4.绘图区域退出图标方式

在进入草图绘制状态的过程中,在绘图区域右上角会出现如图 7.1.5 所示的草图提示图标。单击"退出草图"图标，确认绘制的草图,并退出草图绘制状态。

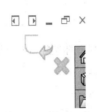

图 7.1.5　草图提示图标

7.1.3　光标

在 SolidWorks 中,绘制草图实体或者编辑草图实体时,光标会根据所选择的命令在绘图时变为相应的光标。而且 SolidWorks 软件提供了自动判断绘图位置的功能,在执行命令时,可以自动寻找端点、中心点、圆心、交点、中点及其上的任意点,这样就提高了鼠标定位的准确性和快速性,提高了绘制图形的效率。

执行不同的命令时,光标会在不同的草图实体及特征实体上显示不同的光标,光标既可以在草图实体上,也可以在特征实体上。特征实体上的光标只能在绘图平面的实体边缘产生。

以下为常见的光标。

（1）"点"光标：执行"绘制点"命令时显示的光标。

（2）"线"光标：执行"绘制直线"或者"绘制中心线"命令时显示的光标。

（3）"圆弧"光标：执行"绘制圆弧"命令时显示的光标。

（4）"圆"光标：执行"绘制圆"命令时显示的光标。

（5）"椭圆"光标：执行"绘制椭圆"命令时显示的光标。

（6）"抛物线"光标：执行"绘制抛物线"命令时显示的光标。

（7）"样条曲线"光标：执行"绘制样条曲线"命令时显示的光标。

（8）"矩形"光标：执行"绘制矩形"命令时显示的光标。

（9）"多边形"光标：执行"绘制多边形"命令时显示的光标。

（10）"草图文字"光标：执行"草图文字"命令时显示的光标。

（11）"剪裁草图实体"光标：执行"剪裁草图实体"命令时显示的光标。

（12）"延伸草图实体"光标：执行"延伸草图实体"命令时显示的光标。

（13）"分割草图实体"光标：执行"分割草图实体"命令时显示的光标。

（14）"标注尺寸"光标：执行"标注尺寸"命令时显示的光标。

（15）"圆周阵列草图"光标：执行"圆周阵列草图"命令时显示的光标。

（16）"线性阵列草图"光标：执行"线性阵列草图"命令时显示的光标。

7.2 草图命令

7.2.1 绘制点

点在模型中只起参考作用,不影响三维建模的外形,执行"绘制点"命令后,在绘图区域中的任何位置都可以绘制点。

1. 属性设置

单击草图工具栏中的"点"按钮▫,或者选择菜单栏中的"工具"→"草图绘制实体"→"点"命令,打开"点"属性管理器,如图7.2.1所示。下面具体介绍各参数的设置。

1)现有几何关系

几何关系⊥显示草图绘制过程中自动推理或使用"添加几何关系"命令手工生成的几何关系,当在列表中选择一个几何关系时,图形区域中的标注将高亮显示。

信息:显示所选草图实体的状态,通常有欠定义、完全定义等。

2)添加几何关系

列表中显示的是可以添加的几何关系,单击需要的选项即可添加。单击常用的几何关系可将其设为固定几何关系。

3)参数

(1) ⋅ˣ X 坐标:在其后面的文本框中输入点的 X 坐标。

(2) ⋅ʸ Y 坐标:在其后面的文本框中输入点的 Y 坐标。

2. 绘制点的操作方法

(1)选择合适的基准面,利用前面介绍的命令进入草图绘制状态。

(2)选择菜单栏中的"工具"→"草图绘制实体"→"点"命令,或者单击草图工具栏中的"点"按钮▫,鼠标光标变为"点"光标◥。

(3)在绘图区域需要绘制点的位置单击鼠标左键,确认绘制点的位置,此时"点"命令处于激活状态,可以继续绘制点。

(4)单击鼠标右键,弹出如图7.1.2所示的快捷菜单,选择"选择"命令,或者单击草图工具栏中的"退出草图"按钮↩,退出草图绘制状态。

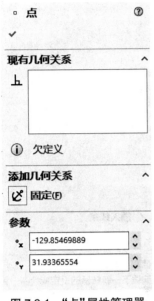

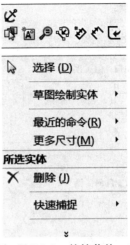

图 7.2.1 "点"属性管理器

图 7.2.2 快捷菜单

7.2.2 绘制直线

单击草图工具栏中的"直线"按钮☑,或者选择菜单栏中的"工具"→"草图绘制实体"→"直线"命令,打开"线条属性"管理器,如图 7.2.3 所示。

下面具体介绍各参数的设置。

1."方向"选项区(图 7.2.4)

(1)按绘制原样:以鼠标指定的点绘制直线,选择该选项绘制直线时,鼠标光标附近出现"任意直线"图标符号╱。

(2)水平:以指定的长度在水平方向绘制直线,选择该选项绘制直线时,鼠标光标附近出现"水平直线"图标符号▭。

(3)竖直:以指定的长度在竖直方向绘制直线,选择该选项绘制直线时,鼠标光标附近出现"竖直直线"图标符号▯。

(4)角度:以指定的角度和长度绘制直线,选择该选项绘制直线时,鼠标光标附近出现"角度直线"图标符号╱。

2."选项"选项区

(1)作为构造线:绘制构造线。

(2)无限长度:绘制无限长度的直线。

(3)中点线:绘制带有中点的线段。

图 7.2.3　"线条属性"管理器　　　　图 7.2.4　"方向"选项区

　　直线通常有两种绘制方式,即拖动式和单击式。拖动式是在需绘制直线的起点按住鼠标左键开始拖动,直到直线的终点再放开;单击式是在需绘制直线的起点单击鼠标左键,然后在直线的终点单击鼠标左键。

7.2.3　绘制中心线

　　单击草图工具栏中的"中心线"按钮，或者选择菜单栏中的"工具"→"草图绘制实体"→"中心线"命令,打开"插入线条"属性管理器。中心线各参数的设置与直线相同,只是在"选项"选项区中默认勾选"作为构造线"选项。

　　绘制中心线命令的操作方法如下。

　　(1)在草图绘制状态下,选择菜单栏中的"工具"→"草图绘制实体"→"中心线"命令,或者单击草图工具栏中的"中心线"按钮，绘制中心线。

　　(2)在绘图区域单击鼠标左键确定中心线的起点 1,然后移动鼠标光标到图中合适的位置,图中的中心线为竖直直线,当光标附近出现符号时,即表示绘制竖直中心线,单击鼠标左键确定中心线的终点 2。

（3）在绘图区域单击鼠标右键,选择快捷菜单中的"选择"命令,退出中心线的绘制。

7.2.4　绘制圆

单击草图工具栏中的"圆"按钮◎或选择"工具"→"草图绘制实体"→"圆"命令,打开"圆"属性管理器。圆的绘制方式有中心圆和周边圆两种,当以某一种方式绘制圆以后,"圆"属性管理器如图 7.2.5 所示。

1. 属性设置

下面具体介绍各参数的设置。

1）"圆类型"选项区

（1）⊙ 圆:绘制基于中心的圆。

（2）◌ 周边圆:绘制基于周边的圆。

2）其他选项组和"参数"设置区

可以参考直线进行设置。

2. 绘制中心圆的操作方法

（1）在草图绘制状态下,选择菜单栏中的"工具"→"草图绘制实体"→"圆"命令,或者单击草图工具栏中的"圆"按钮 ⊙ ,开始绘制圆。

（2）在"圆类型"选项区中单击"绘制基于中心的圆"按钮 ⊙ ,在绘图区域中合适的位置单击鼠标左键确定圆的圆心,如图 7.2.6 所示。

（3）移动鼠标拖出一个圆,然后单击鼠标左键,确定圆的半径,如图 7.2.7 所示。

（4）单击"圆"属性管理器中的"确定"按钮☑,完成圆的绘制,结果如图 7.2.8 所示。

图 7.2.5　"圆"属性管理器

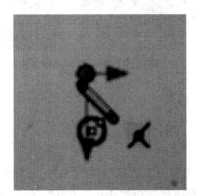

图 7.2.6　绘制圆心

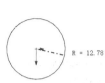

图 7.2.7　绘制圆的半径　　　　　　　　　　　图 7.2.8　绘制的圆

3. 绘制周边圆的操作方法

（1）在草图绘制状态下,选择菜单栏中的"工具"→"草图绘制实体"→"圆"命令,或者单击草图工具栏中的"圆"按钮◎,开始绘制圆。

（2）在"圆类型"选项区中单击"绘制基于周边的圆"按钮,在绘图区域中合适的位置单击鼠标左键确定圆上的一点,如图 7.2.9 所示。

（3）拖动鼠标光标到绘图区域中合适的位置,单击鼠标左键确定周边圆上的另一点,如图 7.2.10 所示。

（4）继续拖动鼠标光标到绘图区域中合适的位置,单击鼠标左键确定周边圆上的第三点,如图 7.2.11 所示。

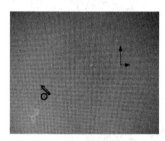
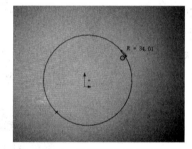
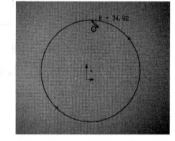

图 7.2.9　绘制周边圆上的一点　　图 7.2.10　绘制周边圆的第二点　　图 7.2.11　绘制周边圆的第三点

（5）单击"圆"属性管理器中的"确定"按钮,完成圆的绘制。

7.2.5　绘制圆弧

单击草图工具栏中的"圆心/起/终点画弧"按钮、"切线弧"按钮或"3 点圆弧"按钮,或者选择菜单栏中的"工具"→"草图绘制实体"→"圆心/起/终点画弧""切线弧"或"3点圆弧"命令,打开"圆弧"属性管理器,如图 7.2.12 所示。

1. 属性设置

下面具体介绍各参数的设置。

1）"圆弧类型"选项区

（1）圆心/起/终点画弧:以圆心/起/终点画弧方式绘制圆弧。

（2）切线弧：以切线弧方式绘制圆弧。

（3）3 点圆弧：以 3 点圆弧方式绘制圆弧。

2）"参数"选项区

可以参考绘制中心圆的参数设置方法进行设置。

图 7.2.12　"圆弧"属性管理器

2. 圆心 / 起 / 终点画弧方式的操作方法

（1）在草图绘制状态下,选择菜单栏中的"工具"→"草图绘制实体"→"圆心 / 起 / 终点画弧"命令,或者单击草图工具栏中的"圆心 / 起 / 终点画弧"按钮,开始绘制圆弧。

（2）在绘图区域单击鼠标左键确定圆弧的圆心,如图 7.2.13 所示。

（3）在绘图区域中合适的位置单击鼠标左键确定圆弧的起点,如图 7.2.14 所示。

（4）在绘图区域中合适的位置单击鼠标左键确定圆弧的终点,如图 7.2.15 所示。

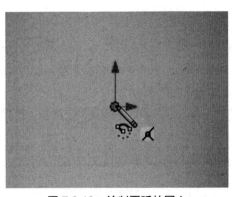

图 7.2.13　绘制圆弧的圆心

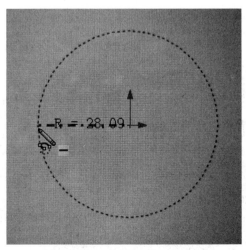

图 7.2.14　绘制圆弧的起点

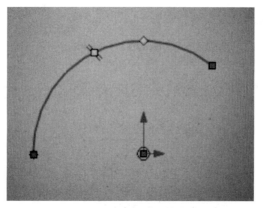

图 7.2.15　绘制圆弧的终点

（5）单击"圆弧"属性管理器中的"确定"按钮☑,完成圆弧的绘制。

3. 切线弧方式的操作方法

（1）在草图绘制状态下,选择菜单栏中的"工具"→"草图绘制实体"→"切线弧"命令,或者单击草图工具栏中的"切线弧"按钮 ，开始绘制切线弧,此时鼠标光标变为 。

（2）在已经存在的草图实体的端点处单击鼠标左键,本例以图 7.2.16 中直线的右端点为切线弧的起点。

（3）拖动鼠标光标到绘图区域中合适的位置单击鼠标左键确定切线弧的终点。

（4）单击"圆弧"属性管理器中的"确定"按钮☑,完成切线弧的绘制。

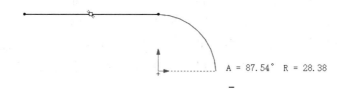

图 7.2.16　绘制切线弧

4.3 点圆弧方式的操作方法

（1）在草图绘制状态下,选择菜单栏中的"工具"→"草图绘制实体"→"3 点圆弧"命令,或者单击草图工具栏中的"3 点圆弧"按钮 ，开始绘制圆弧,此时鼠标光标变为 。

（2）在绘图区域单击鼠标左键确定圆弧的起点,如图 7.2.17 所示。

（3）拖动鼠标光标到绘图区域中合适的位置单击鼠标左键确认圆弧终点的位置,如图 7.2.18 所示。

（4）拖动鼠标光标到绘图区域中合适的位置单击鼠标左键确认圆弧中点的位置,如图 7.2.19 所示。

（5）单击"圆弧"属性管理器中的"确定"按钮☑,完成 3 点圆弧的绘制。

图 7.2.17　绘制圆弧的起点

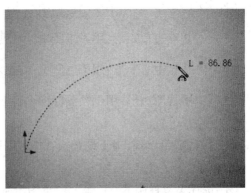

图 7.2.18　绘制圆弧的终点

7.2.6　绘制矩形

单击草图工具栏中的"矩形"按钮▢，或者选择菜单栏中的"工具"→"草图绘制实体"→"矩形"命令，打开"矩形"属性管理器，如图 7.2.20 所示。矩形有五种类型，分别是：边角矩形、中心矩形、3 点边角矩形、3 点中心矩形和平行四边形。

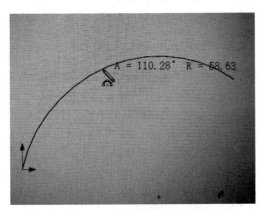

图 7.2.19　绘制圆弧的中点

图 7.2.20　"矩形"属性管理器

1. 属性设置

1)"矩形类型"选项区

(1) ▢ 边角矩形：用于绘制标准矩形草图。

（2）▣ 中心矩形：用于绘制包括中心点的矩形。

（3）◇ 3 点边角矩形：用于以所选的角度绘制矩形。

（4）◈ 3 点中心矩形：用于以所选的角度绘制带有中心点的矩形。

（5）▱ 平行四边形：用于绘制标准平行四边形草图。

2）"参数"设置区

X、Y 坐标成组出现，用于设置绘制矩形的四个点的坐标。

2. 绘制矩形的操作方法

（1）选择菜单栏中的"工具"→"草图绘制实体"→"矩形"命令，或者单击草图工具栏中的"矩形"按钮▢，此时鼠标光标变为 ▷。

（2）在系统弹出的"矩形"属性管理器的"矩形类型"选项区中选择绘制的矩形类型。

（3）在绘图区域中根据所选择的矩形类型绘制矩形。

（4）单击"矩形"属性管理器中的"确定"按钮☑，完成矩形的绘制。

7.2.7　绘制多边形

"多边形"命令用于绘制边的数量为 3~40 的等边多边形，单击草图工具栏中的"多边形"按钮◉，或者选择菜单栏中的"工具"→"草图绘制实体"→"多边形"命令，打开"多边形"属性管理器，如图 7.2.21 所示。

1. 属性设置

1）"选项"选项区

勾选"作为构造线"复选框，生成的多边形将作为构造线，取消勾选则为实体草图。

2）"参数"设置区

（1）⬡ 边数：在后面的文本框中输入多边形的边数，通常为 3~40。

（2）内切圆：以内切圆方式生成多边形。

（3）外接圆：以外接圆方式生成多边形。

（4）⬠ X 坐标置中：显示多边形中心的 X 坐标。

（5）⬠ Y 坐标置中：显示多边形中心的 Y 坐标。

（6）⬠ 圆直径：显示内切圆或外接圆的直径。

（7）⬚ 角度：显示多边形的旋转角度。

（8）新多边形：单击此按钮，可以绘制另外一个多边形。

图 7.2.21　"多边形"属性管理器

2. 绘制多边形的操作方法

（1）在草图绘制状态下，选择菜单栏中的"工具"→"草图绘制实体"→"多边形"命令，或者单击草图工具栏中的"多边形"按钮◎，此时鼠标光标变为 。

（2）在"多边形"属性管理器的"参数"设置区中，设置多边形的边数，选择是内切圆模式还是外接圆模式。

（3）在绘图区域单击鼠标左键，确定多边形的中心，拖动鼠标，在合适的位置单击鼠标左键，确定多边形的形状。

（4）在"参数"设置区中，设置多边形的圆心、圆直径及旋转角度。

（5）如果要继续绘制另一个多边形，单击"多边形"属性管理器中的"新多边形"按钮，然后重复上述步骤即可。

（6）单击"多边形"属性管理器中的"确定"按钮☑，完成多边形的绘制。

7.2.8　绘制椭圆与部分椭圆

椭圆是由中心点、长轴长度与短轴长度确定的，三者缺一不可。单击草图工具栏中的"椭圆"按钮◎，或者选择"工具"→"草图绘制实体"→"椭圆"命令，即可绘制椭圆，"椭圆"属性管理器如图 7.2.22 所示。

图 7.2.22　"椭圆"属性管理器

绘制椭圆的操作方法如下。

（1）在草图绘制状态下,选择菜单栏中的"工具"→"草图绘制实体"→"椭圆"命令,或者单击草图工具栏中的"椭圆"按钮⊘,此时鼠标光标变为 ⌖。

（2）在绘图区域中合适的位置单击鼠标左键,确定椭圆的中心。

（3）拖动鼠标,在鼠标光标附近会显示椭圆的长半轴长度 R 和短半轴长度 r。在图中合适的位置单击鼠标左键,确定椭圆的长半轴长度 R。

（4）继续拖动鼠标,在图中合适的位置单击鼠标左键,确定椭圆的短半轴长度 r。

（5）在"椭圆"属性管理器中,根据设计需要对中心坐标以及长半轴和短半轴长度进行修改。

（6）单击"椭圆"属性管理器中的"确定"按钮✔,完成椭圆的绘制。

7.2.9　绘制抛物线

单击草图工具栏中的"抛物线"按钮⋃,或者选择菜单栏中的"工具"→"草图绘制实体"→"抛物线"命令,即可绘制抛物线。"抛物线"属性管理器如图 7.2.23 所示。

图 7.2.23　"抛物线"属性管理器

绘制抛物线的操作方法如下。

（1）在草图绘制状态下,选择菜单栏中的"工具"→"草图绘制实体"→"抛物线"命令,或者单击草图工具栏中的"抛物线"按钮，此时鼠标光标变为。

（2）在绘图区域中合适的位置单击鼠标左键,确定抛物线的焦点。

（3）拖动鼠标,在图中合适的位置单击鼠标左键,确定抛物线的焦距。

（4）继续拖动鼠标,在图中合适的位置单击鼠标左键,确定抛物线的起点。

（5）继续拖动鼠标,在图中合适的位置单击鼠标左键,确定抛物线的终点,此时出现"抛物线"属性管理器,根据设计需要修改其中的参数。

（6）单击"抛物线"属性管理器中的"确定"按钮，完成抛物线的绘制。

7.2.10　添加草图文字

草图文字可以添加到任何连续曲线或边线组中,包括由直线、圆弧或样条曲线组成的圆或轮廓,可以执行拉伸或者剪切操作,可以插入文字。单击草图工具栏中的"文字"按钮，或者选择菜单栏中的"工具"→"草图绘制实体"→"文字"命令,弹出如图 7.2.24 所示的"草图文字"属性管理器,即可添加草图文字。

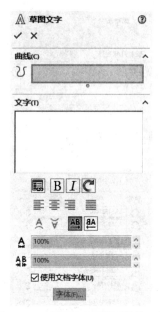

图 7.2.24 "草图文字"属性管理器

1.属性设置

下面具体介绍各参数的设置。

1)"曲线"选项区

边线、曲线、草图及草图线段:所选实体的名称显示在文本框中,添加的草图文字将沿实体出现。

2)"文字"参数区

(1)文字框:在文字框中键入文字,文字在图形区域中沿所选实体出现。如果没选取实体,文字从原点开始水平出现。

(2)样式:有三种样式,即 B(加粗)将输入的文字加粗; I(斜体)将输入的文字以斜体的方式显示; C(旋转)将选择的文字以设定的角度旋转。

(3)对齐:有四种样式,即 ≣(左对齐)、≣(居中)、≣(右对齐)和 ≣(两端对齐),对齐只可用于沿曲线、边线或草图线段的文字。

(4)旋转:有四种样式,即 ▲(竖直旋转)、Ⅴ(返回)、AB(水平旋转)和 BA(返回),其中竖直旋转只可用于沿曲线、边线或草图线段的文字。

(5) ▲ 宽度因子:按指定的百分比均匀加宽每个字符。

(6) AB 间距:按指定的百分比更改字符之间的间距。

(7)使用文档字体:勾选此复选框使用文档字体,取消勾选可以使用另一种字体。

(8)字体:单击此按钮弹出"选择字体"对话框,可以根据需要设置字体样式和大小。

2.添加草图文字的操作方法

(1)选择菜单栏中的"工具"→"草图绘制实体"→"文字"命令,或者单击草图工具栏中的

"文字"按钮，此时鼠标光标变为，弹出"草图文字"属性管理器。

（2）在绘图区域中选择一条边线、曲线、草图或草图线段，作为添加文字草图的定位线，此时所选择的线出现在"草图文字"属性管理器的"曲线"选项区中。

（3）在"草图文字"属性管理器的文字框中输入要添加的文字，此时添加的文字出现在绘图区域的曲线上。

（4）如果系统默认的字体不满足设计需要，取消勾选"草图文字"属性管理器中的"使用文档字体"复选框，然后单击"字体"按钮，在弹出的"选择字体"对话框中设置字体的属性。

（5）设置好字体的属性后，单击"选择字体"对话框中的"确定"按钮，然后单击"草图文字"属性管理器中的"确定"按钮，完成草图文字的添加。

7.3　草图编辑

草图绘制完毕后，需要对其进行编辑，以符合设计的要求。本节介绍常用的草图编辑工具，如绘制圆角、绘制倒角、剪裁草图实体、延伸草图实体、镜像草图实体、线性阵列草图实体、圆周阵列草图实体、等距实体、转换实体引用等。

7.3.1　绘制圆角

选择菜单栏中的"工具"→"草图工具"→"圆角"命令，或者单击草图工具栏中的"绘制圆角"按钮，弹出如图 7.3.1 所示的"绘制圆角"属性管理器，即可绘制圆角。

1. 属性设置

"圆角参数"设置区内容如下。

（1）圆角半径：指定绘制圆角的半径。

（2）保持拐角处约束条件：如果顶点具有尺寸或几何关系，勾选此选项将保留虚拟交点。

（3）标注每个圆角的尺寸：将尺寸添加到每个圆角。

图 7.3.1　"绘制圆角"属性管理器

2. 绘制圆角的操作方法

（1）在草图编辑状态下，选择菜单栏中的"工具"→"草图工具"→"圆角"命令，或者单击草图工具栏中的"绘制圆角"按钮□，弹出"绘制圆角"属性管理器。

（2）在"绘制圆角"属性管理器中，设置圆角的半径、拐角处的约束条件。

（3）单击鼠标左键选择图 7.3.2（a）中的直线。

（4）单击"绘制圆角"属性管理器中的"确定"按钮□，完成圆角的绘制，结果如图 7.3.2（b）所示。

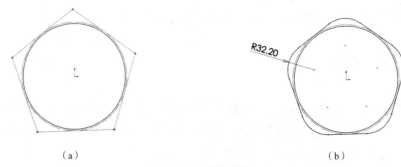

（a）   （b）

图 7.3.2　绘制圆角

（a）绘制前　（b）绘制后

7.3.2　绘制倒角

"绘制倒角"命令是将倒角应用到相邻的草图实体中，此工具在 2D 和 3D 草图中均可使用。选择菜单栏中的"工具"→"草图工具"→"倒角"命令，或者单击草图工具栏中的"绘制倒角"按钮□，弹出如图 7.3.3 所示的"绘制倒角"属性管理器。

1. 属性设置

"倒角参数"设置区内容如下。

（1）角度距离：以角度距离方式绘制倒角。

（2）距离-距离：以距离-距离方式绘制倒角。

（3）相等距离：勾选此复选框，将设置的值应用到两个草图实体中，取消勾选则为两个草图实体分别设置数值。

（4）□ 距离：设置第一个所选草图实体的距离。

图 7.3.3　"绘制倒角"属性管理器

2. 绘制倒角的操作方法

（1）在草图编辑状态下,选择菜单栏中的"工具"→"草图工具"→"倒角"命令,或者单击草图工具栏中的"绘制倒角"按钮⌐,弹出"绘制倒角"属性管理器。

（2）设置绘制倒角的方式,这里采用系统默认的距离 - 距离方式,在"距离" 文本框中输入 20.00 mm。

（3）单击鼠标左键选择图 7.3.4(a)中右上角的顶点。

（4）单击"绘制倒角"属性管理器中的"确定"按钮,完成倒角的绘制,结果如图 7.3.4(b)所示。

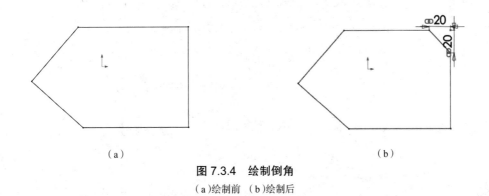

（a）　　　　　　　　　　　　　　　　　　（b）

图 7.3.4　绘制倒角

（a）绘制前　（b）绘制后

7.3.3　转折线

可在零件、装配体及工程图文件的 2D 或 3D 草图中将直线转折。转折线自动限定于与原始草图直线垂直或平行。

选择菜单栏中的"工具"→"草图工具"→"转折线"命令,弹出"转折线"属性管理器,如图 7.3.5 所示。

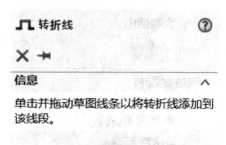

图 7.3.5　"转折线"属性管理器

生成转折线的操作方法如下。

（1）在草图编辑状态下，选择菜单栏中的"工具"→"草图工具"→"转折线"命令，弹出"转折线"属性管理器。

（2）单击一条直线进行转折，选择图 7.3.6（a）中多边形的一条边。

（3）移动鼠标来预览转折的宽度和深度。

（4）再次单击该直线即完成转折，结果如图 7.3.6（b）所示。

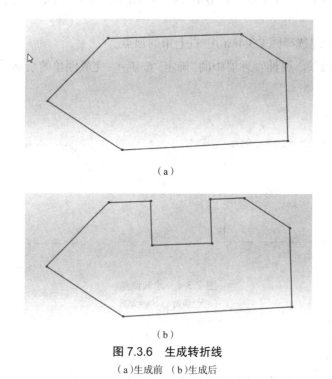

（a）

（b）

图 7.3.6　生成转折线
（a）生成前　（b）生成后

7.3.4　剪裁草图实体

"剪裁"命令是比较常用的草图编辑命令，剪裁类型可以为 2D 草图或在 3D 基准面上的 2D 草图。选择菜单栏中的"工具"→"草图工具"→"剪裁"命令，或者单击草图工具栏中的

"剪裁实体"按钮 ，系统弹出如图 7.3.7 所示的"剪裁"属性管理器。

1. 属性设置

1）"信息"显示区

显示剪裁操作的提示信息,用于选择要剪裁的实体。

2）"选项"选项区

（1） 强劲剪裁:通过将鼠标光标拖过草图实体来剪裁多个相邻的草图实体。

（2） 边角:剪裁两个草图实体,直到它们在虚拟边角处相交。

（3） 在内剪除:选择两个边界实体,剪裁位于两个边界实体内的草图实体。

（4） 在外剪除:选择两个边界实体,剪裁位于两个边界实体外的草图实体。

（5） 剪裁到最近端: 将一个草图实体剪裁到最近交叉实体端。

图 7.3.7　"剪裁"属性管理器

2. 剪裁草图实体的操作方法

（1）在草图编辑状态下,选择菜单栏中的"工具"→"草图工具"→"剪裁"命令,或者单击草图工具栏中的"剪裁实体"按钮 ,此时鼠标光标变为 ,弹出"剪裁"属性管理器。

（2）设置剪裁模式,在"选项"选项区中选择 剪裁到最近端模式。

（3）选择需要剪裁的草图实体,单击鼠标左键选择图 7.3.8(a)中多边形外侧的直线段。

（4）单击"剪裁"属性管理器中的"确定"按钮 ,完成草图实体的剪裁,如图 7.3.8(b)所示。

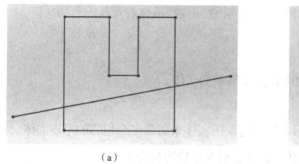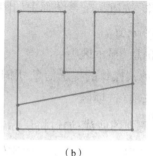

（a）　　　　　　　　　　　　　　　　（b）

图 7.3.8　剪裁草图实体

（a）剪裁前　（b）剪裁后

7.3.5　延伸草图实体

　　"延伸实体"命令可以将一个草图实体延伸至另一个草图实体。选择菜单栏中的"工具"→"草图工具"→"延伸"命令,或者单击草图工具栏中的"延伸实体"按钮█,执行"延伸草图实体"命令。

　　延伸草图实体的操作方法如下。

　　（1）在草图编辑状态下,选择菜单栏中的"工具"→"草图工具"→"延伸"命令,或者单击草图工具栏中的"延伸实体"按钮█,此时鼠标光标变为█。

　　（2）单击鼠标左键选择图 7.3.9（a）中左侧的水平直线,将其延伸,结果如图 7.3.9（b）所示。

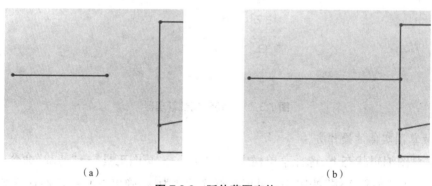

（a）　　　　　　　　　　　　　　　　（b）

图 7.3.9　延伸草图实体

（a）延伸前　（b）延伸后

7.3.6　分割草图实体

　　"分割实体"命令是将一个连续的草图实体分割为两个草图实体。反之,也可以删除一个分割点,将两个草图实体合并成一个草图实体。选择菜单栏中的"工具"→"草图工具"→"分割"命令,或者单击草图工具栏中的"分割实体"按钮█,执行"分割草图实体"命令。

　　分割草图实体的操作方法如下。

　　（1）在草图编辑状态下,选择菜单栏中的"工具"→"草图工具"→"分割"命令,或者单击草图工具栏中的"分割实体"按钮 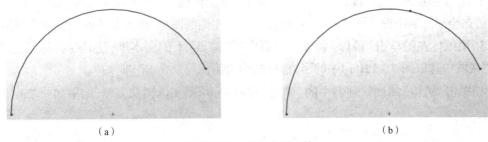，此时鼠标光标变为 。

（2）确定添加分割点的位置，用鼠标左键单击图 7.3.10（a）中圆弧的适当位置，添加一个分割点，将圆弧分为两部分，结果如图 7.3.10（b）所示。

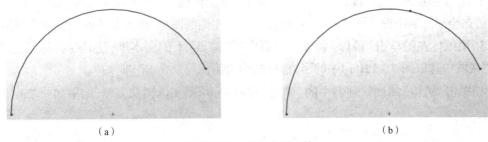

（a）　　　　　　　　　　　　　　　（b）

图 7.3.10　分割草图实体

（a）分割前　（b）分割后

7.3.7　镜像草图实体

"镜像"命令适用于绘制对称的图形，镜像的对象为 2D 草图或在 3D 草图基准面上生成的 2D 草图。选择菜单栏中的"工具"→"草图工具"→"镜像"命令，或者单击草图工具栏中的"镜像实体"按钮 ，"镜像"属性管理器如图 7.3.11 所示。

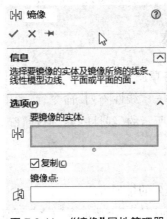

图 7.3.11　"镜像"属性管理器

1. 属性设置

1）"信息"显示区

提示选择要镜像的实体、镜像点以及是否复制原镜像实体。

2）"选项"选项区

（1）要镜像的实体：选择要镜像的草图实体，所选择的实体出现在 后的文本框中。

（2）复制：勾选此复选框可以保留原始草图实体，并镜像草图实体，取消勾选则删除原始草图实体，并镜像草图实体。

（3）镜像点：选择边线或直线作为镜像点，所选择的对象出现在 后的显示框中。

2. 镜像草图实体的操作方法

（1）在草图编辑状态下，选择菜单栏中的"工具"→"草图工具"→"镜像"命令，或者单击草图工具栏中的"镜像实体"按钮▥，系统弹出"镜像"属性管理器。

（2）用鼠标左键单击"镜像"属性管理器中"要镜像的实体"下的文本框，使其变为粉红色，然后在绘图区域中框选图 7.3.12（a）中竖直直线左侧的图形，作为要镜像的原始草图实体。

（3）用鼠标左键单击"镜像"属性管理器中"镜像点"下的文本框，使其变为粉红色，然后在绘图区域中选取图 7.3.12（a）中的竖直直线，作为镜像点。

（4）单击"镜像"属性管理器中的"确定"按钮☑，草图实体镜像完毕，结果如图 7.3.12（b）所示。

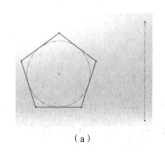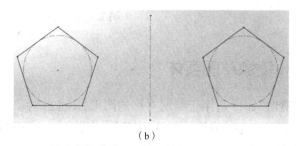

（a）　　　　　　　　　　　　　　　　　　（b）

图 7.3.12　镜像草图实体

（a）镜像前　（b）镜像后

7.3.8　线性阵列草图实体

"线性草图阵列"命令就是将草图实体沿一个或者两个轴复制生成多个排列图形。选择菜单栏中的"工具"→"草图工具"→"线性阵列"命令，或者单击草图工具栏中的"线性草图阵列"按钮▦，系统弹出如图 7.3.13 所示的"线性阵列"属性管理器。

1. 属性设置

1）"方向 1"设置区

（1）▨反向：可以改变线性阵列的排列方向。

（2）▨间距：线性阵列 X、Y 轴相邻两个特征参数之间的距离。

（3）标注 X 间距：勾选此复选框，形成线性阵列后，在草图上自动标注特征尺寸。

（4）▨数量：经过线性阵列后草图最后形成的总个数。

（5）▨角度：线性阵列的方向与 X、Y 轴之间的夹角。

2）"方向 2"设置区

"方向 2"设置区中的各参数与"方向 1"设置区相同，用来设置方向 2 的各个参数，勾选"在轴之间标注角度"复选框，将自动标注方向 1 和方向 2 的尺寸，取消勾选则不标注。

2. 线性阵列草图实体的操作方法

（1）在草图编辑状态下，选择菜单栏中的"工具"→"草图工具"→"线性阵列"命令，或者单击草图工具栏中的"线性草图阵列"按钮▦，弹出"线性阵列"属性管理器。

（2）在"线性阵列"属性管理器"要阵列的实体"中选取图 7.3.14 中的草图，其他设置如图 7.3.15 所示。

图 7.3.13 "线性阵列"属性管理器

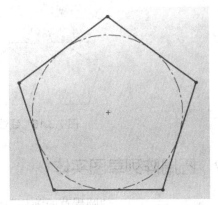

图 7.3.14 线性阵列草图实体前的图形

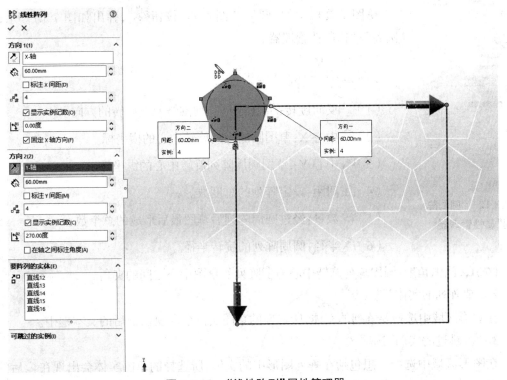

图 7.3.15 "线性阵列"属性管理器

（3）单击"线性阵列"属性管理器中的"确定"按钮☑，结果如图 7.3.16 所示。

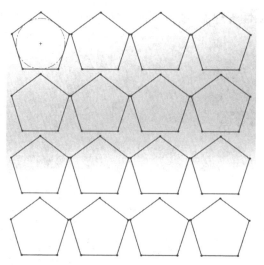

图 7.3.16 线性阵列草图实体后的图形

7.3.9 圆周阵列草图实体

图 7.3.17 "圆周阵列"属性管理器

"圆周草图阵列"命令就是将草图实体沿一个指定大小的圆弧进行环状阵列。选择菜单栏中的"工具"→"草图工具"→"圆周阵列"命令,或者单击草图工具栏中的"圆周草图阵列"按钮 ,弹出如图 7.3.17 所示的"圆周阵列"属性管理器。

1. 属性设置

1)"参数"设置区

(1) 反向旋转:草图圆周阵列围绕原点旋转的方向。

(2) 中心 X:草图圆周阵列旋转中心的横坐标。

(3) 中心 Y:草图圆周阵列旋转中心的纵坐标。

(4) 间距:设定阵列的总度数。

(5) 数量:经过圆周阵列后草图最后形成的总个数。

(6) 半径:圆周阵列的旋转半径。

(7) 圆弧角度:圆周阵列旋转中心与要阵列的草图中心之间的夹角。

2)"要阵列的实体"选项区

在图形区域中选择要阵列的实体,所选择的草图实体会出现在 后的文本框中。

3)"可跳过的实例"选项区

在图形区域中选择不想包括在阵列图形中的实体,所选择的草图实体会出现在 后的文本框中。

2. 圆周阵列草图实体的操作方法

（1）在草图编辑状态下，选择菜单栏中的"工具"→"草图工具"→"圆周阵列"命令，或者单击草图工具栏中的"圆周草图阵列"按钮，弹出"圆周阵列"属性管理器。

（2）在"圆周阵列"属性管理器"要阵列的实体"中选取图 7.3.18（a）中圆弧外的齿轮外齿草图，在"参数"设置区的 C_x、C_y 中输入原点的坐标值，中输入 6，中输入 360.00 度。

（3）单击"圆周阵列"属性管理器中的"确定"按钮，结果如图 7.3.18（b）所示。

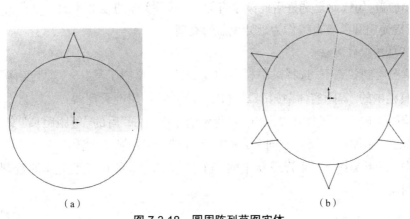

（a）　　　　　　　　　　　　　　　　（b）

图 7.3.18　圆周阵列草图实体

（a）圆周阵列前　（b）圆周阵列后

7.3.10　等距实体

"等距实体"命令是按指定的距离等距一个或者多个草图实体、所选模型边线或模型面，例如样条曲线或圆弧、模型边线组、环之类的草图实体。选择菜单栏中的"工具"→"草图工具"→"等距实体"命令，或者单击草图工具栏中的"等距实体"按钮，弹出如图 7.3.19 所示的"等距实体"属性管理器。

图 7.3.19　"等距实体"属性管理器

1. 属性设置

"参数"选项区内容如下。

（1）⟲等距距离：设定数值，以特定距离来等距实体。

（2）添加尺寸：勾选此复选框，为等距的实体添加等距距离的尺寸标注。

（3）反向：勾选此复选框，更改单向等距实体的方向，取消勾选，则按默认的方向进行。

（4）选择链：勾选此复选框，生成所有连续草图实体的等距。

（5）双向：勾选此复选框，在绘图区域中双向生成等距实体。

（6）顶端加盖：勾选此复选框后此菜单有效，在草图实体的顶部添加一个顶盖来封闭原有草图实体，可以使用圆弧或直线作为延伸顶盖的类型。

2. 等距实体的操作方法

（1）在草图绘制状态下，选择菜单栏中的"工具"→"草图工具"→"等距实体"命令，或者单击草图工具栏中的"等距实体"按钮⎚，弹出"等距实体"属性管理器。

（2）在绘图区域中选择如图 7.3.20（a）所示的草图，在⟲后的"等距距离"文本框中输入200.00 mm，勾选"添加尺寸"和"双向"复选框，其他选项采用默认设置。

（3）单击"等距实体"属性管理器中的"确定"按钮☑，完成等距实体的绘制，结果如图7.3.20（b）所示。

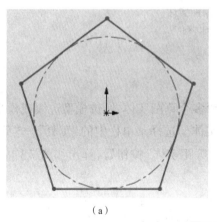
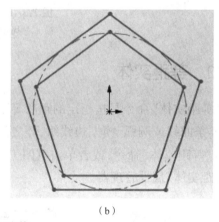

（a）　　　　　　　　　　　　　　　（b）

图 7.3.20　等距实体

（a）等距实体前　（b）等距实体后

7.3.11　转换实体引用

"转换实体引用"命令是将已有模型或者草图的边线、环、面、曲线、外部草图轮廓线、一组边线或一组草图曲线投影到草图基准面上，生成新的草图。使用该命令时，如果引用的实体发生改变，那么转换的草图实体也会相应地改变。

转换实体引用的操作方法如下。

（1）单击鼠标左键选择新建立的如图 7.3.21（a）所示的基准面 1，然后单击草图工具栏中的"草图绘制"按钮⎚，进入草图绘制状态。

（2）单击鼠标左键选择实体左侧的外边缘线。

（3）选择菜单栏中的"工具"→"草图工具"→"转换实体引用"命令,或者单击草图工具栏中的"转换实体引用"按钮 🔲,执行"转换实体引用"命令,结果如图 7.3.21（b）所示。

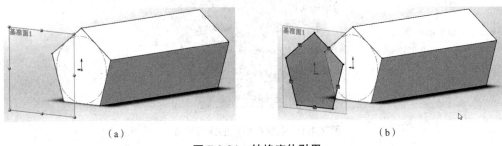

（a）   （b）

图 7.3.21 转换实体引用

（a）转换实体引用前 （b）转换实体引用后

7.4 尺寸标注

绘制完草图后,可以标注草图的尺寸。

7.4.1 线性尺寸

（1）单击尺寸 / 几何关系工具栏中的"智能尺寸"按钮 ⟨,或者选择菜单栏中的"工具"→"标注尺寸"→"智能尺寸"命令,也可以在图形区域中单击鼠标右键,然后在弹出的快捷菜单中选择"智能尺寸"命令。默认尺寸类型为平行尺寸。

（2）定位智能尺寸项目。移动鼠标光标时,智能尺寸会自动捕捉到最近的方位。当预览到想要显示的位置及类型时,可以单击鼠标右键锁定该尺寸。

（3）智能尺寸项目有下列几种。

①直线或者边线的长度:选择要标注的直线,拖动到标注的位置。

②直线之间的距离:选择两条平行的直线,或者一条直线和一条与其平行的模型边线。

③点到直线的垂直距离:选择一个点及一条直线或者模型的一条边线。

④点到点的距离:选择两个点,然后为每个尺寸选择不同的位置,生成如图 7.4.1 所示的距离尺寸。

（4）单击鼠标左键确定尺寸数值所要放置的位置。

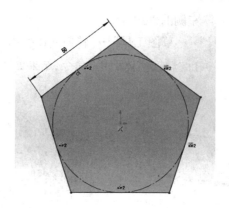

图 7.4.1　生成点到点的距离尺寸

7.4.2　角度尺寸

　　要生成两条直线之间的角度尺寸,可以先选择两条草图直线,然后为每个尺寸选择不同的位置。要在两条直线或者一条直线和一条模型边线之间放置角度尺寸,可以先选择两个草图实体,然后在其周围拖动鼠标光标,显示角度尺寸的预览。随着鼠标光标位置的改变,要标注的角度尺寸数值也会改变。

　　(1)单击尺寸 / 几何关系工具栏中的"智能尺寸"按钮 　。

　　(2)单击一条直线。

　　(3)单击另一条直线或者模型边线。

　　(4)拖动鼠标光标显示角度尺寸的预览。

　　(5)单击鼠标左键确定所需尺寸数值的位置,生成如图 7.4.2 所示的角度尺寸。

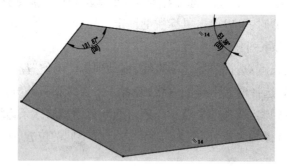

图 7.4.2　生成角度尺寸

7.4.3　圆形尺寸

　　以一定角度放置圆形尺寸,尺寸数值显示为直径尺寸。将圆形尺寸竖直或者水平放置,尺寸数值会显示为线性尺寸。如果要修改线性尺寸的角度,则单击该尺寸数值,然后拖动文字上的控标,尺寸以 15 的增量进行捕捉。

　　(1)单击尺寸 / 几何关系工具栏中的"智能尺寸"按钮 　。

（2）选择圆形。

（3）拖动鼠标光标显示圆形尺寸的预览。

（4）单击鼠标左键确定所需尺寸数值的位置,生成如图 7.4.3 所示的圆形尺寸。

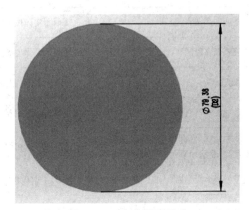

图 7.4.3　生成圆形尺寸

7.4.4　修改尺寸

要修改尺寸,可以双击草图的尺寸,在弹出的"修改"属性管理器中进行设置,如图 7.4.4 所示,然后单击"确定"按钮✓保存当前的数值并退出此属性管理器完成操作。

图 7.4.4　"修改"属性管理器

7.5　几何关系

绘制草图时使用几何关系可以更容易地控制草图形状,表达设计意图,充分体现了人机交互的便利。几何关系与捕捉是相辅相成的,捕捉到的特征就是具有某种几何关系的特征。表 7.5.1 详细说明了各种几何关系要选择的草图实体及使用后的效果。

表 7.5.1　几何关系选项与效果

图标	几何关系	要选择的草图实体	使用后的效果
—	水平	一条或者多条直线,两个或者多个点	使直线水平,使点水平对齐

图标	几何关系	要选择的草图实体	使用后的效果
	竖直	一条或者多条直线,两个或者多个点	使直线竖直,使点竖直对齐
	共线	两条或者多条直线	使草图实体位于同一条无限长的直线上
	全等	两段或者多段圆弧	使草图实体位于同一个圆周上
	垂直	两条直线	使草图实体相互垂直
	平行	两条或者多条直线	使草图实体相互平行
	相切	直线和圆弧、椭圆弧或者其他曲线,曲面和直线,曲面和平面	使草图实体相切
	同心	两段或者多段圆弧	使草图实体共用一个圆心
	中点	一条直线或者一段圆弧和一个点	使点位于直线或者圆弧的中心
	交叉点	两条直线和一个点	使点位于两条直线的交叉点处
	重合	一条直线、一段圆弧或者其他曲线和一个点	使点位于直线、圆弧或者曲线上
	相等	两条或者多条直线,两段或者多段圆弧	使草图实体的所有尺寸参数相等
	对称	两个点,两条直线,两个圆、椭圆或者其他曲线和一条中心线	使草图实体相对于中心线对称
	固定	任何草图实体	使草图实体的尺寸和位置保持固定,不可更改
	穿透	一个基准轴,一条边线、直线或者样条曲线和一个草图点	使草图点与基准轴、边线、直线或者样条曲线在草图基准面上穿透的位置重合
	合并	两个草图点或者端点	使两个点合并为一个点

7.5.1　添加几何关系

"添加几何关系"命令是为已有的实体添加约束,此命令只能在草图绘制状态下使用。

生成草图实体后,单击尺寸/几何关系工具栏中的"添加几何关系"按钮 **上**,或者选择菜单栏中的"工具"→"几何关系"→"添加"命令,弹出"添加几何关系"属性管理器,如图 7.5.1 所示,可以在草图实体之间,或者在草图实体与基准面、轴、边线、顶点之间生成几何关系。

生成几何关系时,必须至少有一个项目是草图实体,其他项目可以是草图实体或者边线、面、顶点、原点、基准面、轴,也可以是其他草图的曲线投影到草图基准面上所形成的直线或者圆弧。

图 7.5.1　"添加几何关系"属性管理层

7.5.2　显示 / 删除几何关系

　　"显示 / 删除几何关系"命令用来显示已经应用到草图实体中的几何关系,或者删除不再需要的几何关系。

　　单击尺寸 / 几何关系工具栏中的"显示 / 删除几何关系"按钮 ⌐ₒ,可以显示手动或者自动应用到草图实体中的几何关系,或者删除不再需要的几何关系,还可以通过替换列出的参考引用修正错误的草图实体。

第8章 参照基准与实体建模基础

产品设计都是以零件建模为基础的,而零件模型则建立在特征的运用之上。本章先介绍用拉伸的特征创建零件模型的一般操作过程,然后介绍一些其他的基本特征工具,包括旋转、倒角、圆角、孔、筋(肋)和抽壳等。本章主要包括以下内容:

(1)三维建模的管理工具——设计树;

(2)特征的编辑和编辑定义;

(3)特征生成失败和相应的处理方法;

(4)参考几何体(包括基准面、基准轴、点和坐标系)的创建;

(5)特征(包括倒角、圆角、孔、抽壳和拔模等)的创建。

8.1 实体建模的一般过程

用 SolidWorks 2016 创建零件模型的方法十分灵活,主要有以下几种。

1."积木"式的方法

"积木"式的方法是大部分机械零件的实体三维模型的创建方法。这种方法是先创建一个反映零件的主要形状的基础特征,然后在这个基础特征上添加其他特征,如拉伸、旋转、倒角和圆角特征等。

2. 由曲面生成零件的实体三维模型的方法

这种方法是先创建零件的曲面特征,然后把曲面转换成实体三维模型。

3. 在装配体中生成零件的实体三维模型的方法

这种方法是先创建装配体,然后在装配体中创建零件。

本章主要介绍第一种创建模型的方法,其他方法将在后面的章节中介绍。

下面以一个简单的实体三维模型为例,说明用 SolidWorks 2016 创建零件的三维模型的一般过程,同时介绍拉伸特征的基本概念及创建方法。实体三维模型如图 8.1.1 所示。

基础特征:拉伸特征。

第一个添加特征:(薄壁)拉伸特征。

第二个添加特征:切除 - 拉伸特征。

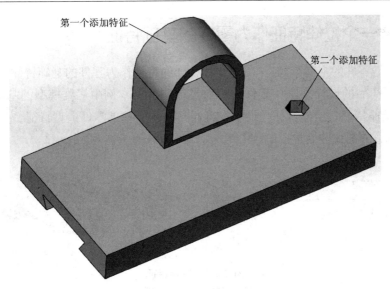

图 8.1.1　实体三维模型

8.1.1　新建一个零件的三维模型

新建一个零件的三维模型的操作步骤如下。

步骤 1. 选择菜单栏中的"文件" → "新建"命令,或者在常用工具栏中单击"新建"按钮，
弹出如图 8.1.2 所示的"新建 SolidWorks 文件"对话框。

步骤 2:选择文件类型。在"新建 SolidWorks"对话框中选择文件类型为"零件",然后单击
"确定"按钮。

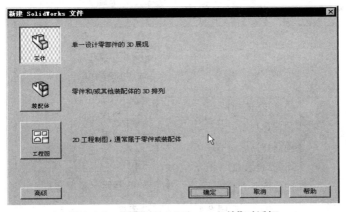

图 8.1.2　"新建 SolidWorks 文件"对话框

提示:每次新建一个文件, SolidWorks 系统都会显示一个默认名。如果创建的是零件,默认
　　　名的格式是零件后加序列号(如零件 1),再创建一个零件时,序列号自动加 1。

8.1.2　创建一个拉伸特征作为零件的基础特征

基础特征是零件的主要结构特征,创建什么样的特征作为零件的基础特征比较重要,一般由设计者根据产品的设计意图和零件的特点灵活掌握。本例中三维模型的基础特征是如图8.1.3 所示的拉伸特征。拉伸特征是最基本且经常使用的基础零件造型特征,它是通过将草绘横断面沿着垂直方向拉伸而形成的。

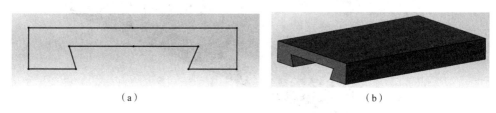

（a）　　　　　　　　　　　　　　　（b）

图 8.1.3　拉伸特征

（a）拉伸前　（b）拉伸后

1.选取拉伸特征命令

选取特征命令一般有下面两种方法。

方法 1:从菜单中获取特征命令。如图 8.1.4 所示,选择菜单栏中的"插入"→"凸台 / 基体"→"拉伸"命令。

方法 2:从工具栏中获取特征命令。直接单击特征工具栏中的"拉伸"按钮 。

提示:选择特征命令后,屏幕的图形区域中应该显示如图 8.1.5 所示的三个相互垂直的默认基准平面。这三个基准平面在一般情况下处于隐藏状态,在创建第一个特征时会显示出来,以供用户选择其作为草图基准面。若想使它们一直处于显示状态,可在设计树中用鼠标右键单击这三个基准面,在弹出的快捷菜单中选择"显示"命令。

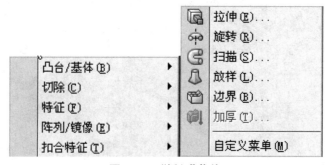

图 8.1.4　"插入"菜单

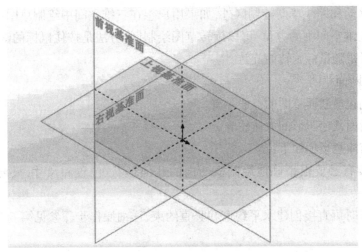

图 8.1.5 三个默认基准平面

2. 定义拉伸特征的横断面草图

定义拉伸特征的横断面草图的方法有两种:第一种是选择已有的草图作为横断面草图;第二种是创建草图作为横断面草图。本例中介绍第二种方法,具体定义过程如下。

步骤 1:定义草图基准面。

对草图基准面的概念和有关选项介绍如下。草图基准面是特征横断面或轨迹的绘制平面。选择的草图基准面可以是前视基准面、上视基准面或右视基准面中的一个,也可以是模型的某个平面。完成直接单击特征工具栏中的"拉伸"按钮 🗔 的操作后,弹出如图 8.1.6 所示的"拉伸"对话框,在"选择:1)一基准面、平面或边线来绘制特征横断面。"的提示下,选取右视基准面作为草图基准面,进入草图绘制环境。

步骤 2:绘制横断面草图。

基础拉伸特征的横断面草图是如图 8.1.7 所示的封闭边界。下面介绍绘制特征横断面草图的一般步骤。

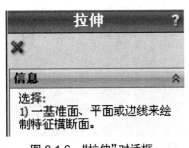

图 8.1.6 "拉伸"对话框

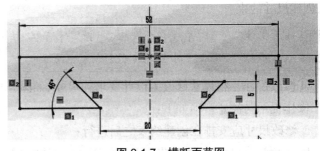

图 8.1.7 横断面草图

(1)设置草图绘制环境,调整草图绘制区。

操作提示与注意事项如下:

①进入草图绘制环境后,系统不会自动调整草图的视图方位,此时应单击标准视图工具栏中的"正视于"按钮 ⬆,调整到正视于草图的方位(即使草图基准面与屏幕平行);

②除可以移动和缩放草图绘制区外,如果用户想在三维空间中绘制草图或希望看到模型横断面草图在三维空间中的方位,可以旋转草图绘制区,方法是按住鼠标的滚轮并移动鼠标,此时可看到图形跟随鼠标旋转而旋转。

（2）创建横断面草图。

下面介绍创建横断面草图的一般步骤。

①绘制横断面几何图形的大体轮廓。

操作提示与注意事项如下:

a. 开始时没有必要很精确地绘制横断面的几何形状、位置和尺寸,只要大概形状与图8.1.8 相似即可;

b. 绘制直线时可直接创建水平约束和竖直约束,详细操作步骤参见第 6 章中草图绘制的相关内容。

②创建几何约束。创建如图 8.1.9 所示的水平、数字、对称、相等和重合约束。

提示:创建对称约束时,需先绘制中心线,并使中心线与原点重合,如图 8.1.9 所示。

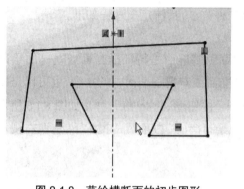

图 8.1.8　草绘横断面的初步图形

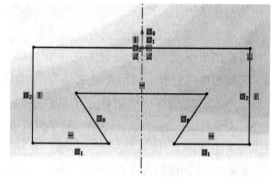

图 8.1.9　创建几何约束

③创建尺寸约束。单击草图工具栏中的"尺寸"按钮 ，标注如图 8.1.10 所示的五个尺寸,创建尺寸约束。

提示:每次标注尺寸时,系统都会弹出"修改"对话框,并提示所选尺寸的属性,可先关闭该对话框,然后进行尺寸的总体设计。

④修改尺寸。将尺寸修改为设计要求的尺寸,如图 8.1.11 所示。

操作提示与注意事项如下:

a. 修改尺寸应安排在创建约束之后进行;

b. 注意修改尺寸的顺序,先修改对横断面外观影响不大的尺寸。

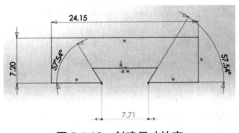

图 8.1.10　创建尺寸约束

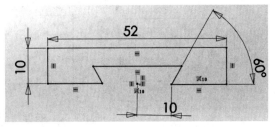

图 8.1.11　修改尺寸

步骤 3：完成草图的绘制后，选择菜单栏中的"插入"→"退出草图"命令，退出草图绘制环境。

提示：除步骤 3 这种方法外，还有以下三种退出草图绘制环境的方法。

（1）单击图形区域右上角的"退出草图"按钮 ☒。"退出草图"按钮的位置一般如图 8.1.12 所示。

（2）在图形区域单击鼠标右键，在弹出的快捷菜单中选择"退出"命令。

（3）单击草图工具栏中的"退出草图"按钮 ☒，使之处于弹起（未激活）状态。

图 8.1.12　"退出草图"按钮

绘制实体拉伸特征的横断面时，应注意如下几点要求。

（1）横断面必须闭合，横断面的任何部位都不能有缺口（图 8.1.13（a））。

（2）横断面的任何部位都不能探出多余的线头（图 8.1.13（b））。

（3）横断面可以包含一个或多个封闭环，生成特征后，外环以实体填充，内环则为孔，环与环之间不能有直线（或圆弧等）相连（图 8.1.13（c））。

（4）曲面拉伸特征的横断面可以是开放的，但横断面不能有多于一个开放环。

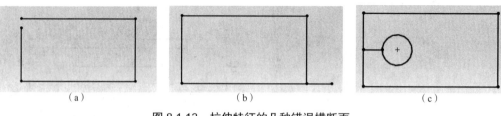

图 8.1.13　拉伸特征的几种错误横断面

（a）有缺口　（b）探出多余的线头　（c）相连

3. 定义拉伸类型

退出草图绘制环境后,系统弹出如图 8.1.14 所示的"凸台 - 拉伸"对话框,在该对话框中不进行任何操作,接受系统默认的实体类型即可。

图 8.1.14　"凸台 - 拉伸"对话框

提示:利用"凸台 - 拉伸"对话框可以创建实体和薄壁两种类型的特征。

实体类型:创建实体类型时,实体特征的草绘横断面完全由材料填充,如图 8.1.15 所示。

薄壁类型:在"凸台 - 拉伸"对话框中勾选"薄壁特征"复选框,可以将特征定义为薄壁类型。由草图横断面生成实体时,薄壁特征的草图横断面是由材料填充成均匀厚度的环,环的内侧、外侧或中心轮廓边是草绘横断面,如图 8.1.16 所示。

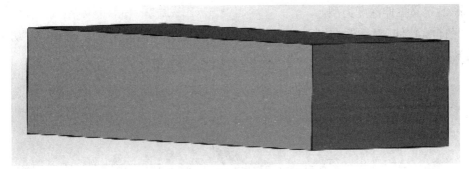

图 8.1.15　实体类型

图 8.1.16　薄壁类型

在"凸台 - 拉伸"对话框的"方向 1"选项区中单击"拔模开关"按钮，可以在创建拉伸特征的同时对实体进行拔模操作，拔模方向分为内外两种，由是否勾选"向外拔模"复选框决定，图 8.1.17 所示即为拉伸时的拔模操作。

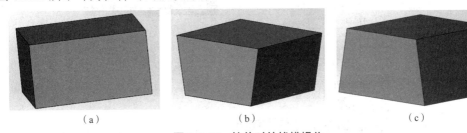

（a）　　　　　　　　　　（b）　　　　　　　　　　（c）

图 8.1.17　拉伸时的拔模操作

（a）不拔模　（b）10° 向内拔模　（c）10° 向外拔模

4. 定义拉伸深度属性

步骤 1：定义拉伸深度方向。

采用系统默认的深度方向。

提示：按住鼠标滚轮并移动鼠标，可将草图旋转到三维视图状态，此时在模型中可看到一个拖动手柄，该手柄表示特征拉伸深度的方向。要改变拉伸深度的方向，可在"凸台 - 拉伸"对话框的"方向 1"选项区中单击"反向"按钮。若选择深度类型为"双向拉伸"，则拖动手柄有两个箭头，如图 8.1.18 所示。

步骤2：定义拉伸深度类型。

在"凸台－拉伸"对话框"从"选项区的下拉列表中选择"草图基准面"选项，在"方向1"选项区的下拉列表中选择"两侧对称"选项，如图8.1.19所示。

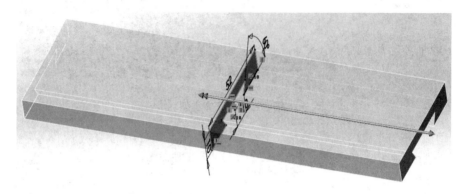

图8.1.18　定义拉伸深度方向

图8.1.19　"凸台－拉伸"对话框

图8.1.19所示的"凸台－拉伸"对话框中各选项的说明如下。

"从"选项区下拉列表中的各选项表示的是拉伸深度的起始元素。

（1）草图基准面：表示特征从草图基准面开始拉伸。

（2）曲面／面／基准面：若选取此选项，则需选择一个面作为拉伸起始面。

（3）顶点：若选取此选项，则需要选择一个顶点，顶点所在面即为拉伸起始面（此面与草图基准面平行）。

（4）等距：若选取此选项，则需要输入一个数值，此数值代表拉伸起始面与草图基准面的距离。必须注意的是，当拉伸为反向时，可以单击下拉列表中的"反向"按钮，但不能在文本框中输入负值。

"方向1"选项区下拉列表中的各拉伸类型选项的说明如下。

（1）给定深度：可以创建确定深度的特征，此时特征从草图平面开始，按照所输入的数值（拉伸深度数值）向特征创建的方向一侧拉伸。

（2）成形到一顶点：特征在拉伸方向上延伸，直至与顶点所在的面（此面必须与草图基准面平行）相交。

（3）成形到一面：特征在拉伸方向上延伸，直到与指定的平面相交。

（4）到离指定面指定的距离：若选择此选项，则需先选择一个面，并输入指定的距离，特征将从拉伸起始面开始到离所选面指定的距离处终止。

（5）成形到实体：特征将从拉伸起始面沿拉伸方向延伸，直到与指定的实体相交。

（6）两侧对称：可以创建对称类型的特征，此时特征在拉伸起始面的两侧拉伸，输入的深度值被拉伸起始面平均分割，即拉伸起始面两边的深度值相等。

选择拉伸类型时，要遵循下列规则。

（1）如果特征要终止于其到达的第一个曲面，则需要选择"成形到下一面"选项。

（2）如果特征要终止于其到达的最后一个曲面，则需要选择"完全贯穿"选项。

（3）选择"成形到一面"选项时，可以选择一个基准平面作为终止面。

（4）穿过特征可设置有关深度参数，修改偏离终止平面（或曲面）的特征深度。图8.1.20显示了拉伸类型选项。

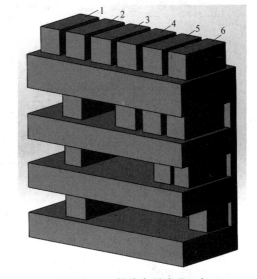

图 8.1.20　拉伸类型选项示意

1—给定深度；2—完全贯穿；3—成形到下一面；4—成形到一顶点；5—成形到一面；6—到离指定面指定的距离

步骤3：定义拉伸深度数值。

在"凸台 - 拉伸"对话框"方向1"选项区的后的"深度"文本框中输入数值80.00 mm，并按【Enter】键，完成拉伸深度值的定义。

提示：定义拉伸深度值还可通过拖动手柄来实现，方法是选中拖动手柄使其变红，然后移动鼠标并单击鼠标左键以确定所需的深度值。

5. 完成凸台特征的定义

步骤1：特征的所有要素都被定义完毕后，单击"凸台 - 拉伸"对话框中的"显示"按钮，预览所创建的特征，检查各要素的定义是否正确。

> **提示:** 预览时,可按住鼠标滚轮旋转查看,如果创建的特征不符合设计意图,可选择"凸台-拉伸"对话框中的相关选项重新定义。

步骤2:预览完成后,单击"凸台-拉伸"对话框中的"确定"按钮 ✔ ,完成特征的创建。

8.1.3 添加其他拉伸特征

1. 添加薄壁拉伸特征

创建了零件的基础特征后,可以增加其他特征。下面创建如图 8.1.21 所示的薄壁拉伸特征,操作步骤如下。

步骤1:选择命令。选择菜单栏中的"插入"→"凸台/基体"→"拉伸"命令,或者单击特征工具栏中的"拉伸"按钮 🖮 ,系统弹出如图 8.1.22 所示的"拉伸"对话框。

> **提示:** 此处的"拉伸"对话框与图 8.1.6 所示的"拉伸"对话框显示的信息不同,原因是此处添加的薄壁拉伸特征可以使用现有草图作为横断面草图。现有草图指的是在创建基础拉伸特征的过程中创建的横断面草图。

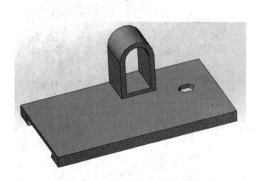

图 8.1.21 薄壁拉伸特征

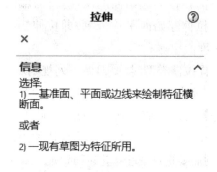

图 8.1.22 "拉伸"对话框

步骤2:创建横断面草图。

(1)选取草图基准面。选取如图 8.1.23 所示的模型表面作为草图基准面,进入草图绘制环境。

(2)绘制特征的横断面草图。

绘制草图轮廓的步骤如下。

①绘制如图 8.1.24 所示的横断面草图的大体轮廓。

②转换实体引用。选取如图 8.1.24 所示的边线,然后选择菜单栏中的"工具"→"草图工具"→"转换实体引用"命令,或者在草图工具栏中单击"转换实体引用"按钮 🗇 ,该边线变亮,上面出现转换实体引用的约束符号,该边线就变成当前草图的一部分。

关于转换实体引用的说明如下。

a.转换实体引用的用途分为转换模型边线和转换外部草图实体两种。

b.转换模型边线包括一条或多条边线。

c.转换外部草图实体包括一个或多个草图实体。

（3）建立几何约束。建立如图 8.1.25 所示的对称和相切约束。

（4）建立尺寸约束。标注如图 8.1.25 所示的两个尺寸。

（5）修改尺寸。将尺寸修改为设计要求的尺寸,并且裁剪多余的边线。

（6）完成草图的绘制后,选择菜单栏中的"插入"→"退出草图"命令,退出草图绘制环境。

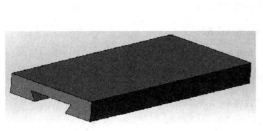

图 8.1.23 选取草图基准面

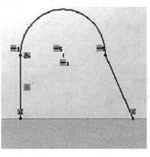

图 8.1.24 转换实体引用

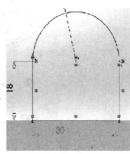

图 8.1.25 横断面草图

步骤 3:选择拉伸类型。在"凸台 - 拉伸"对话框中勾选"薄壁特征"复选框,创建薄壁拉伸特征。

步骤 4:定义薄壁属性。

（1）选取薄壁厚度类型。在"凸台 - 拉伸"对话框"薄壁特征"选项区下的列表中选择"单向"选项。

（2）定义薄壁厚度数值。在"薄壁特征"选项区的 后的"深度"文本框中输入数值 5.00 mm,如图 8.1.26 所示,单击"薄壁特征"选项区中的"反向"按钮 。

提示:如图 8.1.26 所示,打开"拉伸"对话框中的"薄壁特征"选项区的下拉列表,列表中各选项的说明如下。

①单向:以指定的壁厚向一个方向拉伸草图。

②两侧对称:在草图的两侧以指定的壁厚的一半向两个方向拉伸草图。

③双向:在草图的两侧以不同的壁厚向两个方向拉伸草图(指定方向 1 的厚度和方向 2 的厚度)。

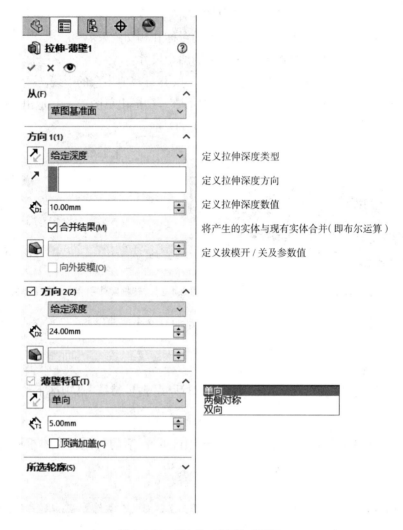

图 8.1.26　"拉伸 - 薄壁"对话框

步骤 5:定义拉伸深度属性。

（1）定义拉伸深度方向。单击"方向 1"选项区中的"反向"按钮，选取与默认方向相反的方向。

（2）定义拉伸深度类型。在"凸台 - 拉伸"对话框"方向 1"选项区的下拉列表中选择"给定深度"选项。

（3）定义拉伸深度数值。在"方向 1"选项区的 后的"深度"文本框中输入数值 20.00 mm。

步骤 6:单击"凸台 - 拉伸"对话框中的"确定"按钮 ，完成特征的创建。

2. 添加切除拉伸特征

切除 - 拉伸特征的创建方法与凸台 - 拉伸特征的创建方法基本一致,只不过凸台 - 拉伸是增加实体,而切除 - 拉伸是减去实体。

下面创建如图 8.1.27 所示的切除 - 拉伸特征,操作步骤如下。

步骤 1：选择命令。选择菜单栏中的"插入"→"切除"→"拉伸"命令，或者单击特征工具栏中的"拉伸切除"按钮 ，系统弹出"拉伸"对话框。

步骤 2：创建特征的横断面草图。

（1）选取草图基准面。选取如图 8.1.28 所示的模型表面作为草图基准面。

（2）绘制横断面草图。在草图绘制环境中绘制如图 8.1.29 所示的横断面草图。

（3）创建尺寸约束。绘制一个六边形的轮廓，创建如图 8.1.29 所示的三个尺寸约束。

（4）修改尺寸。将尺寸修改为设计要求的尺寸。

（5）完成草图的绘制后，选择菜单栏中的"插入"→"退出草图"命令，退出草图绘制环境，弹出如图 8.1.30 所示的"切除 - 拉伸"对话框。

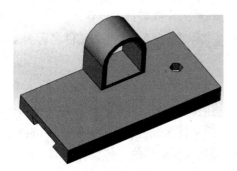

图 8.1.27 切除 - 拉伸特征

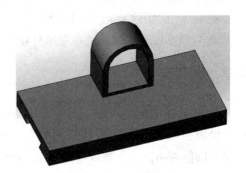

图 8.1.28 选取草图基准面

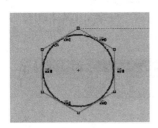

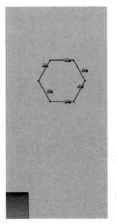

图 8.1.29 横断面草图

图 8.1.30 "切除 - 拉伸"对话框

步骤 3:定义拉伸深度属性。

(1)定义拉伸深度方向。采用系统默认的深度方向。

(2)定义拉抻深度类型。在"切除-拉伸"对话框"方向 1"选项区的下拉列表中选择"成形到一面"选项。

> 提示:(1)该选项的含义是,特征将把沿拉伸深度方向遇到的第一个曲面作为拉伸终止面。在创建基础特征时,"凸台-拉伸"对话框"方向 1"选项区的下拉列表中没有此选项,因为模型文件中不存在其他实体。
>
> (2)"切除-拉伸"对话框的"方向 1"选项区中有一个复选框,若勾选此复选框,系统将切除轮廓外的实体(在默认情况下,系统切除的是轮廓内的实体)。

步骤 4:单击"切除-拉伸"对话框中的"确定"按钮 ,完成特征的创建。

步骤 5:保存模型文件。选择菜单栏中的"文件"→"保存"命令,保存的文件名称为 slide。

8.1.4　保存文件

保存文件分为两种情况:一种是所要保存的文件存在旧文件,如果执行保存文件命令,系统将自动覆盖当前文件的旧文件;另一种是所要保存的文件为新建文件,如果执行该命令,系统会弹出操作对话框。下面以零件 3.SLDPRT 为例,说明保存文件的一般操作步骤。

步骤 1:选择菜单栏中的"文件"→"保存"命令,或者单击标准工具栏中的"保存"按钮 ,系统弹出如图 8.1.31 所示的"另存为"对话框。

步骤 2:在"另存为"对话框中选择保存文件的路径,在"文件名"文本框中输入可以识别的文件名,单击"保存"按钮,即可保存文件。

图 8.1.31　"另存为"对话框

> 提示：(1)"文件"菜单下还有一个"另存为"命令，"保存"命令与"另存为"命令的区别在于：
> "保存"命令是保存当前的文件；"另存为"命令是将当前的文件复制并保存，并且保存
> 时可以更改文件的名称，原文件不受影响。
> (2)如果已打开多个文件，并对这些文件进行过编辑，则可以用下拉菜单中的"保存所
> 有"命令将所有文件保存。

8.2　SolidWorks 的模型显示与控制

8.2.1　模型的显示方式

SolidWorks 提供了六种模型显示方式，可通过选择菜单栏中的"视图"→"显示"命令（图
8.2.1），或者从视图工具栏（图 8.2.2）中选择显示方式。

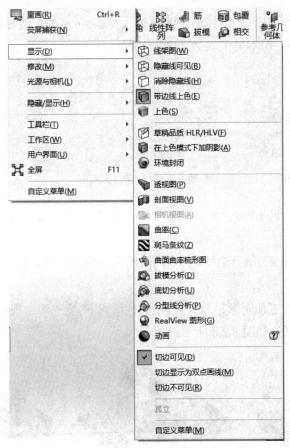

图 8.2.1　"视图"菜单

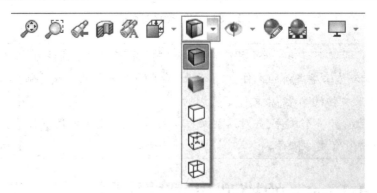

图 8.2.2　视图工具栏

视图工具栏中部分按钮的功能介绍如下。

（1）⊞线架图显示方式：模型以线框形式显示，所有边线显示为深颜色的细实线，如图8.2.3 所示。

（2）⊞隐藏线可见显示方式：模型以线框形式显示，可见的边线显示为深颜色的实线，不可见的边线显示为虚线，如图 8.2.4 所示。

（3）⊡消除隐藏线显示方式：模型以线框形式显示，可见的边线显示为深颜色的实线，不可见的边线被隐藏起来（即不显示），如图 8.2.5 所示。

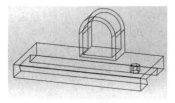
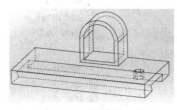
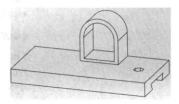

图 8.2.3　线架图　　　　　　　图 8.2.4　隐藏线可见　　　　　　图 8.2.5　消除隐藏线

（4）▤带边线上色显示方式：显示模型可见的边线，模型表面为灰色，部分表面有阴影，如图 8.2.6 所示。

（5）▤上色显示方式：所有边线均不可见，模型表面为灰色，部分表面有阴影，如图 8.2.7 所示。

（6）▤在上色模式下加阴影显示方式：在上色模式下，当光源出现在当前视图的模型上方时，模型下方会显示阴影，如图 8.2.8 所示。

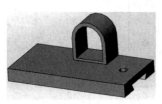

图 8.2.6　带边线上色　　　　　图 8.2.7　上色　　　　　图 8.2.8　在上色模式下加阴影

8.2.2　视图的平移、旋转、滚转与缩放

视图的平移、旋转、滚转与缩放是零部件设计中常用的操作,这些操作只改变模型的视图方位而不改变模型的实际大小和空间位置,下面介绍它们的操作方法。

1. 平移的操作方法

平移的操作方法有如下几种。

(1)选择菜单栏中的"视图"→"修改"→"平移"命令,或者在视图工具栏中单击"平移"按钮✥,然后在图形区按住鼠标左键并移动鼠标,模型会随着鼠标移动而平移。

(2)在图形区的空白处单击鼠标右键,在弹出的快捷菜单中选择"平移"命令,然后在图形区按住鼠标左键并移动鼠标,模型会随着鼠标移动而平移。

(3)按住【Ctrl】键和鼠标滚轮并移动鼠标,模型将随着鼠标移动而平移。

2. 旋转的操作方法

旋转的操作方法有如下几种。

(1)选择菜单栏中的"视图"→"修改"→"旋转"命令,或者在视图工具栏中单击"旋转"按钮↻,然后在图形区按住鼠标左键并移动鼠标,模型会随着鼠标移动而旋转。

(2)在图形区的空白处单击鼠标右键,在弹出的快捷菜单中选择"旋转"命令,然后在图形区按住鼠标左键并移动鼠标,模型会随着鼠标移动而旋转。

(3)按住鼠标滚轮并移动鼠标,模型将随着鼠标移动而旋转。

3. 滚转的操作方法

滚转的操作方法有如下几种。

(1)选择菜单栏中的"视图"→"修改"→"滚转"命令,或者在视图工具栏中单击"滚转"按钮⟳,然后在图形区按住鼠标左键并移动鼠标,模型会随着鼠标移动而翻滚。

(2)在图形区的空白处单击鼠标右键,在弹出的快捷菜单中选择"滚转"命令,然后在图形区按住鼠标左键并移动鼠标,此时模型会随着鼠标移动而翻滚。

4. 缩放的操作方法

缩放的操作方法有如下几种。

(1)选择菜单栏中的"视图"→"修改"→"动态放大/缩小"命令,或者在视图工具栏中单击"动态放大/缩小"按钮🔎,然后在图形区按住鼠标左键并移动鼠标,模型会随着鼠标移动而缩放,向上则放大视图,向下则缩小视图。

(2)选择菜单栏中的"视图"→"修改"→"局部放大"命令,或者在视图工具栏中单击"局部放大"按钮🔎,然后在图形区选取要放大的范围,可使此范围最大限度地显示在图形区。

(3)在图形区的空白处单击鼠标右键,在弹出的快捷菜单中选择"局部放大"命令,然后在图形区选取要放大的范围,可使此范围最大限度地显示在图形区。

(4)按住【Shift】键和鼠标滚轮,光标变成一个放大镜和上下指向的箭头,向上移动鼠标可将视图放大,向下移动鼠标可将视图缩小。

提示:在视图工具栏中单击"局部放大"按钮,可以使视图填满整个界面窗口。

8.2.3　模型的视图定向

在设计零部件时,经常需要用到视图方向,利用模型的"定向"命令,以将绘图区中的模型(图8.2.9)精确定向到某个视图方向,"定向"按钮位于如图8.2.10所示的标准视图工具栏中。

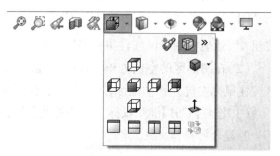

图8.2.9　原始视图方位　　　　　　　　图8.2.10　标准视图工具栏

标准视图工具栏中的按钮具体介绍如下。

(1)前视图:沿着 Z 轴负向的平面视图,如图8.2.11所示。

(2)后视图:沿着 Z 轴正向的平面视图,如图8.2.12所示。

(3)左视图:沿着 X 轴正向的平面视图,如图8.2.13所示。

图8.2.11　前视图　　　　　图8.2.12　后视图　　　　　图8.2.13　左视图

(4)右视图:沿着 X 轴负向的平面视图,如图8.2.14所示。

(5)上视图:沿着 Y 轴负向的平面视图,如图8.2.15所示。

(6)下视图:沿着 Y 轴正向的平面视图,如图8.2.16所示。

图 8.2.14　右视图

图 8.2.15　上视图

图 8.2.16　下视图

（7）等轴测视图：单击此按钮，可将模型视图旋转到等轴测三维视图模式，如图 8.2.17 所示。

（8）上下二等角轴测视图：单击此按钮，可将模型视图旋转到上下二等角轴测三维视图模式，如图 8.2.18 所示。

（9）左右二等角轴测视图：单击此按钮，可将模型视图旋转到左右二等角轴测三维视图模式，如图 8.2.19 所示。

图 8.2.17　等轴测视图

图 8.2.18　上下二等角轴测视图

图 8.2.19　左右二等角轴测视图

（10）视图定向：这是一个定制视图方向的命令，用于保存某个特定的视图方向，若用户对模型进行了旋转操作，只需单击此按钮，便可从系统弹出的如图 8.2.20 所示的"方向"对话框中找到已命名的视图方向。

"方向"对话框的操作方法如下。

（1）将模型旋转到预定的视图方向。

（2）在标准视图工具栏中单击"方向"按钮，系统弹出如图 8.2.20 所示的"方向"对话框。

（3）在"方向"对话框中单击"新视图"按钮，系统弹出如图 8.2.21 所示的"命名视图"对话框；在该对话框的文本框中输入视图方向的名称 viewl，然后单击"确定"按钮，"viewl"出现在"方向"对话框的列表中，如图 8.2.22 所示。

（4）关闭"方向"对话框，完成视图方向的定制。

（5）将模型旋转到另一个视图方向，然后在标准视图工具栏中单击"方向"按钮，系统弹出"方向"对话框；在该对话框中单击"viewl"，即可回到刚才定制的视图方向。

图 8.2.20 "方向"对话框

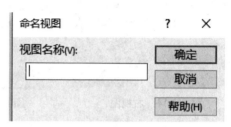

图 8.2.21 "命名视图"对话框

"方向"对话框中各按钮的功能介绍如下。

（1）新视图：单击此按钮，可以定制新的视图方向。

（2）重设标准视图：单击此按钮，可以重新设置所选的标准视图方向（标准视图方向及系统默认的视图方向）。在此过程中，系统会弹出如图 8.2.23 所示的"SOLIDWORKS"提示框，提示用户此更改将对工程图产生的影响，单击对话框中的"是"按钮，即可重新设置标准视图方向。

（3）固定：选中一个视图方向，然后单击此按钮，可以将此视图方向锁定在固定的对话框中。

图 8.2.22 "方向"对话框

图 8.2.23 "SOLIDWORKS"提示框

8.3 SolidWorks 的设计树

8.3.1 设计树概述

SolidWorks 的设计树一般出现在窗口的左侧，它的功能是以树的形式显示当前活动模型中的首要特征或零件,树的顶部显示根(主)对象,从属对象(零件或特征)置于其下。在零件模型中,设计树列表的顶部是零部件的名称,下方是特征的名称;在装配体模型中,设计树列表的顶部是总装配,总装配下是子装配和零件,子装配下是该子装配中每个零件的名称,零件的名称下是该零件的各个特征的名称。

如果打开了多个文件,则设计树的内容只反映当前活动文件(即活动窗口中的模型文件)。

8.3.2　设计树界面简介

SolidWorks 的设计树界面如图 8.3.1 所示。

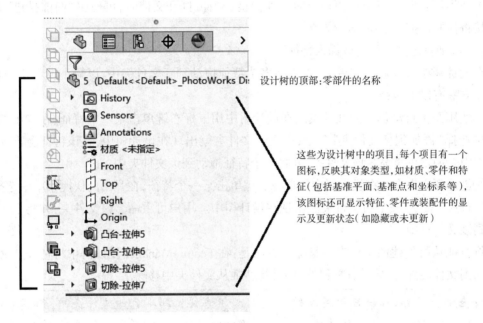

图 8.3.1　SolidWorks 的设计树界面

8.3.3　设计树的作用与一般规则

1. 设计树的作用

(1)在设计树中选取对象。

可以在设计树中选取要编辑的特征或零件对象,当要选取的特征或零件在图形区的模型中不可见时,此方法尤为有用;当要选取的特征或零件在模型中禁止选取时,仍可在设计树中进行选取操作。

> 提示:SolidWorks 的设计树中列出了特征的几何图形(即草图的从属对象),但在设计树中选取几何图形必须在草图绘制状态下。

(2)更改项目的名称。

在设计树的项目名称上双击鼠标左键,然后输入新名称,即可更改所选项目的名称。

（3）在设计树的项目中使用快捷命令。

用鼠标左键或右键单击设计树中的特征名称或零件名称,可打开一个快捷菜单,从中可选取对应于选定对象的特定操作命令。

（4）确定和更改特征的生成顺序。

设计树中有一个蓝色的退回控制棒,其作用是指明创建特征时特征的插入位置。在默认的情况下,它总是在设计树列出的所有项目的最后,可以在模型树中上下拖动它,将特征插入模型的其他特征之间。将控制棒移动到新位置时,控制棒后面的项目将被隐含,不在图形区的模型上显示。

可在退回控制棒位于任何地方时保存模型。当再打开文档时,可使用"向前推进"命令,或直接将控制棒拖动至所需的位置。

（5）添加自定义文件夹以插入特征。

在设计树中添加新的文件夹,可以将多个特征拖动到新文件夹中,以减小设计树的长度,其操作方法有以下两种。

①使用系统自动创建的文件夹。在设计树中用鼠标右键单击某一个特征,在弹出的快捷菜单中选择"添加到新文件夹"命令,一个新文件夹就出现在设计树中,且该特征会出现在该文件夹中。用户可重命名该文件夹,并将多个特征拖动到该文件夹中。

②创建新文件夹。在设计树中用鼠标右键单击某一个特征,在弹出的快捷菜单中选择"生成新文件夹"命令,一个新文件夹就出现在设计树中。用户可重命名该文件夹,并将多个特征拖动到该文件夹中。

将特征从所创建的文件夹中移除的方法是:在 FeatureManager 设计树中将特征从文件夹中拖动到文件夹外部,然后释放鼠标,即可将特征从文件夹中移除。

> **提示:** 拖动特征时,可将任何连续的特征或零部件放置到单独的文件夹中,但不能使用【Ctrl】键选择非连续的特征,这样可以保持特征的父子关系。不能将现有文件夹添加到新文件夹中。

（6）设计树的其他作用。

①传感器可以监视零件和装配体的所选属性,并在数值超过指定阈值时发出警告。

②在设计树中用鼠标右键单击"注解"文件夹,可以控制尺寸和注解的显示。

③可以记录"设计日志"并"设计活页夹"文件夹。

④在设计树中用鼠标右键单击"材质"可以添加或修改应用于零件的材质。

⑤在"光源与相机"文件夹中可以添加或修改光源。

2. 设计树的一般规则

（1）项目图标左侧的"+"符号表示该项目包含关联项,单击"+"可以展开该项目并显示其内容。若要一次性折叠所有展开的项目,可用【Shift+C】快捷键或用鼠标右键单击设计树顶部的文件名称,然后在弹出的快捷菜单中选择"折叠项目"命令。

（2）草图有过定义、欠定义、无法解出和完全定义四种类型,在设计树中分别用"(+)""(-)""(?)"表示(完全定义时草图无前缀);装配体也有四种类型,前三种与草图一致,第四种类型为固定,在设计树中以"(f)"表示。

（3）若需重建已经更改的模型,则特征、零件或装配体之前会显示重建模型符号。

（4）在设计树顶部显示锁形符号的零件不能进行编辑,此零件通常是 Toolbox 或其他标准库零件。

8.4　设置零件模型的属性

8.4.1　概述

选择菜单栏中的"编辑"→"外观"→"材质"命令,或者在标准工具栏中单击"材质"按钮, 系统弹出如图 8.4.1 所示的"材料"对话框,在此对话框中可以创建新材料并定义零件材料的属性。

提示:"材料"对话框左侧的下拉列表中显示的是用户常用材料。

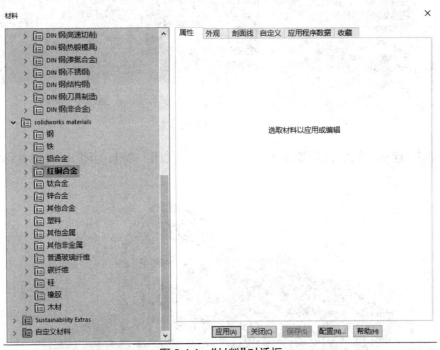

图 8.4.1　"材料"对话框

8.4.2　零件模型材料的设置

下面以一个简单模型为例,说明设置零件模型材料的一般操作步骤。操作前请打开模型文件。

步骤 1:将材料应用到模型。

（1）选择菜单栏中的"编辑"→"外观"→"材质"命令,系统弹出"材料"对话框。

（2）在该对话框的列表中选择"红铜合金"中的"黄铜"选项,此时对话框中显示所选材料的属性,如图 8.4.2 所示。

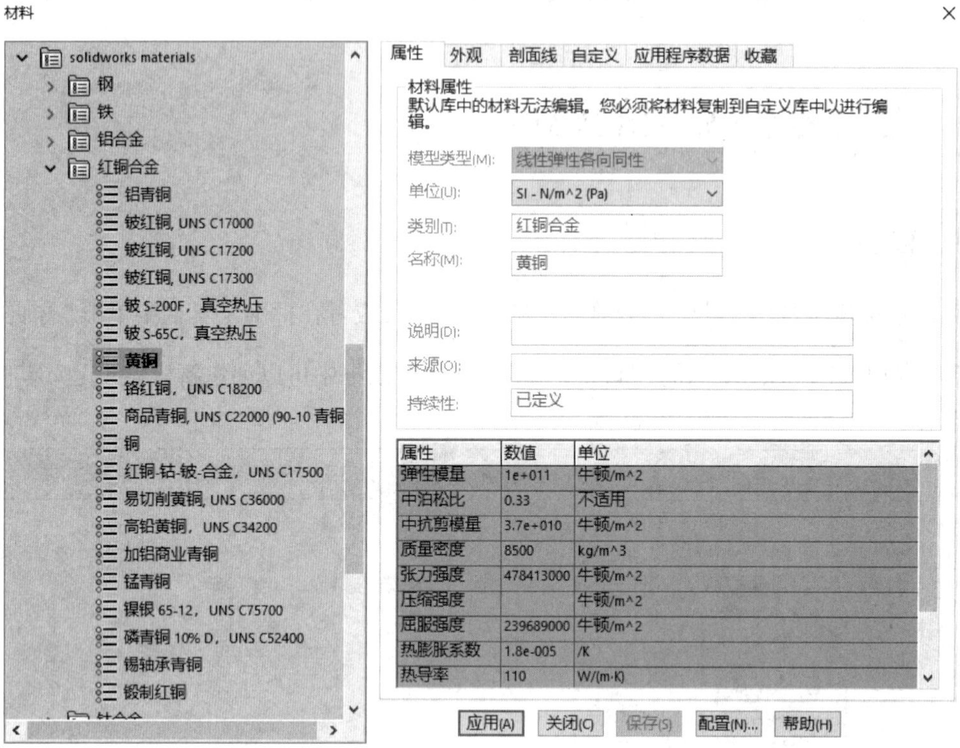

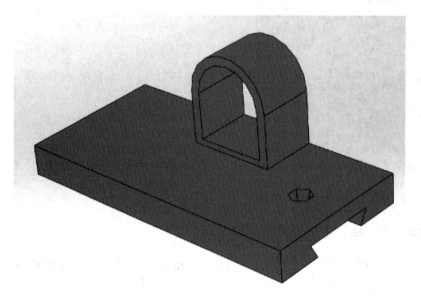

材料

属性	数值	单位
弹性模量	1e+011	牛顿/m^2
中泊松比	0.33	不适用
中抗剪模量	3.7e+010	牛顿/m^2
质量密度	8500	kg/m^3
张力强度	478413000	牛顿/m^2
压缩强度		牛顿/m^2
屈服强度	239689000	牛顿/m^2
热膨胀系数	1.8e-005	/K
热导率	110	W/(m·K)

图 8.4.2　"材料"对话框

（3）单击"应用"按钮,效果如图 8.4.3 所示,单击"关闭"按钮,关闭"材料"对话框。

图 8.4.3　材料图

应用了新材料后,用户可以在设计树中找到相应的材料,并对其进行编辑或者将其删除。

步骤 2:创建新材料。

(1)选择菜单栏中的"编辑"→"外观"→"材质"命令,系统弹出"材料"对话框。

(2)用鼠标右键单击列表中"红铜合金"中的"铜"选项,在弹出的快捷菜单中选择"复制"命令。

(3)用鼠标右键单击列表底部,在弹出的快捷菜单中选择"新类别"命令,然后输入"自定义红铜"字样。

(4)用鼠标右键单击列表底部的"自定义红铜"选项,在弹出的快捷菜单中选择"粘贴"命令,然后将"自定义红铜"节点下的"铜"字样改为"锻制红铜"。此时在"材料"对话框的下部区域显示各物理属性的数值(可以编译修改这些数值),如图 8.4.4 所示。

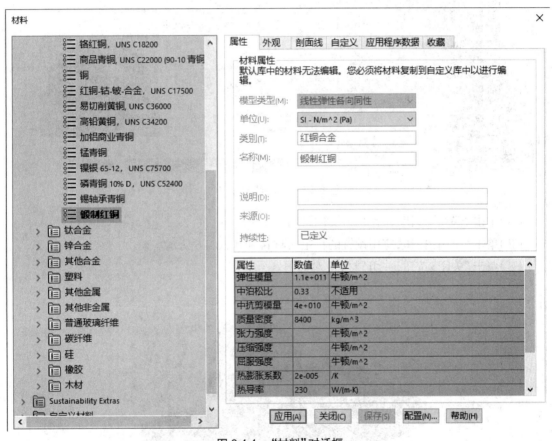

图 8.4.4　"材料"对话框

(5)单击"外观"选项卡,在该选项卡的列表中选择"锻制红铜"选项,如图 8.4.5 所示。

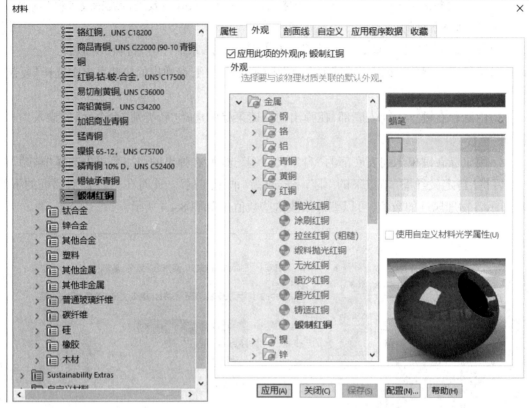

图 8.4.5 "外观"选项卡

（6）单击"保存"按钮，保存自定义的材料。

（7）单击"应用"按钮，应用设置的自定义材料，如图 8.4.6 所示。

（8）单击"关闭"按钮，关闭"材料"对话框。

图 8.4.6 应用自定义材料

8.4.3　零件模型单位的设置

每个模型都有一个基本的米制或非米制单位系统,以确保该模型的所有材料属性保存、测量和定义的一贯性。SolidWorks 提供了一些预定义单位系统,其中一个是默认单位系统,用户也可以定义自己的单位和单位系统(称为定制单位和定制单位系统)。在进行产品设计前,应使产品中的各元件具有相同的单位系统。选择菜单栏中的"工具"→"选项"命令,在"文档属性"选项卡中可以设置、更改模型的单位系统。

如果要对当前模型的单位系统进行修改(或创建自定义的单位系统),可参考下面的操作方法进行。

步骤 1:选择菜单栏中的"工具"→"选项"命令,系统弹出"系统选项(S)- 普通"对话框,如图 8.4.7 所示。

图 8.4.7　"系统选项(S)- 普通"对话框

步骤 2:在该对话框中单击"文档属性"选项卡,然后在对话框左侧的列表中选择"单位"选项,此时对话框右侧出现单位系统,确认"自定义"处于选中状态,如图 8.4.8 所示。

步骤 3:如果要对模型应用系统提供的其他单位系统,只需在对话框的选项组中选择要应用的单选框即可;除此之外,只可更改"双尺寸长度"和"角度"选项区中的选项;若要自定义单位系统,须先在选项组中选择"自定义"单选框,此时"基本单位"和"质量 / 截面属性"选项区中的各选项变亮,如图 8.4.9 所示,用户可根据自身需要定制相应的单位系统。

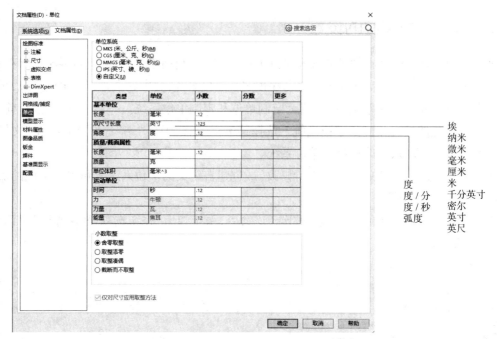

图 8.4.8　"文档属性(D)- 单位"对话框

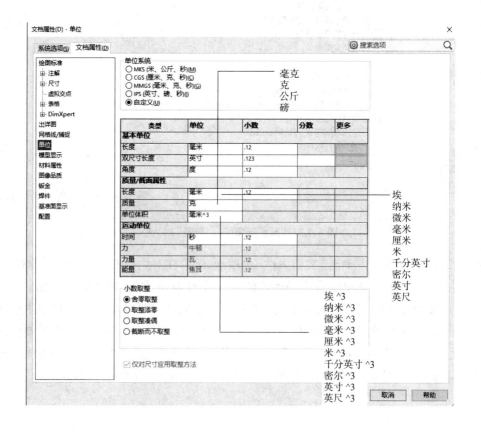

图 8.4.9　"文档属性(D)- 单位"对话框

步骤 4:完成修改操作后,单击对话框中的"确定"按钮。

提示:在各单位系统区域均可调整小数位数,此参数由所需显示数据的精准程度决定,默认
小数位数为 2。

8.5 特征的编辑与编辑定义

8.5.1 特征尺寸的编辑

特征尺寸的编辑指对特征的尺寸和相关修饰元素进行修改,下面举例说明其操作方法。

1. 显示特征尺寸值

步骤 1:打开文件。

步骤 2:在图 8.5.1 所示模型(slide)的设计树中双击要编辑的特征(或直接在图形区双击要编辑的特征),该特征的所有尺寸都显示出来,如图 8.5.2 所示,以便进行编辑(若"Instant3D"按钮处于按下状态,只需用鼠标左键单击特征即可显示尺寸)。

2. 修改特征尺寸值

通过上述方法进入尺寸编辑状态后,如果要修改特征的某个尺寸值,步骤如下。

步骤 1:在模型中双击要修改的尺寸,系统弹出如图 8.5.3 所示的"修改"对话框。

步骤 2:在"修改"对话框的文本框中输入新的尺寸,并单击对话框中的"确认"按钮 ✅。

步骤 3:编辑完特征的尺寸后,必须进行重建操作,重新生成模型,这样修改后的尺寸才会重新驱动模型,方法是选择菜单栏中的"编辑"→"重建模型"命令,或者单击标准工具栏中的"重建模型"按钮 🔵。

图 8.5.1 设计树

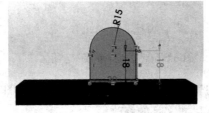

图 8.5.2 显示零件模型的尺寸

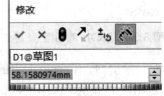

图 8.5.3 "修改"对话框

3. 修改特征尺寸的修饰

如果要修改特征的某个尺寸的修饰,一般操作步骤如下。

步骤 1:双击选中要修改尺寸的特征,在模型中单击要修改其修饰的尺寸,系统弹出如图 8.5.4 所示的"尺寸"对话框。

步骤 2：在"尺寸"对话框中可进行尺寸数值、字体、公差/精度和显示等相应修饰项的设置、修改。

（1）单击"尺寸"对话框中的"公差/精度"，系统将展开如图 8.5.5 所示的"公差/精度"选项区，在此选项区中可以进行尺寸公差/精度的设置。

（2）单击"尺寸"对话框中的"引线"选项卡，系统将展开如图 8.5.6 所示的界面，在该界面中可以进行尺寸界线/引线显示的设置。选中"自定义文字位置"复选框，可以对文字位置进行设置。

图 8.5.4　"尺寸"对话框　　　　图 8.5.5　"公差/精度"选项区　　　　图 8.5.6　"引线"选项卡

（3）单击"数值"选项卡中的"标注尺寸文字"，系统将展开如图 8.5.7 所示的"标注尺寸文字"选项区，在此选项区中可进行尺寸文字的修改。

（4）单击"其他"选项卡，系统切换到如图 8.5.8 所示的界面，在该界面中可进行单位和文本字体的设置。

图 8.5.7　"标注尺寸文字"选项区

图 8.5.8　"其他"选项卡

8.5.2　查看特征的父子关系

在设计树中用鼠标右键单击要查看的特征(凸台－拉伸 5),在系统弹出的如图 8.5.9 所示的快捷菜单中选择"父子关系"命令,弹出如图 8.5.10 所示的"父子关系"对话框,在此对话框中可查看所选特征的父特征和子特征。

图 8.5.9　快捷菜单

图 8.5.10　"父子关系"对话框

8.5.3 删除特征

删除特征的一般操作步骤如下。

步骤 1:选择命令。在如图 8.5.9 所示的快捷菜单中选择"删除"命令,系统弹出如图 8.5.11 所示的"确认删除"对话框。

步骤 2:定义是否删除内含的特征。在"确认删除"对话框中选中"删除内含特征"复选框。

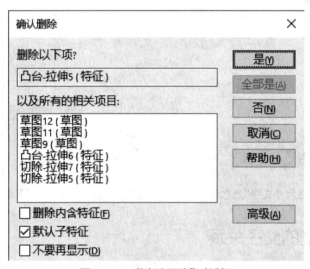

图 8.5.11 "确认删除"对话框

提示:内含特征即所选特征的子代特征。

单击"确认删除"对话框中的"是"按钮,完成特征的删除。

提示:如果要删除的特征是零部件的基础特征(如模型 slide 的拉伸特征"拉伸 1"),需选择 "默认子特征"复选框,否则其子特征会因为失去参考而重建失败。

8.5.4 特征的编辑定义

特征创建完毕后,如果需要重新定义特征的属性、横断面的形状或特征的深度选项,就必须对特征进行"编辑定义",也叫"重定义"。下面以模型 slide 的切除 - 拉伸为例,说明特征的编辑定义的操作方法。

1. 重定义特征的属性

步骤 1:在如图 8.5.12 所示的模型 slide 的设计树中用鼠标右键单击"切除 - 拉伸 7"特征,在系统弹出的快捷菜单中选择"编辑特征"命令 ⊗,弹出"切除 - 拉伸"对话框,如图 8.5.13 所示。

步骤 2:在"切除 - 拉伸"对话框中重新设置特征的深度类型、深度数值及拉伸方向等属性。

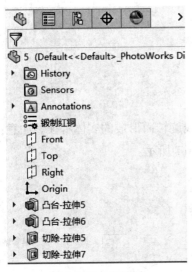

图 8.5.12 设计树

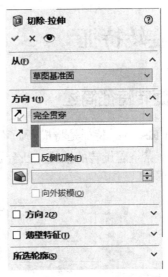

图 8.5.13 "切除 - 拉伸"对话框

步骤 3：单击"切除 - 拉伸"对话框中的"确定"按钮 ✓，完成特征属性的修改。

2. 重定义特征的草图基准平面

在草图绘制环境中修改特征的草图基准平面,方法是在如图 8.5.14 所示的设计树中单击鼠标右键,在系统弹出的如图 8.5.15 所示的快捷菜单中选择"编辑草图"命令 ,在弹出的"草图绘制平面"对话框中可更改草图基准面。

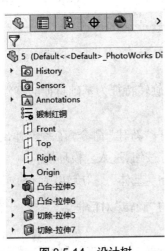

图 8.5.14 设计树

图 8.5.15 快捷菜单

8.6　旋转特征

8.6.1　旋转特征简述

旋转(Revolve)特征是将横断面草图绕着一条轴线旋转而形成的实体特征。注意:旋转特征必须有一条绕着旋转的轴线。凸台旋转特征如图 8.6.1 所示。

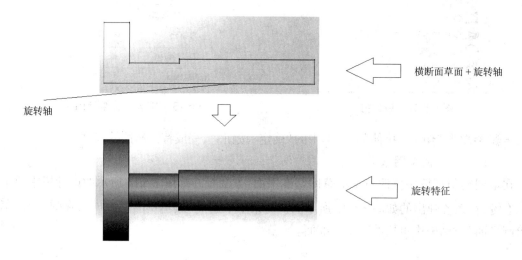

图 8.6.1　凸台旋转特征示意

要创建或重新定义一个旋转体特征,可按下列操作顺序给定特征要素:定义特征属性(草图基准面)→绘制特征横断面草图→确定旋转轴线→确定旋转方向→输入旋转角度。

> **提示:**旋转体特征分为凸台旋转特征和切除旋转特征,这两种旋转特征的横断面都必须是封闭的。

8.6.2　创建旋转凸台特征

下面以图 8.6.2 所示的简单模型为例,讲解在新建以旋转特征为基础特征的零件模型时创建旋转特征的详细过程。

步骤 1:新建模型文件。选择菜单栏中的"文件"→"新建"命令,在系统弹出的"新建 SolidWorks 文件"对话框中选择"零件"模块,单击"确定"按钮,进入建模环境。

步骤 2:选择命令。选择菜单栏中的"插入"→"凸台 / 基体"→"旋转"命令,或者单击特征工具栏中的"旋转"按钮 ,系统弹出如图 8.6.3 所示的"旋转"对话框。

步骤 3:定义特征的横断面草图。

(1)选择草图基准面。在系统"选择: 1)一基准面、平面或边线来绘制特征横断面。"的提示下,选取上视基准面作为草图基准面,进入草图绘制环境。

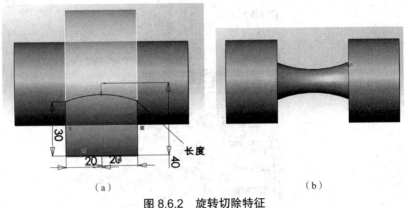

（a）　　　　　　　　　　　（b）

图 8.6.2　旋转切除特征

（a）旋转切除前　（b）旋转切除后

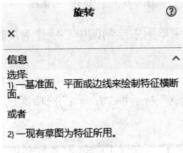

图 8.6.3　"旋转"对话框

（2）绘制如图 8.6.4 所示的横断面草图（包括旋转中心线）。

①绘制草图的大概轮廓。

②建立如图 8.6.4 所示的几何约束和尺寸约束，修改并整理尺寸。

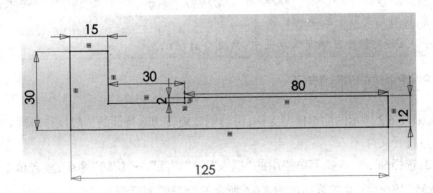

图 8.6.4　横断面草图

（3）完成草图的绘制后，选择菜单栏中的"插入"→"退出草图"命令，退出草图绘制环境，系统弹出如图 8.6.5 所示的"旋转"对话框。

图 8.6.5　"旋转"对话框

步骤 4：定义旋转轴线。采用草图中绘制的中心线作为旋转轴线，此时"旋转"对话框中显示所选中心线的名称。

步骤 5：定义旋转属性。

（1）定义旋转方向。在"旋转"对话框"方向 1"选项区的下拉列表中选择"给定深度"选项，采用系统默认的旋转方向。

（2）定义旋转角度。在"方向 1"选项区 后的"旋转角度"文本框中输入数值 360.00 度。

步骤 6：单击"旋转"对话框中的"确定"按钮 ，完成旋转凸台的创建。

步骤 7：选择菜单栏中的"文件"→"保存"命令，保存零件模型。

> 提示：（1）旋转特征必须有一条旋转轴线，围绕轴线旋转的草图只能在轴线的一侧。
>
> （2）旋转轴线一般是用"中心线"命令绘制的中心线，也可以是用"直线"命令绘制的直线，还可以是草图轮廓的直线边。
>
> （3）如果旋转轴线在横断面草图中，系统会自动识别。

8.6.3　创建旋转切除特征

下面以图 8.6.2 所示的简单模型为例，讲解创建旋转切除特征的一般操作步骤。

步骤 1：打开文件。

步骤 2：选择命令。选择菜单栏中的"插入"→"切除"→"旋转"命令，或者单击特征工具栏中的"旋转"按钮 ，系统弹出如图 8.6.6 所示的"旋转"对话框。

步骤 3：定义特征的横断面草图。

（1）选择草图基准面。在系统"选择：1）一基准面、平面或边线来绘制特征横断面。"的提示下，在设计树中选择前视基准面作为草图基准面，进入草图绘制环境。

（2）绘制如图 8.6.7 所示的横断面草图（包括旋转中心线）。绘制草图的大概轮廓，建立如图 8.6.7 所示的几何约束和尺寸约束，修改并整理尺寸。

（3）完成草图的绘制后,选择菜单栏中的"插入"→"退出草图"命令,退出草图绘制环境,系统弹出如图 8.6.8 所示的"旋转"对话框。

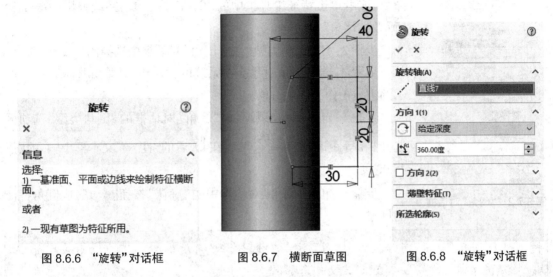

图 8.6.6　"旋转"对话框　　　　图 8.6.7　横断面草图　　　　图 8.6.8　"旋转"对话框

步骤 4:定义旋转轴线。采用草图中绘制的中心线作为旋转轴线。

步骤 5:定义旋转属性。

（1）定义旋转方向。在"旋转"对话框"方向 1"选项区的下拉列表中选择"给定深度"选项,采用系统默认的旋转方向。

（2）定义旋转角度。在"方向 1"选项区的 后"角度"文本框中输入数值 360.00 度。

步骤 6:单击"旋转"对话框中的"确定"按钮 ,完成旋转切除特征的创建。

8.7　倒角特征

倒角(Chamfer)特征实际是在两个相交面的交线上建立斜面的特征。

下面以图 8.7.1 所示的简单模型为例,讲解创建倒角特征的一般操作步骤。

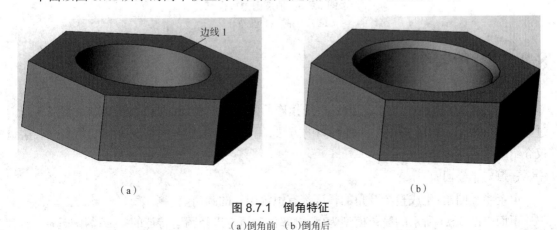

（a）　　　　　　　　　　　　　　　　　（b）

图 8.7.1　倒角特征

（a）倒角前　（b）倒角后

图 8.7.2　"倒角"对话框

步骤 1:打开文件。

步骤 2:选择命令。选择菜单栏中的"插入"→"特征"→"倒角"命令,或者单击特征工具栏中的"倒角"按钮 🔷,系统弹出如图 8.7.2 所示的"倒角"对话框。

步骤 3:定义倒角类型。在"倒角"对话框中选择倒角类型。

步骤 4:选取倒角对象。在系统的提示下,选取如图 8.7.1(a)所示的边线 1 作为倒角对象。

步骤 5:定义倒角参数。在"倒角"对话框的"倒角类型"选项区选择"相等距离"选项 📐,然后在 📐 后的"距离"文本框中输入数值 45.00 度。

步骤 6:单击"倒角"对话框中的"确认"按钮 ✅ ,完成倒角特征的创建。

> 提示:(1)若在"倒角"对话框的"倒角类型"选项区选择"角度距离"选项 📐,则在 📐 和 📐 后的文本框中输入参数,以定义倒角特征。
>
> (2)利用"倒角"对话框还可以创建如图 8.7.3 所示的顶点倒角特征,方法是在定义倒角类型时选择"顶点"选项 🔷,然后选取需倒角的顶点,再输入目标参数即可。

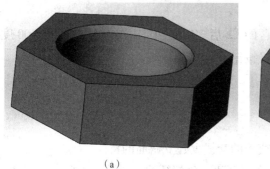
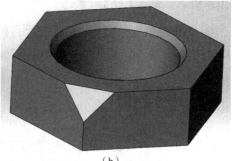

(a)　　　　　　　　　　　　　　　(b)

图 8.7.3　顶点倒角特征

(a)倒角前　(b)倒角后

8.8　圆角特征

圆角特征的功能是建立和与指定边线相连的两个曲面相切的曲面,使实体曲面实现圆滑过渡。SolidWorks 2016 提供了四种圆角的方法,用户可以根据不同情况进行圆角操作。这里仅介绍基本的三种。

1.恒定半径圆角

恒定半径圆角:生成整个圆角的长度都有恒定半径的圆角。

下面以图 8.8.1 所示的简单模型为例,讲解创建恒定半径圆角特征的一般操作步骤。

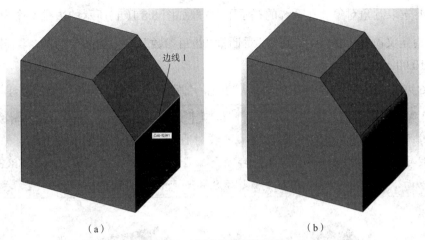

（a）　　　　　　　　　　　　　　　（b）

图 8.8.1　　恒定半径圆角特征

（a）圆角前　（b）倒角后

步骤 1：打开文件。

步骤 2：选择命令。选择菜单栏中的"插入"→"特征"→"圆角"命令，或者单击特征工具栏中的"圆角"按钮  ，系统弹出如图 8.8.2 所示的"圆角"对话框。

图 8.8.2　"圆角"对话框

步骤 3：定义圆角类型。在"圆角"对话框的"手工"选项卡的"圆角类型"选项区中选择"恒定大小圆角"选项 。

步骤 4：选取圆角对象。在系统的提示下，选取如图 8.8.1(a)所示的边线 1 作为圆角对象。

步骤 5：定义圆角参数。在"圆角"对话框"圆角参数"选项区的 后的"半径"文本框中输入数值 10.00 mm。

步骤 6：单击"圆角"对话框中的"确认"按钮 ，完成恒定半径圆角特征的创建。

> 提示："圆角"对话框中还有一个选项卡，此选项卡仅在创建恒定半径圆角特征时发挥作用，通过此选项卡可生成多个圆角，并在需要时自动将圆角重新排序。
>
> 恒定半径圆角特征的圆角对象也可以是面或环等元素。例如选取如图 8.8.3(a)所示的表面 1 作为圆角对象，可创建如图 8.8.3(b)所示的圆角特征。

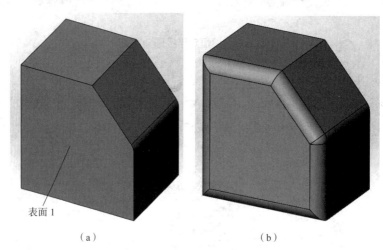

表面 1

（a） （b）

图 8.8.3 恒定半径圆角特征

（a）圆角前 （b）圆角后

2. 变量半径圆角

变量半径圆角：生成包含变量半径值的圆角，可以使用控制点帮助定义圆角。

下面以图 8.8.4 所示的简单模型为例，讲解创建变量半径圆角特征的一般操作步骤。

步骤 1：打开文件。

步骤 2：选择命令。选择菜单栏中的"插入"→"特征"→"圆角"命令，或者单击特征工具栏中的"圆角"按钮 ，系统弹出如图 8.8.2 所示的"圆角"对话框。

步骤 3：定义圆角类型。在"圆角"对话框"手工"选项卡的"圆角类型"选项区中选择"变量大小圆角"选项 。

步骤 4：选取圆角对象。选取如图 8.8.4(a)所示的边线 1 作为圆角对象。

步骤 5：定义圆角参数。

（1）定义实例数。在"圆角"对话框"变半径参数"选项区的 后的"实例数"文本框中输入数值 2，如图 8.8.5 所示。

> 提示：实例数即所选边线上需要设定半径值的点(除起点和端点外)的数目。

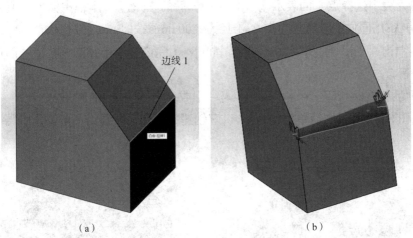

图 8.8.4　变量半径圆角特征

(a)圆角前　(b)圆角后

（2）定义起点与端点半径。在"变半径参数"选项区的"附加的半径"列表中选择"V1"，然后在 后的"半径"文本框中输入数值 20.00 mm，如图 8.8.5 所示，按【Enter】键确认。

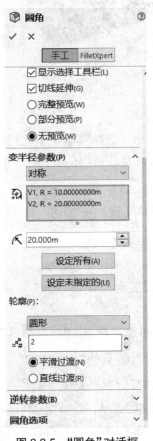

图 8.8.5　"圆角"对话框

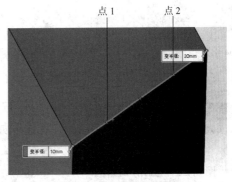

图 8.8.6　定义圆角参数

（3）在图形区选取如图 8.8.6 所示的点 1（此时点 1 被加入 后的"附加的半径"列表

中），然后在列表中选择点 1 的表示项"P1"，在 ↖ 后的"半径"文本框中输入数值 8.00 mm，按【 Enter 】键确认；用同样的方法操作点 2，半径为 6.00 mm，按【 Enter 】键确认。

步骤 6：单击"圆角"对话框中的"确定"按钮 ☑ ，完成变量半径圆角特征的创建。

3. 完整圆角

完整圆角：生成相切于三个相邻面组（ 与一个或多个面相切 ）的圆角。

下面以图 8.8.7 所示的简单模型为例，讲解创建完整圆角特征的一般操作步骤。

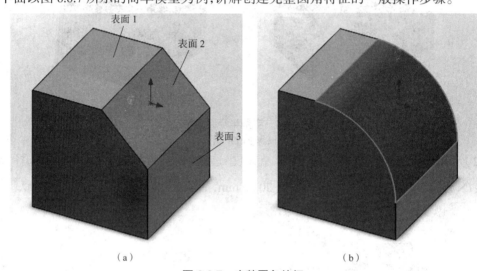

图 8.8.7　完整圆角特征

（ a ）圆角前　（ b ）圆角后

步骤 1：打开文件。

步骤 2：选择命令。选择菜单栏中的"插入"→"特征"→"圆角"命令，或者单击特征工具栏中的"圆角"按钮 ，系统弹出如图 8.8.8 所示的"圆角"对话框。

步骤 3：定义圆角类型。在"圆角"对话框"手工"选项卡的"圆角类型"选项区中选择"完整圆角"选项 。

步骤 4：定义边侧面组和中央面组。

（ 1 ）定义边侧面组 1。选取图 8.8.7（ a ）所示的表面 1 作为边侧面组 1。

（ 2 ）定义中央面组。在"圆角"对话框的"圆角项目"选项区单击以激活 后的"中央面组"文本框，然后选取如图 8.8.7（ a ）所示的表面 2 作为中央面组。

（ 3 ）定义边侧面组 2。单击以激活 后的"边侧面组 2"文本框，然后选取如图 8.8.7（ a ）所示的表面 3 作为边侧面组 2。

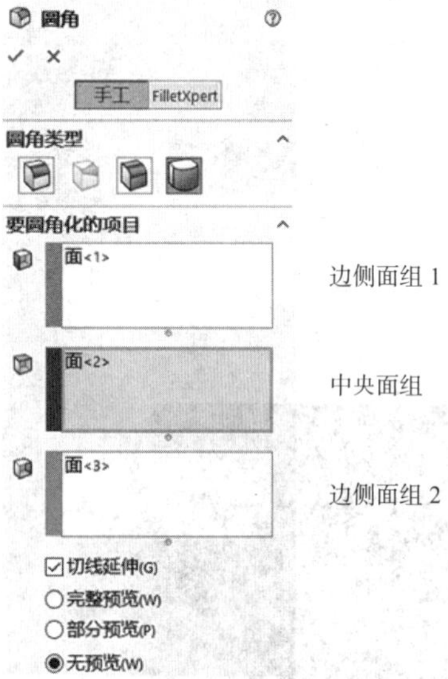

图 8.8.8　"圆角"对话框

步骤 5：单击"圆角"对话框中的"确定"按钮 ☑ ，完成完整圆角特征的创建。

提示:一般而言,在生成圆角时最好遵循以下规则。

（1）在添加小圆角之前添加较大的圆角。当有多个圆角汇聚于一个顶点时,先生成较大的圆角。

（2）在添加圆角前先添加拔模特征。如果要生成具有多个圆角边线及拔模面的铸模零件,在大多数情况下,应在添加圆角之前添加拔模特征。

（3）最后添加装饰用的圆角。在大多数其他几何体定位后,再尝试添加装饰圆角。越早添加装饰圆角,系统花费在重建零件上的时间就越长。

（4）如果要加快零件重建的速度,可使用单一圆角操作来处理需要相同半径的圆角的多条边线。如果改变此圆角的半径,则在同一操作中生成的所有圆角的半径都会改变。

8.9　装饰螺纹线特征

装饰螺纹线（Thread）是在其他特征上创建的,并能在模型上清楚地显示出来的起修饰作用的特征,是表示螺纹直径的修饰特征。与其他修饰特征不同,螺纹的线型是不能修改修饰的,本例中的螺纹以系统默认的极限公差来创建。

装饰螺纹线可以表示外螺纹或内螺纹,可以是不通的或贯通的,可通过指定螺纹内径或螺纹外径（分别对于外螺纹和内螺纹）来创建装饰螺纹线,装饰螺纹线在零件建模时并不能完整地反映螺纹,但在工程图中会清晰地显示出来。

圆形边线

图 8.9.1　装饰螺纹线特征

步骤 1:打开文件,如图 8.9.1 所示。

步骤 2:选择命令。选择菜单栏中的"插入"→"注解"→"装饰螺纹线"命令,系统弹出如图 8.9.2 所示的"装饰螺纹线"对话框。

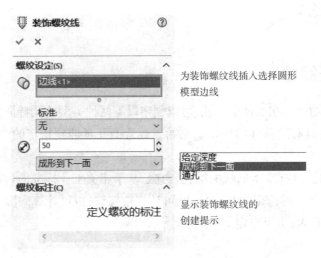

图 8.9.2　"装饰螺纹线"对话框

图 8.9.3　"装饰螺纹线"对话框

步骤 3：定义螺纹的圆形边线。选取如图 8.9.1 所示的边线作为螺纹的圆形边线。

步骤 4：定义螺纹的次要直径。在图 8.9.3 所示的"装饰螺纹线"对话框的◎后的"圆形边线"文本框中输入数值 15.00 mm。

步骤 5：定义螺纹深度类型和深度数值。在图 8.9.3 所示的"装饰螺纹线"对话框的下拉列表中选择"给定深度"选项，然后在📏后的"深度"文本框中输入数值 60.00 mm。

步骤 6：单击"装饰螺纹线"对话框中的"确定"按钮✅，完成装饰螺纹线特征的创建。

8.10　孔特征

8.10.1　孔特征简述

孔特征命令的功能是在实体上钻孔，可以创建以下两种类型的孔特征。

（1）简单直孔：具有圆截面的切口。它始于放置面并延伸到指定的终止面或用户定义的深度。

（2）异型向导孔：具有基本形状的螺孔。它是基于相关工业标准的、具有不同末端形状的标准沉头孔和埋头孔。对选定的紧固件，既可计算攻螺纹，也可计算间隙直径；用户既可利用系统提供的标准查找表，也可自定义孔的大小。

8.10.2　创建孔特征(简单直孔)

下面以图 8.10.1 所示的简单模型为例,讲解在模型上创建孔特征(简单直孔)的一般操作步骤。

步骤 1:打开文件。

步骤 2:选择命令。选择菜单栏中的"插入"→"特征"→"简单直孔"命令,或者单击特征工具栏中的"简单直孔"按钮 ⬚,系统弹出如图 8.10.2 所示的"孔"对话框。

步骤 3:定义孔的放置面。选取如图 8.10.1(a)所示的模型表面作为孔的放置面,系统弹出如图 8.10.3 所示的"孔"对话框。

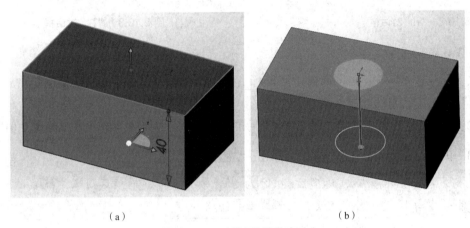

（a）　　　　　　　　　　　　　　　　　（b）

图 8.10.1　孔特征(简单直孔)

（a）钻孔前　（b）钻孔后

步骤 4:定义孔的参数。

(1)定义孔的深度。在如图 8.10.3 所示的"孔"对话框"方向 1"选项区的下拉列表中选择"完全贯穿"选项。

(2)定义孔的直径。在如图 8.10.3 所示的"孔"对话框"方向 1"选项区的 ⬚ 后的"圆形边线"文本框中输入数值 10.00 mm。

步骤 5:单击"孔"对话框中的"确定"按钮 ✓ ,完成简单直孔的创建。

> 提示:此时的简单直孔是没有经过定位的,创建孔的位置即为用户选择孔的放置面时鼠标在模型表面单击的位置。

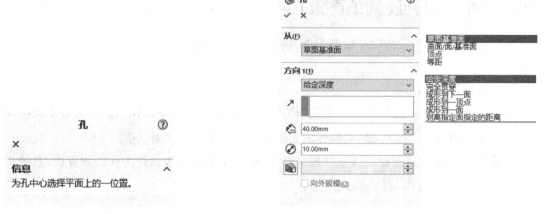

图 8.10.2　"孔"对话框　　　　　　　　　　　图 8.10.3　"孔"对话框

步骤 6：编辑孔的定位。

（1）进入定位草图。在设计树中用鼠标右键单击 孔1 ，在弹出的快捷菜单中选择"绘制草图"命令，进入草图绘制环境。

（2）添加尺寸约束。创建如图 8.10.4 所示的两个尺寸，并修改为设计要求的尺寸值。

（3）单击草图工具栏中的"退出草图"按钮 ，退出草图绘制环境。

> **提示：** "孔"对话框中有"从"选项区和"方向 1"选项区。"从"选项区用来定义孔的起始条件；"方向 1"选项区用来设置孔的终止条件。

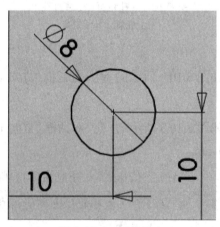

图 8.10.4　尺寸约束

在如图 8.10.3 所示的"孔"对话框的"从"选项区中点击"草图基准面"选项后的向下的三角，可选择四种起始条件选项，各选项功能如下。

①草图基准面：表示特征从草图基准面开始生成。

②曲面 / 面 / 基准面：若选择此选项，则需选择一个面作为孔的起始面。

③顶点：若选择此选项，则需选择一个顶点，所选顶点所在的与草绘基准面平行的面即为

孔的起始面。

④等距:若选择此选项,则需输入一个数值,此数值是孔的起始面与草绘基准面间的距离。必须注意的是,控制距离的反向可以通过下拉列表右侧的"反向"按钮实现,但不能在"尺寸"文本框中输入负值。

在如图 8.10.3 所示的"孔"对话框的"方向 1"选项区中选择"完全贯穿"选项后的向下的三角,可选择六种终止条件选项,各选项功能如下。

①给定深度:可以创建确定深度的特征,此时特征从草绘平面开始,按照所输入的数值(即拉伸深度数值)向特征创建的方向一侧生成。

②完全贯穿:特征与所有曲面相交。

③成形到下一面:特征在拉伸方向上延伸,直至与平面或曲面相交。

④成形到一顶点:特征在拉伸方向上延伸,直至与顶点所在的面(此面必须与草图基准面平行)相交。

⑤成形到一面:特征在拉伸方向上延伸,直到与指定的平面相交。

⑥到离指定面指定的距离:若选择此选项,则需先选择一个面,并输入指定的距离,特征将从孔的起始面开始到离所选面指定距离处终止。

8.10.3　创建异型向导孔

下面以图 8.10.5 所示的简单模型为例,讲解创建异型向导孔的一般操作步骤。

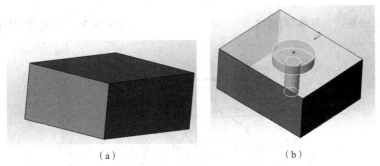

（a）　　　　　　　　　　　　　　（b）

图 8.10.5　孔特征(异型向导孔)

（a）钻孔前　（b）钻孔后

步骤 1:打开文件。

步骤 2:选择命令。选择菜单栏中的"插入"→"特征"→"孔向导"命令,系统弹出如图 8.10.6 所示的"孔规格"对话框。

步骤 3:定义孔的位置。

（1）定义孔的放置面。在"孔规格"对话框中单击"位置"选项卡,系统弹出如图 8.10.7 所示的"孔位置"对话框。选取如图 8.10.5(a)所示模型的上表面作为孔的放置面,在放置面上单击鼠标左键以确定孔的位置。

（2）建立尺寸约束。在"草图"选项卡中单击"智能尺寸"按钮 ，创建如图 8.10.8 所示的尺寸约束。

选择标准,如 GB 或 ANSI Metric 等

选择类型

定义孔的规格

选择配合类型,如紧密、松弛、正常

设定孔特征的终止条件

选项会根据孔的类型而变化

图 8.10.6　"孔规格"对话框　　　　图 8.10.7　"孔位置"对话框

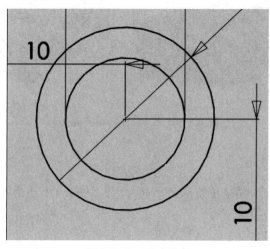

图 8.10.8　尺寸约束

步骤 4:定义孔的参数。

(1)定义孔的规格。在如图 8.10.6 所示的"孔规格"对话框中单击"类型"选项卡,选择"孔类型"为柱形沉头孔,"标准"为 GB,"类型"为 Hex head bolts GB/T5782-2,"大小"为 M6,

"配合"为正常。

（2）定义孔的终止条件。在"孔规格"对话框的"终止条件"下拉列表中选择"完全贯穿"选项。

步骤 5：单击"孔规格"对话框中的"确定"按钮，完成异型向导孔的创建。

8.11　筋（肋）特征

筋（肋）特征的创建过程与拉伸特征基本相似，不同的是，筋（肋）特征的截面草图是不封闭的，其截图只是一条直线（图 8.11.1（b））。但需要注意的是：截面两端必须与接触面对齐。

下面以图 8.11.1 所示的模型为例，讲解创建筋（肋）特征的一般操作步骤。

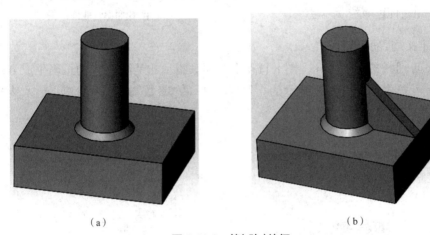

（a）　　　　　　　　　　　　　　　（b）

图 8.11.1　筋（肋）特征

（a）创建筋（肋）前　（b）创建筋（肋）后

步骤 1：打开文件。

步骤 2：选择命令。选择菜单栏中的"插入"→"特征"→"筋"命令，或者单击特征工具栏中的"筋"按钮。

步骤 3：定义筋（肋）特征的横断面草图。

（1）选择草图基准面。完成上一步操作后，系统弹出如图 8.11.2 所示的"筋"对话框，在系统的提示下，选择上视基准面作为筋的草图基准面，进入草图绘制环境。

（2）绘制截面的几何图形（如图 8.11.3 所示的直线）。

（3）添加几何约束和尺寸约束，并将尺寸数值修改为设计要求的尺寸数值，如图 8.11.3 所示。

（4）单击"退出草图"按钮，退出草图绘制环境。

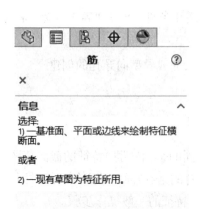

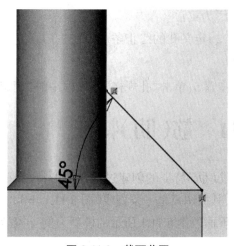

图 8.11.2　"筋"对话框　　　　　　　　　　　图 8.11.3　截面草图

步骤 4:定义筋(肋)特征的参数。

(1)定义筋(肋)的生成方向。图 8.11.4 中的箭头指示的是筋(肋)的正确生成方向,若方向与之相反,可选中如图 8.11.5 所示的"筋"对话框的"参数"选项区的"反转材料方向"复选框。

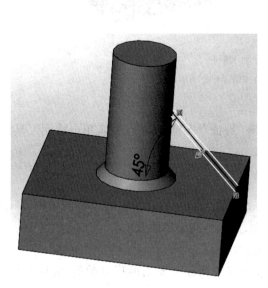

图 8.11.4　定义筋(肋)的生成方向　　　　　　　图 8.11.5　"筋"对话框

(2)定义筋(肋)的厚度。在如图 8.11.5 所示的"筋"对话框的"参数"选项区中单击"两侧"按钮 ▤ ,然后在 ⌂ 后的"筋(肋)厚度"文本框中输入数值 4.00 mm。

步骤 5:单击"筋"对话框中的"确定"按钮 ✓ ,完成筋(肋)特征的创建。

8.12　抽壳特征

抽壳(Shell)特征是将实体的内部掏空,留下一定壁厚(等壁厚或多壁厚)的空腔。该空腔可以是封闭的,也可以是开放的,如图 8.12.1 所示。在使用该命令时,要注意各特征的创建次序。

1. 等壁厚抽壳

下面以图 8.12.1 所示的简单模型为例,讲解创建等壁厚抽壳特征的一般操作步骤。

表面 1
表面 2
表面 3

（a）　　　　　　　　　　　　　　　　　　　　（b）

图 8.12.1　等壁厚抽壳特征

（a）抽壳前　（b）抽壳后

步骤 1:打开文件。

步骤 2:选择命令。选择菜单栏中的"插入"→"特征"→"抽壳"命令,或者单击特征工具栏中的"抽壳"按钮 ,系统弹出如图 8.12.2 所示的"抽壳"对话框。

步骤 3:定义抽壳厚度。在"参数"区域的 后的"厚度"文本框中输入数值 2.00 mm。

步骤 4:选取要移除的面。选取如图 8.12.1(a)所示的表面 1、表面 2 和表面 3 作为要移除的面。

步骤 5:单击"抽壳"对话框中的"确定"按钮 ,完成等壁厚抽壳特征的创建。

2. 多壁厚抽壳

利用"多壁厚抽壳"命令可以生成不同面具有不同壁厚的抽壳特征。

步骤 1:打开文件。

步骤 2:选择命令。选择菜单栏中的"插入"→"特征"→"抽壳"命令,或者单击特征工具栏中的"抽壳"按钮 ,系统弹出如图 8.12.2 所示的"抽壳"对话框。

步骤 3:选取要移除的面。选取如图 8.12.1(a)所示的表面 1、表面 2、表面 3 作为要移除的面。

步骤 4:定义抽壳厚度。

(1)定义抽壳剩余面的默认厚度。在如图 8.12.2 所示的"抽壳"对话框"参数"选项区的后的"厚度"文本框中输入数值 2.00 mm。

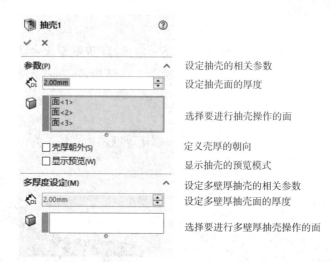

图 8.12.2 "抽壳"对话框

（2）定义抽壳剩余面中指定面的厚度。

①在如图 8.12.2 所示的"抽壳"对话框中单击"多厚度设定"选项区中的 后的"多厚度面"文本框。

②选取如图 8.12.3 所示的表面 4（侧面）作为指定面，然后在"多厚度设定"选项区中的 后的"厚度"文本框中输入数值 8.00 mm。

③选取如图 8.12.3 所示的表面 5 和表面 6（侧面）作为指定面，分别输入数值 6.00 mm 和 4.00 mm。

步骤 5：单击"抽壳"对话框中的"确定"按钮 ，完成多壁厚抽壳特征的创建。

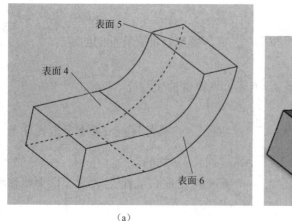

（a）

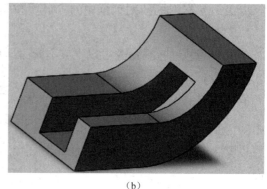

（b）

图 8.12.3 多壁厚抽壳特征

（a）抽壳前 （b）抽壳后

8.13　特征的重新排序及插入操作

8.13.1　概述

在 8.12 节中曾提到对零件进行抽壳时,零件中特征的创建顺序非常重要。如果各特征的创建顺序安排不当,抽壳特征会生成失败,有时即使能生成抽壳特征,结果也不符合设计的要求,可按下面的操作步骤进行验证。

步骤 1:打开文件。

步骤 2:将模型设计树中的半径从 R6 改成 R15,会看到模型的底部出现了多余的实体区域,如图 8.13.1(b)所示,显然这不符合设计意图。之所以会产生这样的问题,是因为圆角特征和抽壳特征的顺序安排不当。解决办法是将圆角特征调整到抽壳特征的前面,这种特征顺序的调整就是特征的重新排序。

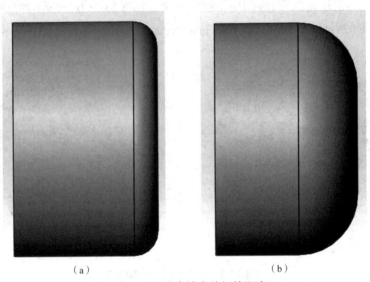

(a)　　　　　　　　　　　　　(b)

图 8.13.1　注意抽壳特征的顺序

(a)改变圆角半径前　　(b)改变圆角半径后

8.13.2　重新排序的操作方法

如图 8.13.2 所示,在零件的设计树中选取特征"圆角 1",按住鼠标左键不放并拖动鼠标,拖至特征"抽壳 1"的上面,然后松开鼠标,这样圆角特征就调整到抽壳特征的前面了。

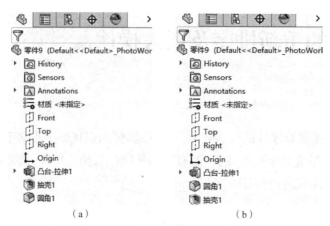

图 8.13.2　特征的重新排序

（a）重新排序前　（b）重新排序后

8.13.3　特征的插入操作

当所有的特征创建完成后,假如还要创建一个如图 8.13.3（b）所示的切除 - 拉伸特征,并要求该特征在圆角特征的后面,可以利用"特征的插入"功能。下面说明其一般操作步骤。

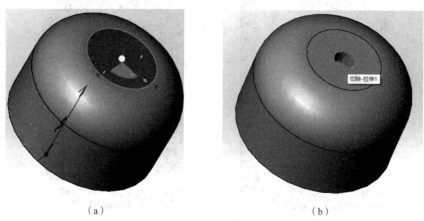

图 8.13.3　创建切除 - 拉伸特征

（a）创建前　（b）创建后

步骤 1:定义创建特征的位置。在设计树中将退回控制棒拖动到特征之后。

步骤 2:定义创建的特征。

（1）选择命令。选择菜单栏中的"插入"→"切除"→"拉伸"命令。

（2）绘制横断面草图。选取如图 8.13.3（a）所示的模型表面作为草图基准面,绘制如图 8.13.4 所示的横断面草图。

（3）定义深度属性。采用系统默认的方向,在"深度类型"下拉列表中选择"给定深度"选项,输入深度值 10.00 mm。

步骤 3:完成切除 - 拉伸特征的创建后,将退回控制棒拖动到抽壳特征后,显示所有特征,如图 8.13.5 所示。

提示:若不用退回控制棒插入特征,而直接将切除 - 拉伸特征添加到抽壳特征之后,如图
　　8.13.6 所示。

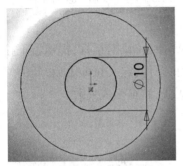

图 8.13.4　横断面草图　　　　图 8.13.5　退回添加特征后　　　　图 8.13.6　直接添加到抽壳特征后

8.14　特征生成失败及其解决方法

在创建或重新定义特征时,若给定的数据不当或参照丢失,就会出现特征生成失败的警告,下面说明特征生成失败的情况及解决方法。

8.14.1　特征生成失败

这里以简单模型为例进行说明。如果进行下列编辑定义操作(图 8.14.1),将发生特征生成失败。

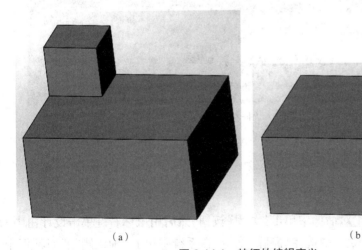

（a）　　　　　　　　　　　　　　　　（b）

图 8.14.1　特征的编辑定义

（a）编辑定义前　（b）编辑定义后

步骤 1:打开文件。

步骤 2:在如图 8.14.2 所示的设计树中,用鼠标左键单击节点前的三角符号展开特征"凸

台 - 拉伸 1",用鼠标右键单击截面草图标识 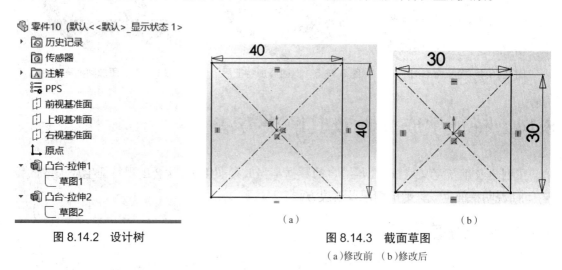草图1,在弹出的快捷菜单中选择"草图绘制"命令,进入草图绘制环境。

步骤 3:修改截面草图。将截面草图的尺寸约束改为如图 8.14.3 所示,单击"退出草图"按钮,完成截面草图的修改。

步骤 4:退出草图绘制环境后,系统弹出如图 8.14.4 所示的"什么错"对话框,提示特征拉伸 2 有问题。这是因为拉伸 2 采用的是"成形到下一面"的终止条件,定义拉伸 1 后,新的终止条件无法完全覆盖拉伸 2 的截面草图,造成特征的终止条件丢失,特征生成失败。

图 8.14.2　设计树

图 8.14.3　截面草图
（a）修改前　（b）修改后

图 8.14.4　"什么错"对话框

8.14.2　特征生成失败的解决方法

解决方法 1:删除第二个拉伸特征。

在系统弹出的"什么错"对话框中单击"关闭"按钮,然后用鼠标右键单击设计树中的"凸台 - 拉伸 2",在弹出的快捷菜单中选择"删除"命令;在系统弹出的"确认删除"对话框中选中"删除内含特征"复选框,单击"是"按钮,删除第二个拉伸特征及其草图。

解决方法 2:更改第二个拉伸特征的草图基准面。

在"什么错"对话框中单击"关闭"按钮,然后用鼠标右键单击设计树中的"草图 2",在弹出的快捷菜单中选择"草图绘制"命令,修改成如图 8.14.5(b)所示的横断面草图。

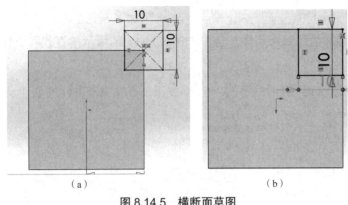

图 8.14.5　横断面草图

（a）修改前　（b）修改后

8.15　参考几何体

8.15.1　基准面

　　基准面也称基准平面。在创建一般特征时，如果模型上没有合适的平面，用户可以创建基准面作为特征截图的草图平面及参照平面，也可以根据一个基准面进行标注，就好像它是一条边。基准面的大小可以调整，以使其看起来适合零件、特征、曲面、边、轴后半径。

　　要选择一个基准面，可以选择其名称，或选择它的一条边界。

　　1. 通过直线一点创建基准面

　　通过直线一点创建基准面（图 8.5.1）的一般操作步骤如下。

　　步骤 1：打开文件。

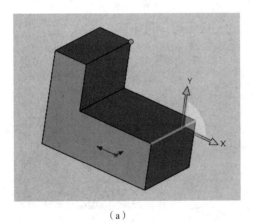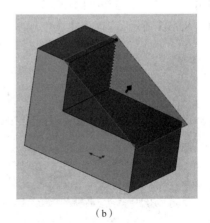

（a）　　　　　　　　　　　　（b）

图 8.15.1　通过直线一点创建基准面

（a）创建前　（b）创建后

　　步骤 2：选择命令。选择菜单栏中的"插入"→"参考几何体"→"基准面"命令，或者单击参考几何体工具栏中的"基准面"按钮 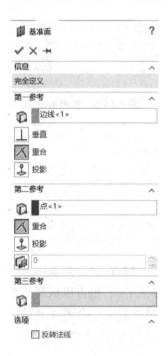，系统弹出如图 8.15.2 所示的"基准面"对话框。

步骤 3:定义基准面的参考实体。选取如图 8.15.1(a)所示的直线和点作为要创建的基准面的参考实体。

步骤 4:单击"基准面"对话框中的"确定"按钮 ✓ ,完成基准面的创建。

图 8.15.2 "基准面"对话框

2. 垂直于曲线创建基准面

利用点和曲线创建基准面,此基准面通过所选点,且与选定的曲线垂直。

如图 8.15.3 所示,垂直于曲线创建基准面的一般操作步骤如下。

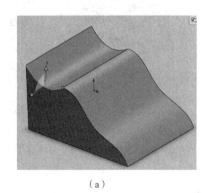
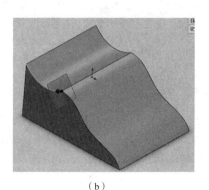

（a）　　　　　　　　　　　　　　　　　　　　（b）

图 8.15.3 垂直于曲线创建基准面

（a）创建前 （b）创建后

步骤 1:打开文件。

步骤 2:选择命令。选择菜单栏中的"插入"→"参考几何体"→"基准面"命令,或者单击参考几何体工具栏中的"基准面"按钮 ,系统弹出如图 8.15.2 所示的"基准面"对话框。

步骤 3:定义基准面的参考实体。选取如图 8.15.3(a)所示的点和边线作为要创建的基准面的参考实体。

步骤 4:单击"基准面"对话框中的"确定"按钮 ,完成基准面的创建。

3. 创建与曲面相切的基准面

创建与曲面相切的基准面的一般操作步骤如下。

步骤 1:打开文件。

步骤 2:选择命令。选择菜单栏中的"插入"→"参考几何体"→"基准面"命令,或者单击参考几何体工具栏中的"基准面"按钮 ,系统弹出如图 8.15.2 所示的"基准面"对话框。

步骤 3:定义基准面的参考实体。选取如图 8.15.4(a)所示的点和曲面作为要创建的基准面的参考实体。

步骤 4:单击"基准面"对话框中的"确定"按钮 ,完成基准面的创建。

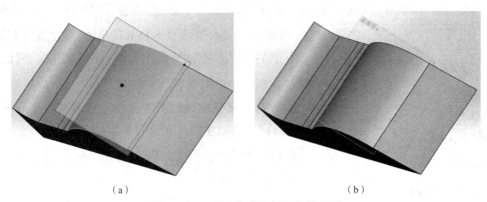

（a）　　　　　　　　　　　　　　　（b）

图 8.15.4　创建与曲面相切的基准面

（a）创建前　（b）创建后

8.15.2　基准轴

"基准轴"按钮 的功能是在零件设计模块中创建轴线。同基准面一样,基准轴也可以用作创建特征时的参照,并且基准轴对创建基准面、同轴放置项目和径向阵列特别有用。

创建基准轴后,系统依次自动为其分配名称基准轴 1、基准轴 2 等。要选取一个基准轴,可选择基准轴自身或其名称。

1. 利用两平面创建基准轴

可以利用两个平面的交线创建基准轴。平面可以是系统提供的基准面,也可以是模型表面。如图 8.15.5 所示,利用两平面创建基准轴的一般操作步骤如下。

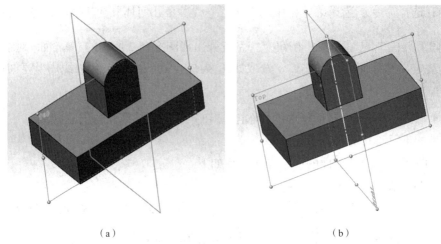

（a） （b）

图 8.15.5　利用两平面创建基准轴

（a）创建基准轴前　（b）创建基准轴后

图 8.15.6　"基准轴"对话框

步骤 1：打开文件。

步骤 2：选择命令。选择菜单栏中的"插入"→"参考几何体"→"基准轴"命令，或者单击参考几何体工具栏中的"基准轴"按钮 ，系统弹出图 8.15.6 所示的"基准轴"对话框。

步骤 3：定义基准轴的创建类型。在"基准轴"对话框的"选择"选项区中单击"两平面"按钮 。

步骤 4：定义基准轴的参考实体。选取前视基准面和上视基准面作为要创建的基准轴的参考实体。

步骤 5：单击"基准轴"对话框中的"确定"按钮 ，完成基准轴的创建。

2. 利用两点 / 顶点创建基准轴

利用两点连线创建基准轴，点可以是顶点、边线中点或其他基准点。

下面介绍创建如图 8.15.7（b）所示的基准轴的一般操作步骤。

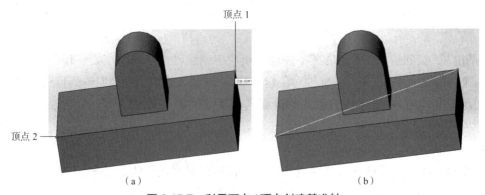

（a） （b）

图 8.15.7　利用两点 / 顶点创建基准轴

（a）创建基准轴前　（b）创建基准轴后

步骤 1:打开文件。

步骤 2:选择命令。选择菜单栏中的"插入"→"参考几何体"→"基准轴"命令,或者单击参考几何体工具栏中的"基准轴"按钮 ,系统弹出如图 8.15.6 所示的"基准轴"对话框。

步骤 3:定义基准轴的创建类型。在"基准轴"对话框的"选择"选项区中单击"两点 / 顶点"按钮 。

步骤 4:定义基准轴的参考实体。选取如图 8.15.7(a)所示的顶点 1 和顶点 2 作为基准轴的参考实体。

步骤 5:单击"基准轴"对话框中的"确认"按钮 ,完成基准轴的创建。

3. 利用圆柱 / 圆锥面创建基准轴

下面介绍创建如图 8.15.8(b)所示的基准轴的一般操作步骤。

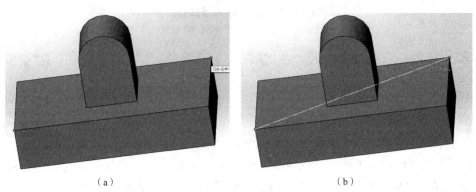

（a） （b）

图 8.15.8 利用圆柱 / 圆锥面创建基准轴

（a）创建基准轴前 （b）创建基准轴后

步骤 1:打开文件。

步骤 2:选择命令。选择菜单栏中的"插入"→"参考几何体"→"基准轴"命令,或者单击参考几何体工具栏中的"基准轴"按钮 ,系统弹出如图 8.15.6 所示的"基准轴"对话框。

步骤 3:定义基准轴的创建类型。在"基准轴"对话框的"选择"选项区中单击"圆柱 / 圆锥面"按钮 。

步骤 4:定义基准轴的参考实体。选取如图 8.15.8(a)所示的半圆柱面作为基准轴的参考实体。

步骤 5:单击"基准轴"对话框中的"确定"按钮 ,完成基准轴的创建。

4. 利用点和面 / 基准面创建基准轴

选择一个点和一个曲面(或基准面)生成基准轴,此基准轴通过所选点且垂直于所选曲面(或基准面)。需要注意的是,如果所选面是曲面,那么所选点必须位于曲面上。

下面介绍创建如图 8.15.9(b)所示的基准轴的一般操作步骤。

步骤 1:打开文件。

步骤 2:选择命令。选择菜单栏中的"插入"→"参考几何体"→"基准面"命令,或者单击参考几何体工具栏中的"基准轴"按钮 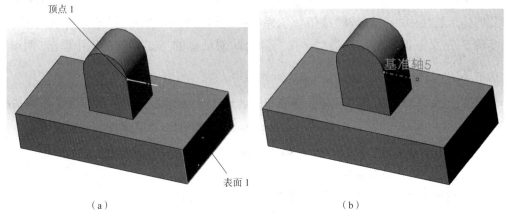，系统弹出如图 8.15.6 所示的"基准轴"对话框。

顶点 1

表面 1

（a）　　　　　　　　　　　　　　（b）

图 8.15.9　利用点和面 / 基准面创建基准轴

（a）创建基准轴前　（b）创建基准轴后

步骤 3：定义基准轴的创建类型。在"基准轴"对话框的"选择"选项区中单击"点和面 / 基准面"按钮 。

步骤 4：定义基准轴的参考实体。

（1）定义轴线通过的点。选取如图 8.15.9（a）所示的顶点 1 作为轴线通过的点。

（2）定义轴线的法向平面。选取如图 8.15.9（a）所示的表面 1 作为轴线的法向平面。

步骤 5：单击"基准轴"对话框中的"确定"按钮 ，完成基准轴的创建。

8.15.3　点

"点"按钮 的功能是在零件设计模块中创建点，作为创建其他实体的参考元素。

1. 利用圆弧中心创建点

下面介绍创建如图 8.15.10（b）所示的点的一般操作步骤。

边线

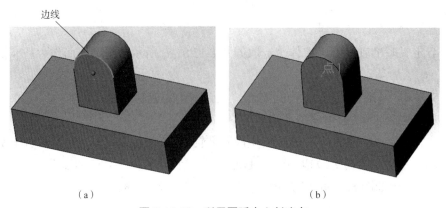

（a）　　　　　　　　　　　　　　（b）

图 8.15.10　利用圆弧中心创建点

（a）创建点前　（b）创建点后

步骤 1：打开文件。

步骤 2：选择命令。选择菜单栏中的"插入"→"参考几何体"→"点"命令，或者单击参考几何体工具栏中的"点"按钮 ▪ ，系统弹出如图 8.15.11 所示的"点"对话框。

步骤 3：定义点的创建类型。在"点"对话框的"选择"选项区中单击"圆弧中心"按钮 ⌖ 。

步骤 4：定义点的参考实体。选取如图 8.15.10(a)所示的边线作为点的参考实体。

步骤 5：单击"点"对话框中的"确定"按钮 ✓ ，完成点的创建。

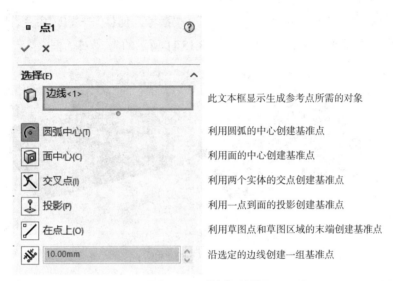

图 8.15.11 "点"对话框

2. 利用面中心创建点

下面介绍创建如图 8.15.12(b)所示的点的一般操作步骤。

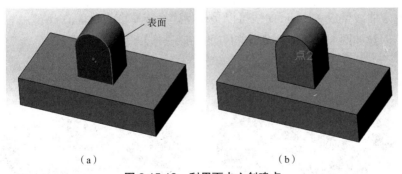

（a）　　　　　　　　　　（b）

图 8.15.12 利用面中心创建点

（a）创建点前 　（b）创建点后

步骤 1：打开文件。

步骤 2：选择命令。选择菜单栏中的"插入"→"参考几何体"→"点"命令，或者单击参考几何体工具栏中的"点"按钮 ▪ ,系统弹出如图 8.15.11 所示的"点"对话框。

　　步骤 3:定义点的创建类型。在"点"对话框的"选择"选项区中单击"面中心"按钮 📦 。

　　步骤 4:定义点的参考实体。选取如图 8.15.12(a)所示的表面作为点的参考实体。

　　步骤 5:单击"点"对话框中的"确定"按钮 ✅ ,完成点的创建。

3. 利用交叉点创建点

在所选参考实体的交点处创建点,参考实体可以是边线、曲线或草图线段。

下面介绍创建如图 8.15.13(b)所示的点的一般操作步骤。

　　步骤 1:打开文件。

　　步骤 2:选择命令。选择菜单栏中的"插入"→"参考几何体"→"点"命令,或者单击参考
几何体工具栏中的"点"按钮 ▪ ,系统弹出如图 8.15.11 所示的"点"对话框。

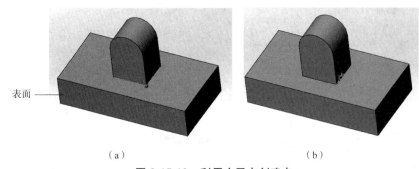

表面

　　　　　　(a)　　　　　　　　　　　　　　(b)

图 8.15.13　利用交叉点创建点

(a)创建点前　(b)创建点后

　　步骤 3:定义点的创建类型。在"点"对话框的"选择"选项区中单击"交叉点"按钮 ✕ 。

　　步骤 4:定义点的参考实体。选取如图 8.15.13(a)所示的表面作为点的参考实体。

　　步骤 5:单击"点"对话框中的"确定"按钮 ✅ ,完成点的创建。

4. 沿曲线创建多个点

可以沿选定曲线生成一组点,曲线可以是模型边线或草图线段。

下面介绍创建如图 8.15.14(b)所示的点的一般操作步骤。

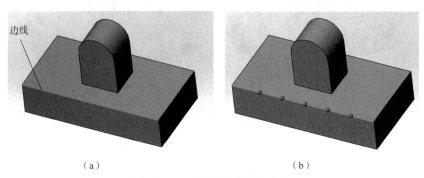

边线

　　　　　　(a)　　　　　　　　　　　　　　(b)

图 8.15.14　沿曲线创建多个点

(a)创建点前　(b)创建点后

步骤 1:打开文件。

步骤 2:选择命令。选择菜单栏中的"插入"→"参考几何体"→"点"命令,或者单击参考几何体工具栏中的"点"按钮 ▫ ,系统弹出如图 8.15.11 所示的"点"对话框。

步骤 3:定义点的创建类型。在"点"对话框的"选择"选项区中单击"沿曲线距离或多个参考点"按钮 ⬚ 。

步骤 4:定义点的参考实体。

(1)定义生成点的直线。选取如图 8.15.14(a)所示的边线作为生成点的直线。

(2)定义点的分布类型和数值。在"点"对话框中选中"距离"单选框,在"沿曲线距离或多个参考点"按钮 ⬚ 后的文本框中输入数值 10.00 mm;在"输入要沿参考实体生成的参考点数"按钮 ⬚ 后的文本框中输入数值 5.00,并按【 Enter 】键。

步骤 5:单击"点"对话框中的"确定"按钮 ✓ ,完成点的创建。

8.15.4　坐标系

"坐标系"按钮 ⬚ 的功能是在零件设计模块中创建坐标系,作为创建其他实体的参考元素。

下面介绍创建如图 8.15.15(b)所示的坐标系的一般操作步骤。

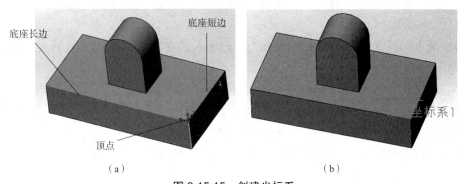

图 8.15.15　创建坐标系
(a)创建坐标系前　(b)创建坐标系后

步骤 1:打开文件。

步骤 2:选择命令。选择菜单栏中的"插入"→"参考几何体"→"坐标系"命令,或者单击参考几何体工具栏中的"坐标系"按钮 ⬚ ,系统弹出如图 8.15.16 所示的"坐标系"对话框。

图 8.15.16 "坐标系"对话框

步骤 3：定义坐标系参数。

（1）定义坐标系原点。选取如图 8.15.15（a）所示的顶点作为坐标系原点。

> **提示：**有两种方法可以更改选择，一是在图形区单击鼠标右键，在弹出的快捷菜单中选择"消除选择"命令，然后重新选择；二是在"原点"按钮 ⊥ 后的文本框中单击鼠标右键，在弹出的快捷菜单中选择"消除选择"命令或"删除"命令，然后重新选择。

（2）定义坐标系 X 轴。选取如图 8.15.15（a）所示的底座长边作为 X 轴所在边线，方向如图 8.15.15（b）所示。

（3）定义坐标系 Y 轴。选取如图 8.15.15（a）所示的底座短边作为 Y 轴所在边线，方向如图 8.15.15（b）所示。

> **提示：**坐标系 Z 轴所在边线及其方向由 X 轴和 Y 轴决定，可以通过单击"反转"按钮 ↗ 实现 X 轴和 Y 轴方向的改变。

步骤 4：单击"坐标系"对话框中的"确定"按钮 ✓ ，完成坐标系的创建。

8.16 活动刨切面

SolidWorks 2016 的活动刨切面功能已经增强，可以显示多个活动刨切面并自动随模型保存。下面以图 8.16.1 所示的模型为例，介绍创建活动刨切面的一般操作步骤。

步骤 1：打开文件。

步骤 2：选择命令。选择菜单栏中的"插入"→"参考几何体"→"活动刨切面"命令，系统弹出"选取刨切面"对话框。

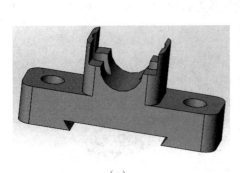
（a）

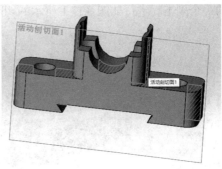
（b）

图 8.16.1　创建活动刨切面

（a）创建前　（b）创建后

步骤 3：定义刨切面。选取上视基准面作为刨切面，此时绘图区显示如图 8.16.2 所示的刨切面和三重轴。

提示：（1）用户可以通过拖动三重轴对刨切面进行空间位置的编辑。

（2）活动刨切面会以默认名称"活动刨切面 1"显示。基准面会根据选定的面调整大小，用户也可以拖动基准面的控标来调整其大小。

（3）活动刨切面文件夹显示在设计树中，其中存储了所有活动剖切面。

步骤 4：在绘图区的任意位置单击鼠标左键，完成活动刨切面的创建。

提示：如果需要创建多个刨切面，则参照步骤 2 至步骤 4 进行多个活动刨切面的创建。

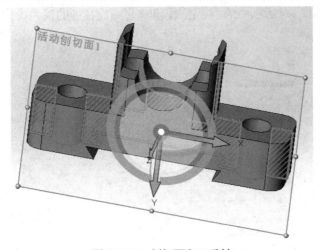

图 8.16.2　刨切面和三重轴

8.17　特征的镜像

特征的镜像就是将源特征相对于一个平面（这个平面称为镜像基准面）进行镜像，从而得到源特征的一个副本。进行如图 8.17.1 所示的切除 - 拉伸特征的镜像的一般操作步骤如下。

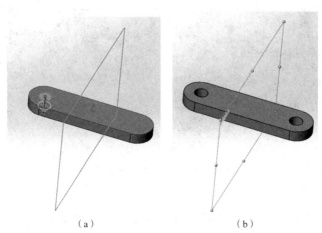

（a）　　　　　　　　　　　　（b）

图 8.17.1　特征的镜像

（a）镜像前　（b）镜像后

步骤 1：打开文件。

步骤 2：选择命令。选择菜单栏中的"插入"→"阵列 / 镜像"→"镜像"命令，或者单击特征 工具栏中的"镜像"按钮 ，系统弹出如图 8.17.2 所示的"镜像"对话框。

步骤 3：选取镜像基准面。选取右视基准面作为镜像基准面。

步骤 4：选取要镜像的特征。选取如图 8.17.1（a）所示的切除 - 拉伸特征作为要镜像的特征。

步骤 5：单击"镜像"对话框中的"确定"按钮 ，完成特征的镜像操作。

图 8.17.2　"镜像"对话框

8.18　模型的平移与旋转

8.18.1　模型的平移

"平移"命令的功能是将模型沿着指定方向移动到指定距离的新位置,此功能不同于8.2.2节中的视图平移。模型的平移是相对于坐标系移动,模型的坐标没有变化,而视图平移则是模型和坐标系同时移动。

下面对图 8.18.1(a)所示的模型进行平移,其一般操作步骤如下。

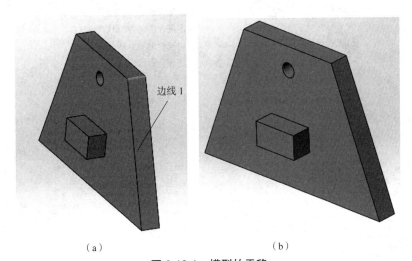

边线1

（a）　　　　　　　　　　　（b）

图 8.18.1　模型的平移

（a）平移前　（b）平移后

步骤 1:打开文件。

步骤 2:选择命令。选择菜单栏中的"插入"→"特征"→"移动 / 复制"命令,或者单击特征工具栏中的"移动 / 复制"按钮 ,系统弹出如图 8.18.2 所示的"实体 - 移动 / 复制"对话框。

步骤 3:定义平移实体。选取图形区的整个模型作为要平移的实体。

步骤 4:定义平移参考体。单击"平移 / 旋转"按钮 平移/旋转(R) ,系统弹出如图 8.18.3 所示的"移动 / 复制实体"对话框,单击 后的"平移参考体"文本框将其激活,然后选取如图 8.18.1(a)所示的边线 1,系统弹出如图 8.18.4 所示的"移动 / 复制实体"对话框。

步骤 5:定义平移距离。在如图 8.18.4 所示的"平移"选项区中的 后的"距离"文本框中输入数值 50.00 mm。

步骤 6:单击"移动 / 复制实体"对话框中的"确定"按钮 ,完成模型的平移操作。

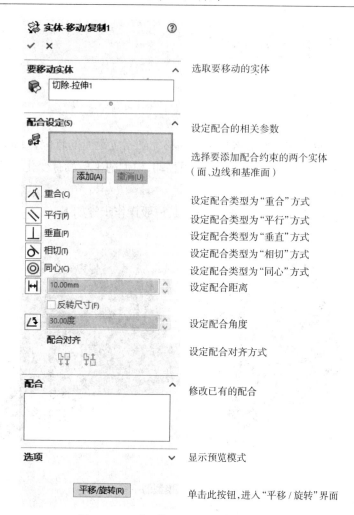

图 8.18.2　"实体 - 移动 / 复制"对话框

图 8.18.3　"移动 / 复制实体"对话框

图 8.18.4　"移动 / 复制实体"对话框

提示：在"移动 / 复制实体"对话框的"要移动 / 复制的实体"选项区中选中"复制"复选框，
即可在平移的同时复制实体，在 ![icon] 后的"份数"文本框中输入复制实体的数值 2（图
8.18.5），完成平移复制操作的模型如图 8.18.6（b）所示。

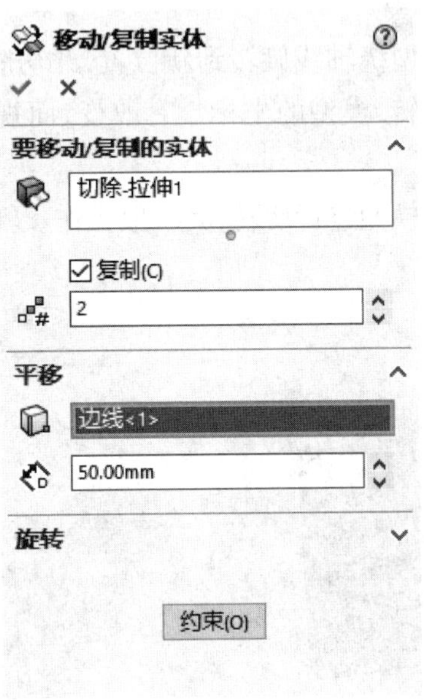

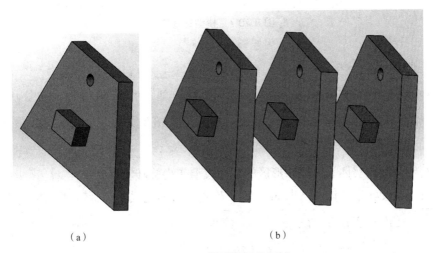

图 8.18.5 "移动 / 复制实体"对话框

（a）   （b）

图 8.18.6 模型的平移复制

（a）平移复制前 （b）平移复制后

> **提示:** 在如图 8.18.5 所示的"移动 / 复制实体"对话框中单击"约束"按钮,将展开对话框中的约束部分,在此部分中可以定义实体之间的配合关系。完成约束操作之后,可以单击对话框底部的"平移 / 旋转"按钮 　平移/旋转(R)　,切换到参数设置界面。

8.18.2　模型的旋转

"旋转"命令的功能是将模型绕轴线旋转到新位置,此功能不同于 8.2.2 节中的视图旋转。模型的旋转是相对于坐标系旋转,模型的坐标没有改变,而视图旋转则是模型和坐标系同时旋转。

下面对图 8.18.7(a)所示的模型进行旋转,其一般操作步骤如下。

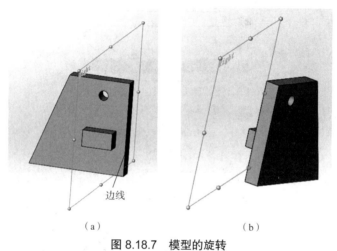

（a）　　　　　　　　　　　　　（b）

图 8.18.7　模型的旋转
（a）旋转前　（b）旋转后

步骤 1:打开文件。

步骤 2:选择命令。选择菜单栏中的"插入"→"特征"→"移动 / 复制"命令,或者单击特征工具栏中的"移动 / 复制"按钮 ,系统弹出如图 8.18.8 所示的"实体 - 移动 / 复制"对话框。单击"平移 / 旋转"按钮 平移/旋转(R)　,系统弹出"平移 / 选择"对话框。

步骤 3:定义旋转实体。选取图形区的整个模型作为旋转实体。

步骤 4:定义旋转参考体。选取如图 8.18.7(a)所示的边线作为旋转参考体。

> **提示:** 定义的旋转参考不同,所需定义的旋转参数也不同。如选取一个顶点,则需定义实体在 X,Y,Z 三个轴上的旋转角度。

步骤 5:定义旋转角度。在如图 8.18.8 所示的"旋转"选项区的 后的"角度"文本框中输入数值 110.00 度。

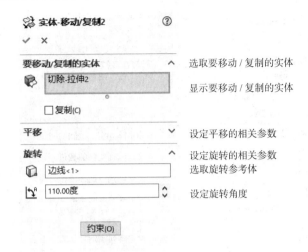

图 8.18.8　"实体 - 移动 / 复制"对话框

步骤 6：单击"实体 - 移动 / 复制"对话框中的"确定"按钮 ✓，完成模型的旋转操作。

8.19　特征的阵列

特征的阵列功能是以线性或圆周形式复制源特征，阵列的方式包括线性阵列、圆周阵列、草图（或曲线）驱动的阵列及填充阵列。下面详细介绍这四种阵列方式。

8.19.1　线性阵列

特征的线性阵列就是将源特征以线性排列方式进行复制，使源特征产生多个副本。进行如图 8.19.1 所示的切除 - 拉伸特征的线性阵列的一般操作步骤如下。

步骤 1：打开文件。

步骤 2：选择命令。选择菜单栏中的"插入"→"阵列 / 镜像"→"线性阵列"命令，或者单击特征工具栏中的"线性阵列"按钮 🔡，系统弹出如图 8.19.2 所示的"阵列（线性）"对话框。

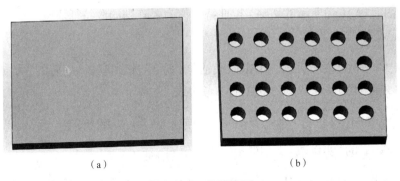

（a）　　　　　　　　　　　　　　　（b）

图 8.19.1　线性阵列

（a）陈列前　（b）陈列后

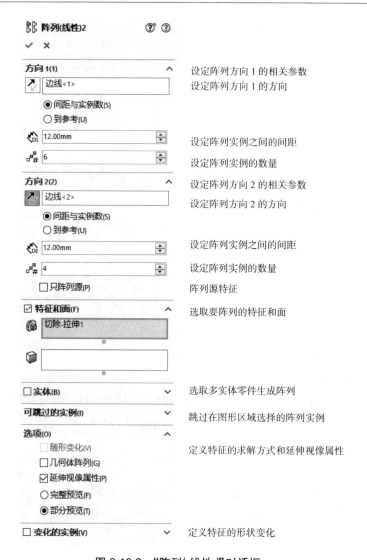

图 8.19.2 "阵列（线性）"对话框

步骤 3：定义阵列源特征。单击以激活"特征和面"选项区中 🔲 后的"要阵列的特征"文本框，选取如图 8.19.1(a)所示的切除 - 拉伸特征作为要阵列的源特征。

步骤 4：定义阵列参数。

（1）定义方向 1 的参考边线。单击以激活"方向 1"选项区中 ⬈ 后的"方向"文本框，选取如图 8.19.3 所示的边线 1 作为方向 1 的参考边线。

（2）定义方向 1 的参数。在"方向 1"选项区的 🔷 后的"间距"文本框中输入数值 12.00 mm；在 ⬚ 后的"实例数"文本框中输入数值 6。

（3）定义方向 2 的参考边线。单击以激活"方向 2"选项区中"反向"按钮 ⬈ 后的文本框,选取如图 8.19.3 所示的边线 2 作为方向 2 的参考边线,然后单击"反向"按钮 [↗]。

（4）定义方向 2 的参数。在"方向 2"选项区的 [图标] 后的"间距"文本框中输入数值 12.00 mm;在 [图标] 后的"实例数"文本框中输入数值 4。

步骤 5:单击"阵列（线性）"对话框中的"确定"按钮 ✓,完成线性阵列的创建,如图 8.19.4 所示。

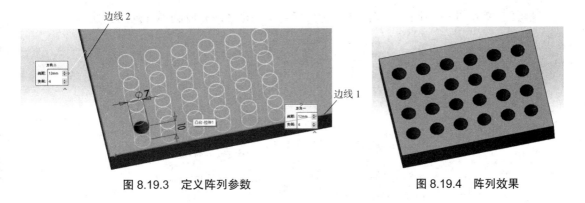

图 8.19.3　定义阵列参数　　　　　　　图 8.19.4　阵列效果

8.19.2　圆周阵列

特征的圆周阵列就是将源特征以圆周排列方式进行复制,使源特征产生多个副本。进行如图 8.19.5 所示的切除 - 拉伸特征的圆周阵列的一般操作步骤如下。

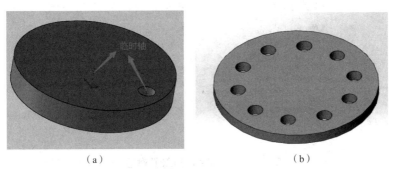

（a）　　　　　　　　　　　　　　（b）

图 8.19.5　圆周阵列

（a）阵列前　（b）阵列后

步骤 1:打开文件。

步骤 2:选择命令。选择菜单栏中的"插入"→"阵列 / 镜像"→"圆周阵列"命令,或者单击特征工具栏中的"圆周阵列"按钮 [图标],系统弹出如图 8.19.6 所示的"阵列（圆周）"对话框。

步骤 3:定义阵列源特征。单击以激活"特征和面"选项区 [图标] 后的"面特征"文本框,选取如图 8.19.5（a）所示的切除 - 拉伸特征作为要阵列的源特征。

步骤 4：定义阵列参数。

（1）定义阵列轴。选择菜单栏中的"视图"→"隐藏/显示"→"临时轴"命令，即显示临时轴，选取如图 8.19.5（a）所示的临时轴作为圆周阵列轴。

（2）定义阵列间距。在"参数"选项区的  后的"角度"文本框中输入数值 36.00 度。

（3）定义阵列实例数。在"参数"选项区的 ❋ 后的"实例数"文本框中输入数值 10。

（4）取消选中"等间距"复选框。

步骤 5：单击"阵列（圆周）"对话框中的"确定"按钮 ✓，完成圆周阵列的创建。

图 8.19.6　"阵列（圆周）"对话框

8.19.3　草图驱动的阵列

草图驱动的阵列就是将源特征复制到用户指定的位置（指定位置一般以草绘点的形式表示），使源特征产生多个副本。进行如图 8.19.7 所示的切除 - 拉伸特征的草图驱动阵列的一般操作步骤如下。

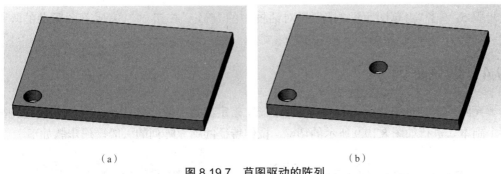

（a） （b）

图 8.19.7 草图驱动的阵列

（a）阵列前 （b）阵列后

步骤 1：打开文件。

步骤 2：选择命令。选择菜单栏中的"插入"→"阵列 / 镜像"→"草图驱动的阵列"命令，或者单击特征工具栏中的"草图驱动的阵列"按钮 ，系统弹出如图 8.19.8 所示的"由草图驱动的阵列"对话框。

步骤 3：定义阵列源特征。选取如图 8.19.7（a）所示的切除 - 拉伸特征作为要阵列的源特征。

图 8.19.8 "由草图驱动的阵列"对话框

步骤 4：定义阵列的参考草图。单击以激活"选择"选项区的 后的"参考草图"文本框，然后选取设计树中的草图作为阵列的参考草图。

步骤5：单击"由草图驱动的阵列"对话框中的"确定"按钮 ✓ ，完成草图驱动的阵列的创建。

8.19.4　填充阵列

填充阵列就是将源特征填充到指定的位置（指定位置一般为一片草图区域），使源特征产生多个副本。进行如图8.19.9所示的切除-拉伸特征的填充阵列的一般操作步骤如下。

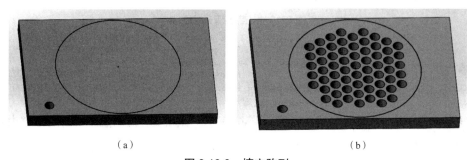

（a）　　　　　　　　　　　　　　　　　　（b）

图 8.19.9　填充阵列

（a）阵列前　（b）阵列后

步骤1：打开文件。

步骤2：选择命令。选择菜单栏中的"插入"→"阵列/镜像"→"填充阵列"命令，或者单击特征工具栏中的"填充阵列"按钮 🔳 ，系统弹出如图8.19.10所示的"填充阵列"对话框。

步骤3：定义阵列源特征。单击以激活"填充阵列"对话框的"特征和面"选项区中的 🔘 后的"要阵列的特征"文本框，选取如图8.19.9（a）所示的切除-拉伸特征作为要阵列的源特征。

步骤4：定义阵列参数。

（1）定义阵列的填充边界。激活"填充边界"选项区中 🔘 后的"选择面"文本框，选取设计树中的草图作为阵列的填充边界。

（2）定义阵列布局。

①定义阵列模式。在"填充阵列"对话框的"阵列布局"选项区中单击"穿孔"按钮 🔳 。

②定义阵列方向。激活"阵列布局"选项区的 🔘 后的"阵列方向"文本框，选取如图8.19.11所示的边线作为阵列方向。

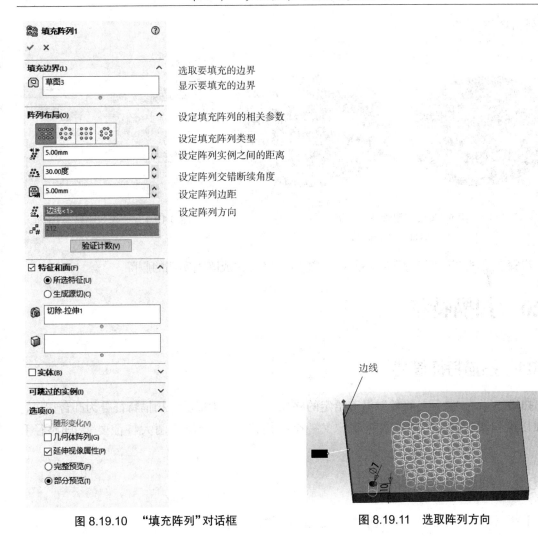

图 8.19.10　"填充阵列"对话框　　　　图 8.19.11　选取阵列方向

提示：线性尺寸也可以作为阵列方向。

③定义阵列尺寸。在"阵列布局"选项区的 后的"实例间距"文本框中输入数值

5.00 mm，在 后的"交错断续角度"文本框中输入数值 30.00 度，在 后的"边距"文本框中

输入数值 5.00 mm。

步骤 5：单击"填充阵列"对话框中的"确定"按钮 ，完成填充阵列的创建。

8.19.5　删除阵列实例

下面以图 8.19.12 所示的图形为例，讲解删除阵列实例的一般操作步骤。

步骤 1：打开文件。

步骤 2：选择命令。在图形区用鼠标右键单击要删除的阵列实例，在系统弹出的快捷菜单

中选择"删除"命令，或者选取该阵列实例，然后按【Delete】键，系统弹出如图 8.19.13 所示的

"阵列删除"对话框。

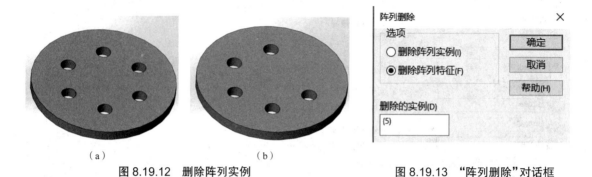

（a）　　　　　　　　　　　　　（b）

图 8.19.12　删除阵列实例　　　　　　　　　图 8.19.13　"阵列删除"对话框

（a）删除前　（b）删除后

步骤3：单击"阵列删除"对话框中的"确定"按钮，完成阵列实例的删除。

8.20　扫描特征

8.20.1　扫描特征简述

扫描（Sweep）特征是将轮廓沿着给定的路径"掠过"而生成的。扫描特征分为凸台扫描特征和切除扫描特征。要创建或重新定义一个扫描特征，必须给定两大特征要素，即路径和轮廓。

8.20.2　创建凸台扫描特征

下面以图 8.20.1 为例，讲解创建凸台扫描特征的一般操作步骤。

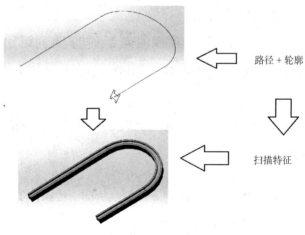

路径＋轮廓

扫描特征

图 8.20.1　凸台扫描特征

步骤 1：打开文件。

步骤 2：选择命令。选择菜单栏中的"插入"→"凸台／基体"→"扫描"命令，或者单击特征工具栏中的"扫描"按钮 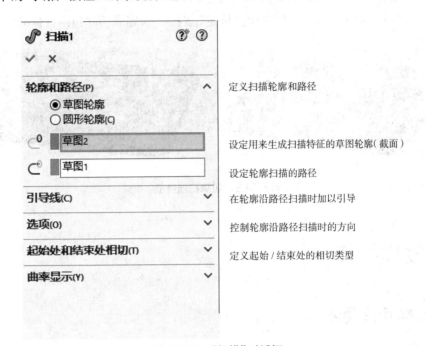，系统弹出如图 8.20.2 所示的"扫描"对话框。

图 8.20.2　"扫描"对话框

步骤 3：选取扫描轮廓。选取圆形作为扫描轮廓。

步骤 4：选取扫描路径。选取曲线作为扫描路径。

步骤 5：在"扫描"对话框中单击"确定"按钮 ，完成凸台扫描特征的创建。

> 提示：创建扫描特征必须遵循以下规则。
>
> （1）对扫描凸台／基体特征而言，轮廓必须是闭环；若是曲面扫描，则轮廓可以是开环也可以是闭环。
>
> （2）路径可以为开环或闭环。
>
> （3）路径可以是一张草图、一条曲线或模型边线。
>
> （4）路径的起点必须位于轮廓的基准面上。
>
> （5）不论是截面、路径还是要形成的实体，都不能出现自相交叉的情况。

8.20.3　创建切除扫描特征

下面以图 8.20.3 为例，讲解创建切除扫描特征的一般操作步骤。

步骤 1：打开文件。

步骤 2：选择命令。选择菜单栏中的"插入"→"切除"→"扫描"命令，或者单击特征工具栏中的"切除 - 扫描"按钮 🐛 ,系统弹出"切除 - 扫描"对话框。

　　步骤 3:选取扫描轮廓。选取如图 8.20.3(a)所示的圆形作为扫描轮廓。

　　步骤 4:选取扫描路径。选取如图 8.20.3(a)所示的曲线作为扫描路径。

　　步骤 5:在"切除 - 扫描"对话框中单击"确定"按钮 ✓ ,完成切除扫描特征的创建。

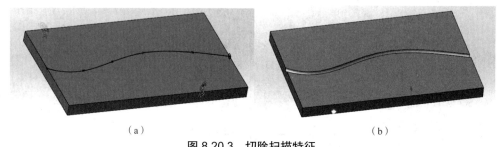

（a）　　　　　　　　　　　　　　　　　　（b）

图 8.20.3　切除扫描特征

（a）扫描前　（b）扫描后

8.21　放样特征

8.21.1　放样特征简述

　　将一组不同的截面沿其边线用过渡曲面连接形成一个连续的特征就是放样特征。放样特征分为凸台放样特征和切除放样特征,分别用于生成实体和切除实体。放样特征至少需要两个截面,且不同的截面应事先绘制在不同的草图平面上。如图 8.21.1 所示的放样特征是由三个截面混合而成的凸台放样特征。

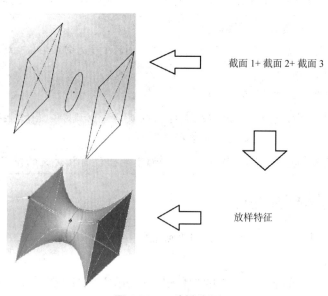

截面 1+ 截面 2+ 截面 3

放样特征

图 8.21.1　放样特征

8.21.2　创建凸台放样特征

步骤 1：打开文件。

步骤 2：选择命令。选择菜单栏中的"插入"→"凸台 / 基体"→"放样"命令，或者单击特征工具栏中的"放样"按钮 ，系统弹出如图 8.21.2 所示的"放样"对话框。

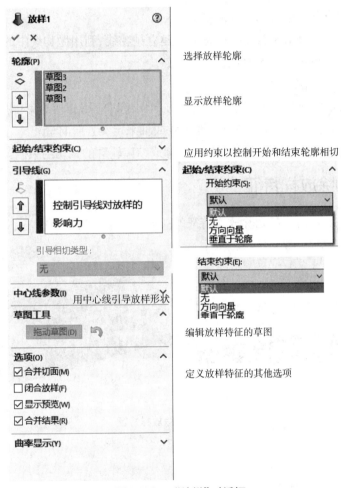

图 8.21.2　"放样"对话框

步骤 3：选取截面轮廓。依次选取图 8.21.1 中的截面 2、截面 3 和截面 1 作为凸台放样特征的截面轮廓。

> **提示**：凸台放样特征实际上是利用截面轮廓以渐变的方式生成的，所以在选择的时候要注意截面轮廓的先后顺序，否则无法正确生成实体。

选取一个截面轮廓，单击"上"按钮 或"下"按钮 可以调整轮廓的顺序。

步骤 4：选取引导线。本例中使用系统默认的引导线。

> **提示**：在一般情况下，系统默认的引导线经过截面轮廓的几何中心。

步骤5：单击"放样"对话框中的"确定"按钮 ✓ ，完成凸台放样特征的创建。

> **提示**：使用引导线放样时，可以使用一条或多条引导线来连接轮廓，引导线可控制放样实体的中间轮廓。需注意的是，引导线与轮廓之间应存在几何关系，否则无法生成目标放样实体。

"起始/结束约束"选项区的各选项说明如下。

（1）默认：系统将在起始轮廓和结束轮廓间建立抛物线，利用抛物线中的相切来约束放样曲面，使产生的放样实体更具可预测性并且更自然。

（2）无：不应用到相切约束。

（3）方向向量：根据所选轮廓，选择合适的方向向量以应用相切约束。操作时，选择一个方向向量之后，需选择一个基准面、一条线性边线或轴来定义方向向量。

（4）垂直于轮廓：系统将建立垂直于开始轮廓或结束轮廓的相切约束。

8.21.3　创建切除放样特征

创建如图8.21.3（b）所示的切除放样特征的一般操作步骤如下。

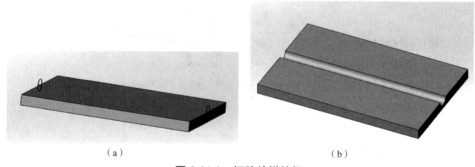

（a）　　　　　　　　　　　　　　　　（b）

图 8.21.3　切除放样特征

（a）放样前　（b）放样后

步骤1：打开文件。

步骤2：选择命令。选择菜单栏中的"插入"→"切除"→"放样"命令，或者单击特征工具栏中的"切除 - 放样"按钮 ，系统弹出如图8.21.4所示的"切除 - 放样"对话框。

步骤3：选取截面轮廓。依次选取图8.21.3（a）中的两个草图作为切除 - 放样特征的截面轮廓。

步骤4：选取引导线。本例中使用系统默认的引导线。

步骤5：单击"切除 - 放样"对话框中的"确定"按钮 ✓ ，完成切除放样特征的创建。

选择放样轮廓

显示放样轮廓

应用约束以控制开始轮廓和结束轮廓相切

控制引导线对放样的影响力

用中心线引导放样形状

编辑切除 - 放样特征的草图

定义切除 - 放样特征的其他选项

图 8.21.4　"切除 - 放样"对话框

提示：开始和结束约束的各相切类型选项说明如下（由于前三种相切类型在凸台放样特征中已经介绍过，此处只介绍剩下的两种）。

（1）与面相切：相邻面与起始轮廓或结束轮廓相切。

（2）与面的曲率：在轮廓开始处或结束处以平滑、连续的曲率放样。

　　在"切除 - 放样"对话框中选中"轮廓"复选框，也可以通过设定参数创建薄壁切除 - 放样特征。

8.22　拔模特征

　　注塑件和铸件往往需要拔模斜面才能顺利脱模，SolidWorks 2016 中的拔模特征是用来创建模型的拔模斜面的。

　　拔模特征共有三种：中性面拔模、分型线拔模和阶梯拔模。下面介绍建模中最常用的中性面拔模。

　　中性面拔模是通过指定拔模面、中性面和拔模方向等生成以指定角度切削所选拔模面的特征。

　　下面以图 8.22.1 所示的简单模型为例，讲解创建中性面拔模特征的一般操作步骤。

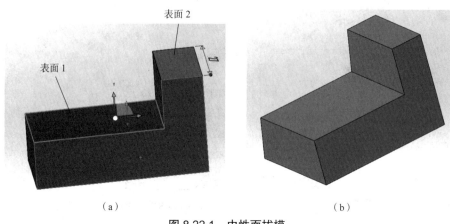

图 8.22.1　中性面拔模

(a)拔模前　(b)拔模后

步骤 1:打开文件。

步骤 2:选择命令。选择菜单栏中的"插入"→"特征"→"拔模"命令,或者单击特征工具栏中的"拔模"按钮 ,系统弹出如图 8.22.2 所示的"拔模"对话框。

步骤 3:定义拔模类型。在"拔模"对话框的"拔模类型"选项区中勾选"中性面"单选框。

提示:"拔模"对话框包含一个"DraftXpert"选项卡,此选项卡的作用是管理中性面拔模的生成和修改。当用户编辑拔模特征时,该选项卡不会出现。

步骤 4:定义拔模面。单击以激活"拔模"对话框的"拔模面"选项区的 后的"拔模面"文本框,选取如图 8.22.1(a)所示的表面 1 作为拔模面。

步骤 5:定义中性面。单击以激活"拔模"对话框的"中性面"选项区的文本框,选取如图 8.22.1(a)所示的表面 2 作为中性面。

步骤 6:定义拔模方向。拔模方向如图 8.22.3 所示。

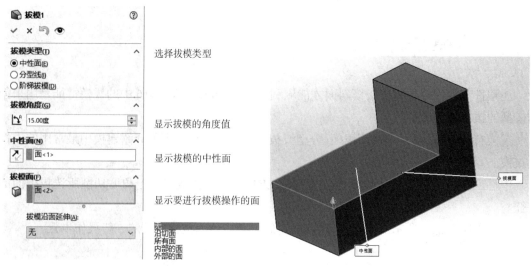

图 8.22.2　"拔模"对话框　　　　　　图 8.22.3　定义拔模方向

提示:定义了拔模的中性面之后,模型表面将出现一个指示箭头,箭头表明的是拔模方向(即所选拔模中性面的法向),如图 8.22.3 所示,可单击"中性面"选项区中的"反向"按钮 ↗ 反转拔模方向。

(2)输入角度值。在"拔模"对话框的"拔模角度"选项区的 后的"拔模角度"文本框中输入数值 15.00 度。

步骤 7:单击"拔模"对话框中的"确定"按钮 ✔ ,完成中性面拔模特征的创建。

"拔模面"选项区的"拔模沿面延伸"下拉列表中各选项的说明如下。

(1)无:选择此选项,系统将只对所选拔模面进行拔模操作。

(2)沿切面:选择此选项,拔模操作将延伸到所有与所选拔模面相切的面。

(3)所有面:选择此选项,系统将对所有从中性面开始拉伸的面进行拔模操作。

(4)内部的面:选择此选项,系统将对所有从中性面开始拉伸的内部面进行拔模操作。

(5)外部的面:选择此选项,系统将对所有从中性面开始拉伸的外部面进行拔模操作。

第9章 装配及工程图设计

一个产品往往由多个零件组合(装配)而成,SolidWorks 中零件的组合是在装配模块中完成的。通过对本章的学习,可以了解产品装配的一般过程,掌握一些基本的装配技能。本章包括各种装配配合的基本概念,装配配合的编辑定义,装配的一般过程,在装配体中修改部件,在装配体中对称和阵列部件,模型的外观处理,装配爆炸图的创建等内容。

在产品的研发、设计和制造等过程中,各类技术人员需要经常进行交流和沟通,工程图是经常使用的交流工具。尽管随着科学技术的发展, 3D 设计技术有了很大的发展与进步,但是三维模型并不能将所有的设计参数表达清楚,有些信息(如加工要求的尺寸精度、形位公差和表面粗糙度等)仍然需要借助二维的工程图表达清楚。因此工程图的创建是产品设计中较为重要的环节,也是设计人员最基本的能力要求。下面介绍工程图制图的基本知识,包括工程图环境中的工具栏命令简介,创建工程图的一般过程,工程图环境的设置,各种视图的创建,视图的操作,尺寸的自动标注和手动标注,尺寸公差的标注,尺寸的操作,注释文本的创建,Solid-Works 软件的打印出图等内容。

9.1 装配及工程图设计概述

一个产品往往由多个零件组合(装配)而成,装配模块用来建立零件间的相对位置关系,从而形成复杂的装配体。零件间位置关系的确定主要通过添加配合实现。

装配设计一般有两种基本方式:自底向上装配和自顶向下装配。如果首先设计好全部零件,然后将零件作为部件添加到装配体中,则称为自底向上装配;如果首先设计好装配体模型,然后在装配体中组建模型,最后生成零件模型,则称为自顶向下装配。

SolidWorks 提供了自底向上和自顶向下装配功能,并且两种方式可以混合使用。自底向上装配是一种常用的装配方式,本书主要介绍自底向上装配。

SolidWorks 的装配模块具有以下特点。

(1)提供了方便的部件定位方法,对轻松设置部件间的位置关系。

(2)提供了七种配合方式,通过为部件添加多个配合,可以准确地把部件装配到位。

(3)提供了强大的爆炸图工具,可以方便地生成装配体的爆炸图。

相关术语和概念如下。

(1)零件:是组成部件与产品最基本的单位。

(2)部件:可以是一个零件,也可以是多个零件的装配结果,是组成产品的主要单位。

(3)装配体:也称产品,是装配设计的最终结果,是由部件及部件之间的配合关系组成的。

(4)配合:在装配过程中,配合指部件之间的相对限制条件,可用于确定部件的位置。

9.2　装配体环境中的菜单栏及工具栏

在装配体环境中，"插入"菜单(图 9.2.1)中包含了大量装配操作的命令,而装配体工具栏中则包含了装配操作的常用按钮,这些按钮是进行装配的主要工具,有些按钮没有出现在菜单栏中。

图 9.2.1　"插入"菜单

装配体工具栏(图 9.2.2)中各按钮的说明如下。

图 9.2.2　装配体工具栏

（1）插入零部件：将一个现有零件或子装配体插入装配体中。

（2）配合：为零部件添加配合。

（3）线性阵列：将零部件沿着一个或两个方向进行线性阵列。

（4）智能扣件：使用 SolidWorks Toolbox 标准件库，将扣件添加到装配体中。

（5）移动零部件：在零部件的自由度内移动零部件。

（6）显示隐藏的零部件：隐藏或显示零部件。

（7）装配体特征：创建各种装配体特征。

（8）参考几何体：创建装配体中的各种参考特征。

（9）新建运动算例：插入新运动算例。

（10）材料明细表：创建材料明细表。

（11）爆炸视图：使零部件按指定的方向分离。

（12）爆炸直线草图：添加或编辑显示爆炸的零部件之间的 3D 草图。

（13）干涉检查：检查零部件之间的任何干涉。

（14）间隙验证：验证零部件之间的间隙。

（15）孔对齐：检查装配体中零部件之间的孔是否对齐。

（16）装配体直观：为零部件添加不同的外观颜色以便于区分。

（17）性能评估：显示相应的零件、装配体等相关统计，如零部件的重建次数和数量。

（18）Instant3D：启用拖动控标、尺寸及草图来动态修改特征。

9.3   装配配合

通过定义装配配合，可以指定零件相对于装配体中的其他部件的位置。装配配合的类型包括重合、平行、垂直和同轴心等。在 SolidWorks 中，一个零件通过装配配合添加到装配体中后，它的位置会随着与其有约束关系的零部件的位置改变而相应地改变，而且配合设置值作为参数可随时修改，并可与其他参数建立关系方程，这样整个装配体实际上就是一个参数化的装配体。

关于装配配合，请注意以下几点。

（1）一般来说，建立一个装配配合时，应选取零件参照和部件参照。零件参照和部件参照是实件和装配体中用于配合定位和定向的点、线、面。例如，通过重合约束得到一根轴放入装配体的一个孔中，轴的中心线就是零件参照，而孔的中心线就是部件参照。

（2）系统一次只添加一个配合。例如，不能用一个重合约束将一个零件上两个不同的孔与装配体中的另一个零件上两个不同的孔对齐,必须定义两个不同的重合约束。

（3）要在装配体中完整地指定一个零件的放置和定向（即完整约束），往往需要定义几个装配配合。

（4）在 SolidWorks 中装配零件时,可以将多于所需的配合添加到零件中。即使从数学的角度来说,零件的位置已完全约束,还可以根据需要指定附加配合,以确保装配件达到设计意图。

9.3.1　重合配合

重合配合可以使两个零件的点、直线或平面处于同一点、直线或平面内,并且可以改变它们的朝向,如图 9.3.1 所示。

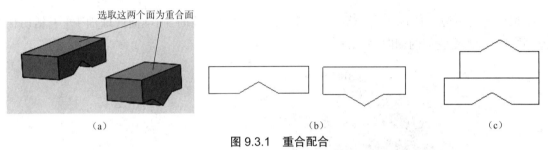

（a）　　　　　　　　　　（b）　　　　　　　　　　（c）

图 9.3.1　重合配合

（a）重合配合前　（b）重合配合后（方向相同）　（c）重合配合后（方向相反）

9.3.2　平行配合

平行配合可以使两个零件的直线或平面处于间距相等的位置,并且可以改变它们的朝向,如图 9.3.2 所示。

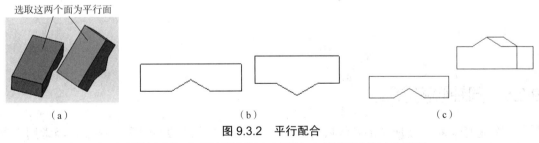

（a）　　　　　　　　　　（b）　　　　　　　　　　（c）

图 9.3.2　平行配合

（a）平行配合前　（b）平行配合后（方向相同）　（c）平行配合后（方向相反）

9.3.3　垂直配合

垂直配合可以使所选直线或平面之间的夹角为 90°,并且可以改变它们的朝向,如图 9.3.3 所示。

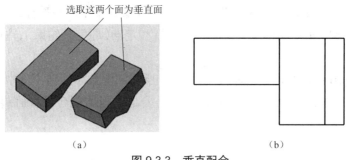

图 9.3.3　垂直配合

（a）垂直配合前　（b）垂直配合后

9.3.4　相切配合

相切配合可以使所选元素（至少有一个元素必须为圆柱面、圆锥面或球面）处于相切状态，并且可以改变它们的朝向，如图 9.3.4 所示。

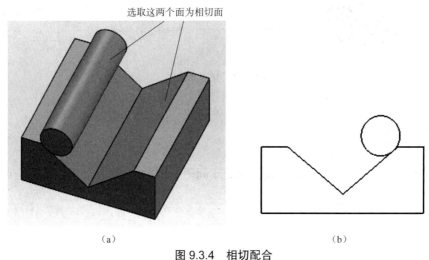

图 9.3.4　相切配合

（a）相切配合前　（b）相切配合后

9.3.5　同轴心配合

同轴心配合可以使所选的轴线或直线处于重合位置，如图 9.3.5 所示，该配合经常用于轴类零件的装配。

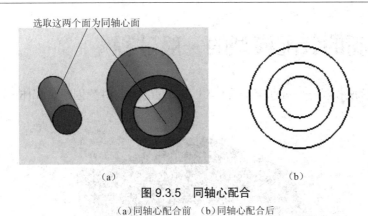

（a）　　　　　　　　　　　　　（b）

图 9.3.5　同轴心配合

（a）同轴心配合前　（b）同轴心配合后

9.3.6　距离配合

用距离配合可以使两个零部件上的点、线或面建立一定的距离，以限制零部件的相对位置关系，而平行配合只是使线或面处于平行状态，无法调整它们的距离，所以平行配合与距离配合经常一起使用，从而更准确地将零部件放置到理想的位置，如图 9.3.6 所示。

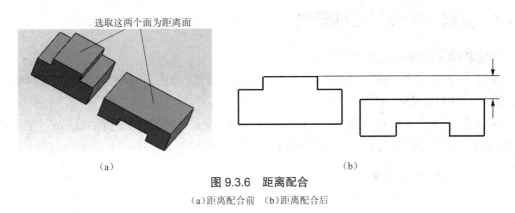

（a）　　　　　　　　　　　　　（b）

图 9.3.6　距离配合

（a）距离配合前　（b）距离配合后

9.3.7　角度配合

用角度配合可使两个元件上的线或面建立一个角度关系，从而限制部件的相对位置，如图 9.3.7 所示。

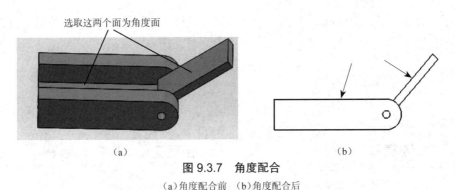

（a）　　　　　　　　　　　　　（b）

图 9.3.7　角度配合

（a）角度配合前　（b）角度配合后

9.4　创建新的装配模型的一般过程

下面以一个装配模型——示波器（图 9.4.1）的装配为例，讲解创建装配体的一般过程。

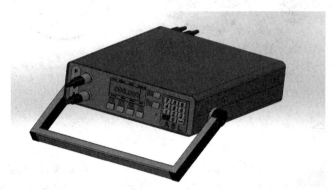

图 9.4.1　示波器模型

9.4.1　新建一个装配三维模型

新建装配文件的一般操作步骤如下。

步骤 1：选择命令。选择菜单栏中的"文件"→"新建"命令，系统弹出如图 9.4.2 所示的"新建 SOLIDWORKS 文件"对话框。

步骤 2：选择新建模板。在"新建 SOLIDWORKS 文件"对话框中选择"assem"（装配体）模板，单击"确定"按钮，系统进入装配体模板。

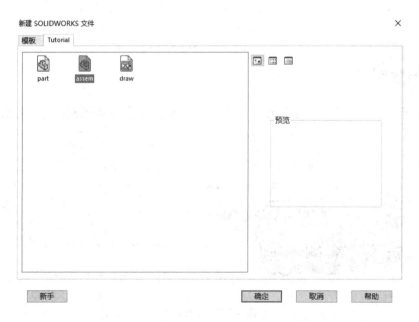

图 9.4.2　"新建 SOLIDWORKS 文件"对话框

9.4.2　装配第一个零件

装配第一个零件的一般操作步骤如下。

步骤 1：完成上一步操作后，系统自动弹出"插入零部件"对话框，如图 9.4.3 所示。

步骤 2：选取添加模型。在"插入零部件"对话框的"要插入的零件 / 装配体"选项区中单击"浏览"按钮，系统弹出"打开"对话框，如图 9.4.4 所示，在 D：\sw16.1\work\ch09.04 中选取轴零件模型文件 Cover Plate. SLDPRT，单击"打开"按钮。

步骤 3：确定零件位置。在图形区合适的位置单击鼠标左键，即可把零件放置到当前位置，如图 9.4.5 所示。

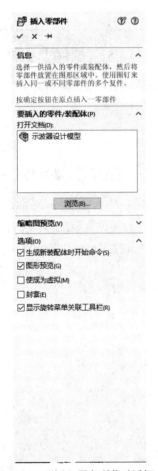

图 9.4.3　"插入零部件"对话框

图 9.4.4　"打开"对话框

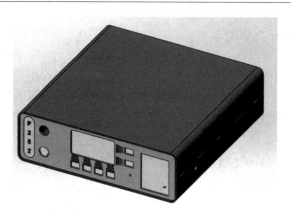

图 9.4.5 放置第一个零件

提示: 在引入第一个零件后, 直接单击 "插入零部件" 对话框中的 "确定" 按钮 ✓ , 系统将零件固定在原点, 不需要任何配合就已完全定位。

9.4.3 装配第二个零件

1. 引入第二个零件

步骤 1: 选择命令。选择菜单栏中的 "插入" → "零部件" → "现有零件 / 装配体" 命令, 或者在装配体工具栏中单击 "现有零件 / 装配体" 按钮 🖼 , 系统弹出 "插入零部件" 对话框。

步骤 2: 选取添加模型。在 "插入零部件" 对话框的 "要插入的零件 / 装配体" 选项区中单击 "浏览" 按钮, 系统弹出 "打开" 对话框, 如图 9.4.6 所示, 在 D: \sw16.1\work\ch09.04 中选取轴套零件模型文件 Housing.SLDPRT, 单击 "打开" 按钮。

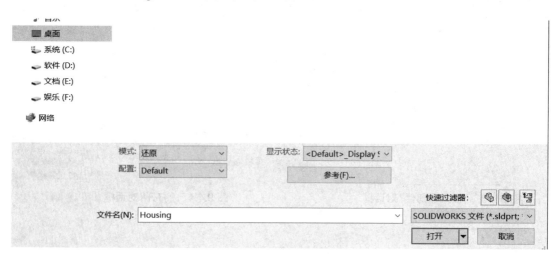

图 9.4.6 "打开" 对话框

步骤 3: 放置第二个零件。在图 9.4.7 所示的位置单击鼠标左键, 将第二个零件放置在当前位置。

2. 放置第二个零件前的准备

放置的第二个零件可能与第一个组件重合,或者其方向和方位不便于进行装配。解决这种问题的步骤如下。

步骤 1:选择命令。单击装配体工具栏中的"移动零部件"按钮 ，系统弹出如图 9.4.8 所示的"移动零部件"对话框。

图 9.4.7　放置第二个零件

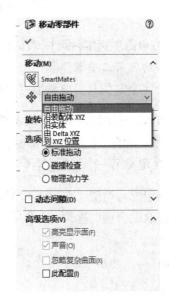

图 9.4.8　"移动零部件"对话框

图 9.4.6 所示的"移动零部件"对话框的部分选项说明如下。

(1) 后的"移动"下拉列表中提供了五种移动方式。

①自由拖动:选中要移动的零件后拖曳鼠标,零件将随鼠标移动而移动。

②沿装配体 XYZ:零件沿装配体的 X 轴、Y 轴或 Z 轴移动。

③沿实体:零件沿选中的元素移动。

④由 Delta XYZ:通过输入 X 轴、Y 轴和 Z 轴的变化值来移动零件。

⑤到 XYZ 位置:通过输入移动后 X、Y、Z 的具体数值来移动零件。

(2) 标准拖动单选框:系统默认的选项,选中此单选框可以根据移动方式来移动零件。

(3) 碰撞检查单选框:系统会自动检查碰撞,所移动的零件不会与其余零件发生碰撞。

(4) 物理动力学单选框:选中此单选框后,用鼠标拖动零件时,此零件会向与其接触的零件施加一个力。

步骤 2:选择移动方式。在"移动零部件"对话框的"移动"选项区中的 后的"移动"下拉列表中选择"自由拖动"选项。

提示:单击并拖动零件模型也可以将其移动。

步骤 3:调整第二个零件的位置。在图形区中选定轴套模型并拖动鼠标,可以看到轴套模型随着鼠标移动,将轴套模型从图 9.4.9(a)所示的位置移动到图 9.4.9(b)所示的位置。

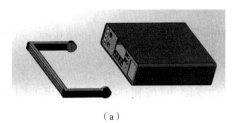 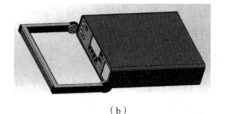

（a）　　　　　　　　　　　　　　　　　　（b）

图 9.4.9　移动第二个零件

（a）移动前　（b）移动后

步骤 4:单击"移动零部件"对话框中的"确定"按钮✔,完成第二个零件的移动。

3. 完全约束第二个零件

使轴套完全定位共需要添加三种约束,分别为同轴配合、轴向配合和径向配合。选择菜单栏中的"插入"→"配合"命令,或者单击装配体工具栏中的"配合"按钮✎,系统弹出如图 9.4.10 所示的"配合"对话框,以下所有配合的设置都在"配合"对话框中完成。

步骤 1:定义第一个装配配合(同轴配合)。

（1）确定配合类型。在"配合"对话框的"标准配合"选项区中单击"同轴心"按钮◎。

（2）选取配合面。选取面 1 与面 2 作为配合面(图 9.4.11),系统弹出如图 9.4.12 所示的快捷工具条。

 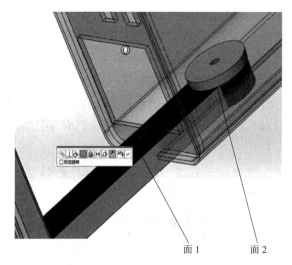

面 1　　　　　面 2

图 9.4.10　"配合"对话框　　　　　　　图 9.4.11　选取配合面

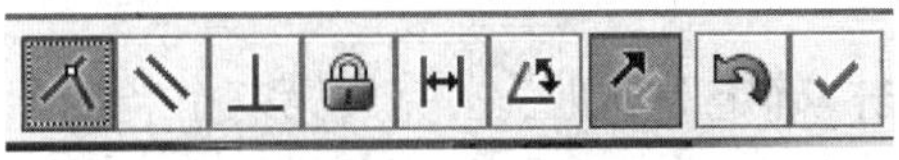

图 9.4.12 快捷工具条

（3）在快捷工具条（图 9.4.12）中单击"确定"按钮 ✓ ，完成第一个装配配合。

步骤 2：定义第二个装配配合（轴向配合）。

（1）确定配合类型。在"配合"对话框的"标准配合"选项区中单击"重合"按钮 人 。

（2）选取配合面。选取面 1 与面 2 作为配合面（图 9.4.11），系统弹出快捷工具条（图 9.4.12）。

（3）改变方向。在"配合"对话框的"标准配合"选项区的"配合对齐"下单击"反向对齐"按钮 钭 。

（4）在快捷工具条中单击"确定"按钮 ✓ ，完成第二个装配配合，如图 9.4.13 所示。

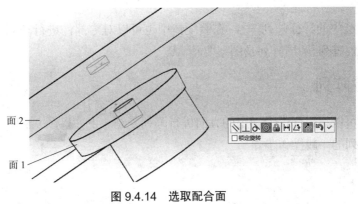

图 9.4.13 装配体

步骤 3：定义第三个装配配合（径向配合）。

（1）确定配合类型。在"配合"对话框的"标准配合"选项区中单击"重合"按钮 人 。

（2）选取配合面。选取如图 9.4.14 所示的面 1 与面 2 作为配合面，系统弹出快捷工具条（图 9.4.12）。

面 2 ——
面 1 ——

图 9.4.14 选取配合面

（3）在快捷工具条中单击"确定"按钮 ，完成第三个装配配合。

步骤4：单击"配合"对话框中"确定"按钮 ，完成装配体的创建。

9.4.4　利用放大镜进行有效的装配

使用放大镜检查模型，并在不改变总视图的情况下进行选择。这些操作简化了创建配合体等操作的实体选择。

步骤1：打开装配文件 D:\sw16.1\work\ch09.04\example.SLDASM。

步骤2：将鼠标光标停留在轴套上，然后按【G】键，放大镜即会打开，如图 9.4.15 所示。

步骤3：向下滚动鼠标滚轮，轴套区域被放大，同时模型保持不动，如图 9.4.16 所示。

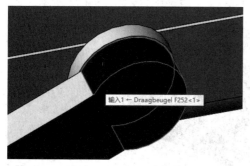

图 9.4.15　打开放大镜

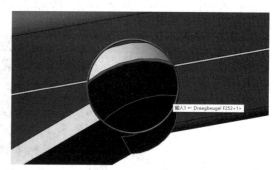

图 9.4.16　放大区域

步骤4：单击鼠标左键，结束用放大镜检查模型。

提示：（1）要提高移动控制能力，可以同时按住【Ctrl】键和鼠标滚轮并拖动鼠标；

　　　（2）按住【Ctrl】键可在放大镜状态下选取多个对象；

　　　（3）当放大镜处于开启的状态时，按【G】键或者【Esc】键可关闭放大镜。

9.5　零部件阵列

与零件模型中的特征阵列一样，在装配体中也可以对零部件进行阵列。零部件阵列的类型主要包括线性阵列、圆周阵列及图案驱动。

9.5.1　线性阵列

线性阵列可以将零部件沿指定的方向进行阵列复制。下面以图 9.5.1 所示模型为例，讲解零部件线性阵列的一般操作步骤。

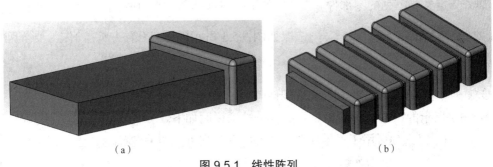

图 9.5.1　线性阵列

（a）阵列前　（b）阵列后

步骤 1：打开装配文件 D:\sw16.1\work\ch09.05.01\size.SLDASM。

步骤 2：选择命令。选择菜单栏中的"插入"→"零部件阵列"→"线性阵列"命令，系统弹出如图 9.5.2 所示的"线性阵列"对话框。

图 9.5.2　"线性阵列"对话框

步骤 3：确定阵列方向。在图形区选取如图 9.5.3 所示的边作为阵列参考方向，然后在"线性阵列"对话框的"方向"选项区中单击"反向"按钮。

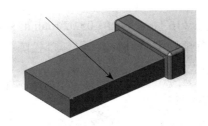

图 9.5.3　选取方向

步骤 4：设置间距及实例数。在"线性阵列"对话框的"方向"选项区的 后的"间距"文本框中输入数值 20.00 mm，在 后的"实例数"文本框中输入数值 5。

步骤 5:定义要阵列的零部件。在"线性阵列"对话框的"要阵列的零部件"选项区中单击
🐚 后的"要阵列的零部件"文本框,选取如图 9.5.3 所示的零件(箭头所指)作为要阵列的零部件。

步骤 6:单击"确定"按钮 ✓,完成线性阵列的操作。

图 9.5.2 所示的"线性阵列"对话框的部分选项说明如下。

(1)"方向 1"选项区用于对零件在一个方向上阵列进行相关设置。

(2)单击"反向"按钮 ↗ 可以使阵列方向相反,该按钮后面的文本框中显示阵列的参考方向,可以通过单击来激活此文本框。

(3)在 🐚 后的"间距"文本框中输入数值,可以设置阵列后零件的间距。

(4)在 ⚬# 后的"实例数"文本框中输入数值,可以设置阵列零件的总个数(包括源零件)。

(5)"要阵列的零部件"选项区用来选择源零件。

(6)若在"可跳过的实例"选项区中选择了零件,则在阵列时跳过所选的零件继续阵列。

9.5.2　圆周阵列

下面以图 9.5.4 所示模型为例,讲解零部件圆周阵列的一般操作步骤。

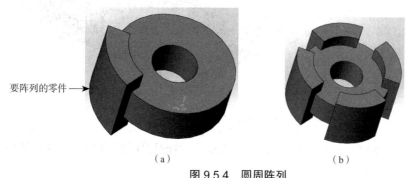

要阵列的零件 →

（a）　　　　　　　　　　　　　　　（b）

图 9.5.4　圆周阵列

（a）阵列前　（b）阵列后

步骤 1:打开装配文件 D：\sw16.1\work\ch07.05.02\rotund. SLDASM。

步骤 2:选择命令。选择菜单栏中的"插入"→"零部件阵列"→"圆周阵列"命令,系统弹出如图 9.5.5 所示的"圆周阵列"对话框。

图 9.5.5　"圆周阵列"对话框

步骤 3：确定阵列轴。在图形区选取如图 9.5.5 所示的临时轴（线段）作为阵列轴。

步骤 4：设置角度间距及个数。在"圆周阵列"对话框的"参数"选项区的 后的"角度"文本框中输入数值 90.00 度，在 后的"实例数"文本框中输入数值 4。

步骤 5：定义要阵列的零部件。在"圆周阵列"对话框的"要阵列的零部件"选项区中单击 后的"要阵列的零部件"文本框，选取如图 9.5.4（a）所示的零件（箭头所指）作为要阵列的零部件。

步骤 6：单击"确定"按钮 ，完成圆周阵列的操作。

图 9.5.5 所示的"圆周阵列"对话框的部分选项说明如下。

（1）"参数"选项区用于对零件圆周阵列进行相关设置。

（2）单击"反向"按钮 可以使阵列方向相反。在该按钮后面的文本框中需要选取一条基准轴或线性边线，阵列是绕此轴进行旋转的，可以通过单击鼠标右键激活此文本框。

（3）在 后的"角度"文本框中输入数值，可以设置阵列后零件的角度间距。

（4）在 后的"实例数"文本框中输入数值，可以设置阵列零件的总个数（包括源零件）。

（5）"等间距"复选框：选中此复选框，系统将零件按实例数在 360° 内等间距地阵列。

9.5.3　图案驱动

图案驱动是以装配体中某一零部件的阵列特征为参照进行零部件的复制。如图 9.5.6 所示，四个螺钉是参照装配体中零件 1 上的四个阵列孔创建的，所以在使用"图案驱动"命令之前，应在装配体的某一零件中创建阵列特征。

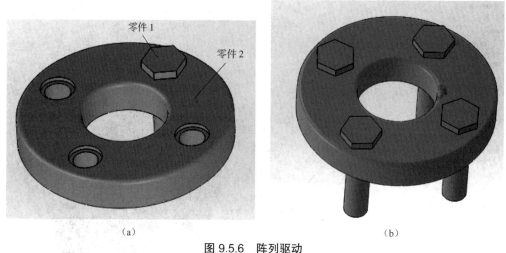

（a）　　　　　　　　　　　　　　　　　　　　（b）

图 9.5.6　阵列驱动

（a）阵列前　（b）阵列后

步骤 1：打开装配文件。

步骤 2：选择命令。选择菜单栏中的"插入"→"零部件阵列"→"图案驱动"命令，系统弹出如图 9.5.7 所示的"阵列驱动"对话框。

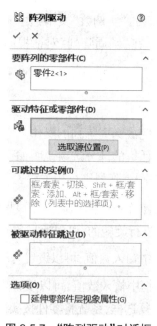

图 9.5.7　"阵列驱动"对话框

步骤 3：定义要阵列的零部件。在图形区选取零件 2 作为要阵列的零部件。

步骤 4：确定驱动特征。单击"阵列驱动"对话框的"驱动特征或零部件"选项区中的文本框，然后在设计树中展开（固定）cover<1> 节点，在节点下选取"阵列（圆周）1"作为驱动特征。

步骤 5：单击"确定"按钮 ✓，完成图案驱动操作。

9.6 零部件镜像

在装配体中,经常会出现两个零部件关于某一平面对称的情况,这时不需要再次为装配体添加相同的零部件,只需对原有零部件进行镜像复制即可,如图 9.6.1 所示。下面介绍镜像复制操作的一般步骤。

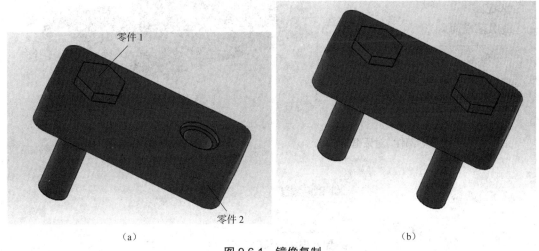

图 9.6.1 镜像复制

(a)复制前 (b)复制后

步骤 1:打开装配文件 M。

步骤 2:选择命令。选择菜单栏中的"插入"→"镜像零部件"命令,系统弹出"镜像零部件"对话框,如图 9.6.2 所示。

步骤 3:定义镜像基准面。在图形区选取基准面作为镜像平面,如图 9.6.3 所示。

步骤 4:确定要镜像的零部件。在图形区选取零件 2 作为要镜像的零部件(或在设计树中选取)。

步骤 5:单击"镜像零部件"对话框中的"下一步"按钮 ⤵,系统弹出"镜像零部件"对话框,如图 9.6.4 所示,进入镜像的下一步操作。

"镜像零部件"对话框的部分选项说明如下。

(1)"选择"选项区:包括选取镜像基准面及选取要镜像的零部件。

(2)镜像基准面:其下面的文本框中显示用户选取的镜像平面,可以先单击激活此文本框,再选取镜像平面。

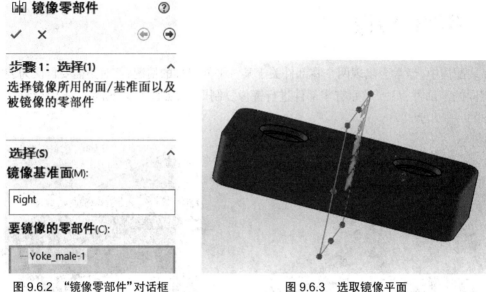

图 9.6.2 "镜像零部件"对话框   图 9.6.3 选取镜像平面

图 9.6.4 "镜像零部件"对话框

（3）要镜像的零部件：其下面的文本框中显示用户选取的要镜像的零部件，可以先单击激活此文本框，再选取要镜像的零部件。

步骤 6:单击"镜像零部件"对话框中的"确定"按钮 ,完成零件的镜像。

9.7　简化表示

大型装配体通常包括数百个零部件,占用极多的系统资源。为了提高系统的性能、缩短模型重建的时间、生成简化的装配体视图等,可以通过切换零部件的显示状态和改变零部件的压缩状态来简化复杂的装配体。

9.7.1　切换零部件的显示状态

暂时关闭零部件的显示可以将它从视图中移除,以便处理被遮蔽的零部件。隐藏或显示零部件仅影响零部件在装配体中的显示状态,不影响重建模型及计算的速度,但是可提高显示的性能,如图 9.7.1 所示。

（a）　　　　　　　　　　　　　　　　（b）

图 9.7.1　隐藏零部件

（a）隐藏前　　（b）隐藏后

步骤 1:打开文件 D:\sw16.1\work\ch07.07.01\asm-example.SLDASM。

步骤 2:在设计树中选择"零件"top cover ⬡ 作为要隐藏的零件。

步骤 3:用鼠标右键单击"零件"top cover ⬡,在弹出的快捷菜单中选择"隐藏零部件"命令,图形区中的该零件即被隐藏。

> 提示:显示零部件的方法与隐藏零部件的方法基本相同,即在设计树中用鼠标右键单击要显示的零部件的名称,然后在系统弹出的快捷菜单中选择"显示零部件"命令。

9.7.2　改变零部件的压缩状态

改变零部件的压缩状态包括零部件的压缩及轻化。

1.压缩零部件

通过压缩零部件可暂时将零部件从装配体中移除,在图形区将隐藏压缩的零部件,如图

9.7.2 所示。压缩的零部件无法被选取,并且不装入内存,不再是装配体中有功能的部分。在设计树中,压缩的零部件呈暗色显示。

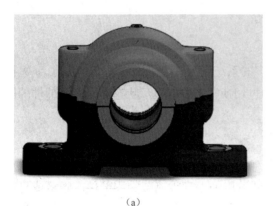 

（a） （b）

图 9.7.2　压缩零部件

（a）压缩前　（b）压缩后

步骤 1:打开文件。

步骤 2:在设计树中选择"零件"top cover 作为要压缩的零件。

步骤 3:用鼠标右键单击"零件"top cover ,在弹出的快捷菜单中选择"零部件属性"命令,弹出"配置特定属性"对话框,如图 9.7.3 所示。

图 9.7.3　"配置特定属性"对话框

步骤 4:在"配置特定属性"对话框的"压缩状态"选项区中选中"压缩"单选框。

步骤 5:单击"确定"按钮,完成压缩零部件的操作。

> 提示:还原零部件的压缩状态可以在"配置特定属性"对话框中更改,也可以直接在设计树中用鼠标右键单击要还原的零部件,然后在系统弹出的快捷菜单中选择"设定为还原"命令。

2. 轻化零部件

当零部件处于轻化状态时,零部件模型只有部分数据装入内存,其余数据根据需要装入。使用轻化的零部件可以明显地提高大型装配体的性能,使装配体的装入速度更快,计算数据的效率更高。在设计树中,轻化后的零部件的图标为 。

轻化零部件的操作方法与压缩零部件基本相同,此处不再赘述。

9.8 爆炸视图

装配体的爆炸视图就是将装配体中的各零部件沿着直线或坐标轴移动,使各零部件从装配体中分解出来。爆炸视图对于表达各零部件的相对位置十分有帮助,因而常常用于表达装配体的装配过程。

9.8.1 生成爆炸视图

以图 9.8.1 为例,讲解生成爆炸视图的一般操作步骤。

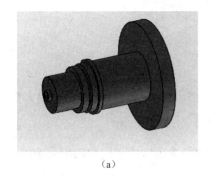
（a）

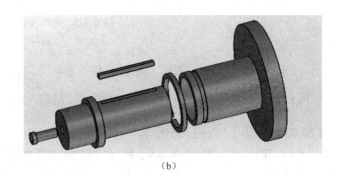
（b）

图 9.8.1 爆炸视图
（a）爆炸前 （b）爆炸后

步骤 1:打开装配文件。

步骤 2:选择命令。选择菜单栏中的"插入"→"爆炸视图"命令,系统弹出"爆炸"对话框,如图 9.8.2 所示。

图 9.8.2 "爆炸"对话框

步骤 3:生成爆炸视图 1。

(1)定义要爆炸的零件。在图形区选择螺钉(箭头所指)如图 9.8.3 所示。

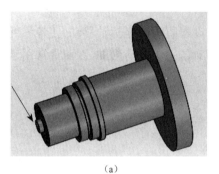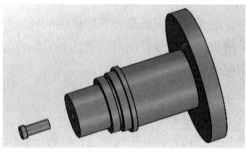

(a)   (b)

图 9.8.3　爆炸视图 1

(a)爆炸前　(b)爆炸后

(2)确定爆炸方向。选取 X 轴作为移动参考方向。

(3)定义移动距离。在"爆炸"对话框的"设定"选项区的 🔧 后的"距离"文本框中输入数值 80.00 mm,单击"反向"按钮 ↗️。

(4)存储爆炸视图 1(图 9.8.3)。在"爆炸"对话框的"选项"选项区中单击"应用"按钮。

(5)单击"完成"按钮,完成爆炸视图 1 的生成。

步骤 4:生成爆炸视图 2(图 9.8.4)。操作方法参见步骤 3,爆炸方向为 X 轴的负方向,爆炸距离值为 65.00 mm。

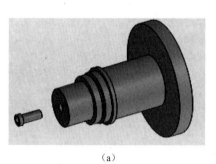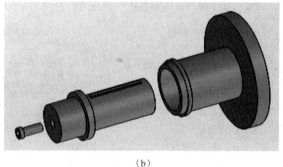

(a)   (b)

图 9.8.4　爆炸视图 2

(a)爆炸前　(b)爆炸后

步骤 5:生成爆炸视图 3(图 9.8.5)。操作方法参见步骤 3,爆炸方向为 Y 轴的正方向,爆炸距离值为 20.00 mm。

步骤 6:生成爆炸视图 4(图 9.8.6)。爆炸零件为卡环,爆炸方向为 X 轴的负方向,爆炸距离值为 15.00 mm。

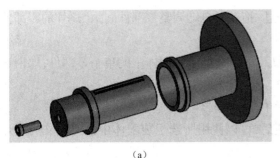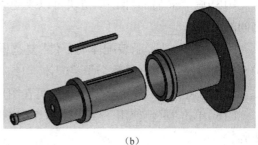

（a）   （b）

图 9.8.5   爆炸视图 3

（a）爆炸前   （b）爆炸后

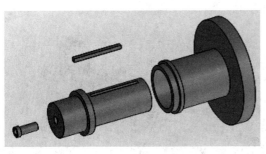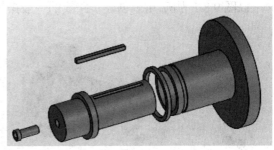

（a）   （b）

图 9.8.6   爆炸视图 4

（a）爆炸前   （b）爆炸后

步骤 7：单击"爆炸"对话框中的"确定"按钮，完成爆炸视图的生成。

"爆炸"对话框的部分选项说明如下。

（1）"爆炸步骤"选项区中只有一个文本框，用来记录爆炸零件的所有步骤。

（2）"设定"选项区用来设置关于爆炸的参数。

（3） 后的"爆炸零部件步骤"文本框用来显示要爆炸的零件，可以先单击激活此文本框，再选取要爆炸的零件。

（4）"反向"按钮 可以改变爆炸方向，该按钮后的文本框用来显示爆炸的方向。

（5）在 后的"爆炸距离"文本框中可输入爆炸的距离值。

（6）"反向"按钮 可以改变旋转方向，该按钮后的文本框用来显示旋转的方向。

（7）在 后的"旋转角度"文本框中可输入旋转的角度值。

（8）选中"绕每个零部件的原点旋转"复选框，可对每个零部件进行旋转。

（9）单击"应用"按钮，将存储当前爆炸步骤。

（10）单击"完成"按钮，将完成当前爆炸步骤。

（11）"选项"选项区提供了自动爆炸的相关设置。

（12）选中"拖动时自动调整零部件间距"复选框，所选零部件将沿轴心自动均匀分布。

（13）调节 ÷ 后的"间距"滑块可以改变通过"拖动时自动调整零部件间距"爆炸的零部件之间的距离。

（14）选中"选择子装配体的零件"复选框后,可以选择子装配体中的单个零部件;取消选中此复选框,则只能选择整个子装配体。

（15）选中"显示旋转环"复选框,可在图形中显示旋转环。

（16）单击"重新使用子装配体爆炸"按钮后,可以使用所选子装配体中已经定义的爆炸步骤。

9.8.2　创建步路线

以图 9.8.7 为例,讲解创建步路线的一般操作步骤。

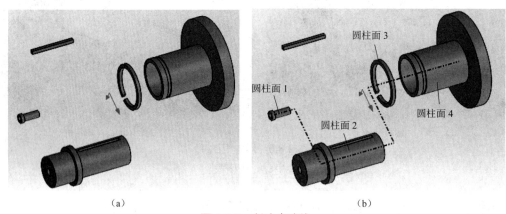

（a）　　　　　　　　　　　　　（b）

图 9.8.7　创建步路线

（a）创建前　（b）创建后

步骤 1:打开装配文件。

步骤 2:选择命令。选择菜单栏中的"插入"→"爆炸直线草图"命令,系统显示出"步路线"。

步骤 3:定义连接项目。依次选取圆柱面 1、圆柱面 2、圆柱面 3 和圆柱面 4,如图 9.8.8 所示。

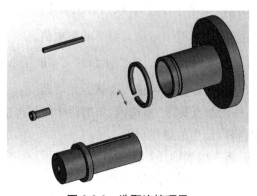

图 9.8.8　选取连接项目

步骤 4：单击两次"确定"按钮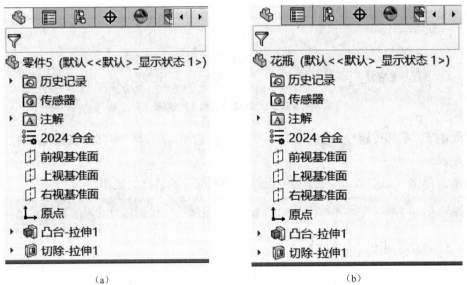，退出草图绘制环境，完成步路线的创建。

9.9　装配体中零部件的修改

装配体装配完成后，可以对该装配体中的任何零件进行以下操作：零部件的打开与删除、零部件尺寸的修改、零部件装配配合的修改（如距离配合中距离值的修改）以及零部件装配配合的重定义等。完成这些操作一般要从设计树开始。

9.9.1　更改设计树中零部件的名称

大型装配体中包括数百个零部件，若要选取某个零件就只能在设计树中进行操作，因此设计树中零部件的名称就显得十分重要。

下面以图 9.9.1 为例，讲解在设计树中更改零部件名称的一致过程。

图 9.9.1　更改设计树

（a）更改前　（b）更改后

步骤 1：打开装配文件 D:\sw16.1\work\ch07.09.01\edit.SLDASM。

步骤 2：更改名称前的准备。

（1）选择菜单栏中的"工具"→"选项"命令，系统弹出"系统选项"对话框，如图 9.9.2 所示。

（2）在"系统选项"对话框的"系统选项"选项卡左侧的列表框中单击"外部参考"。

（3）在"系统选项"对话框的"系统选项"选项卡左侧的列表框"装配体"选项区中取消选中"当文件被替换时更新零部件名称"复选框。

（4）单击"确定"按钮，关闭"系统选项"对话框。

步骤 3：在设计树中用鼠标右键单击(-)edit-02<1>，在弹出的快捷菜单中选择"零部件属性"命令,系统弹出"零部件属性"对话框,如图9.9.3所示。

图 9.9.2　"系统选项"对话框

图 9.9.3　"零部件属性"对话框

步骤 4:在"零部件属性"对话框的"一般属性"选项区中,将"零部件名称"文本框中的内容更改为 edit。

步骤 5:单击"确定"按钮,完成更改设计树中零部件的名称的操作。

提示:这里更改的名称是设计树中显示的名称,而不是零件模型文件的名称。

9.9.2　修改零部件的尺寸

下面以修改装配体 edit.SLDASM 中零件 edit_02.SLDPRT 的尺寸为例(图9.9.4),说明修改装配体中零部件的尺寸的一般操作步骤。

（a）　　　　　　　　　　　　　　　（b）

图 9.9.4　修改零部件的尺寸

（a）修改前　（b）修改后

步骤 1:打开装配文件 D:\sw16.1\work\ch07.09.02\edit.SLDASM。

步骤 2:定义要修改的零部件。在设计树(或图形区)中选取零件(-)edit-02<1>。

步骤 3:选择命令。在装配体工具栏中单击 "编辑" 按钮 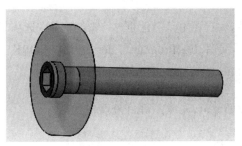,或者用鼠标右键单击(-)edit-02<1>,在弹出的快捷菜单中选择 "编辑" 命令。

步骤 4:单击(-)edit-02<1> 前的 "+" 号,展开(-)edit-02<1> 模型的设计树。

步骤 5:定义修改特征。在设计树中用鼠标右键单击 "拉伸 2",在弹出的快捷菜单中选择 "编辑特征" 命令,系统弹出 "拉伸" 对话框。

步骤 6:更改尺寸。在 "拉伸" 对话框的 "方向 1" 选项区中将 后的 "深度" 文本框中的数值改为 50.00 mm。

步骤 7:单击 "确定" 按钮,完成对 "拉伸 2" 的修改。

步骤 8:单击装配体工具栏中的 "编辑特征" 按钮,完成对零件的尺寸的修改,如图 9.9.5 所示。

图 9.9.5 装配体

9.10 零部件的外观处理

使用 "外观" 功能可以将颜色、材料外观和透明度应用到零件和装配体的零部件上。
为零部件赋予外观,可以使整个装配体的显示更为逼真。

下面以图 9.10.1 为例,讲解赋予零部件外观的一般操作步骤。

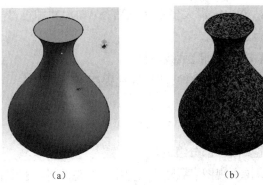

(a)   (b)

图 9.10.1 赋予外观(加纹理)

(a)加纹理前   (b)加纹理后

步骤1：打开文件 D:\sw16.1\work\ch07.10\vase.SLDPRT。

步骤2：选择命令。选择菜单栏中的"编辑"→"外观"→"外观"命令，系统弹出"颜色"对话框，如图9.10.2所示。

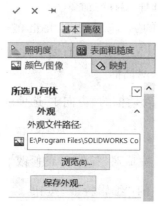

图9.10.2 "颜色"对话框

步骤3：定义外观类型。在"颜色"对话框中单击"高级"选项卡，单击"外观"选项区中的"浏览"按钮，选择并打开文件 E:\Program Files\SOLIDWORKS Corp\SOLIDWORKS\data\graphics\materials\stone\architectural\granite\granite.p2m。

步骤4：单击"确定"按钮 ，完成零部件外观的更改。

9.11 工程图概述

使用可创建三维模型的工程图，且图样与模型相关联。因此，图样能够反映模型在设计阶段中的更改，与装配模型或单个零部件保持同步。SolidWorks工程图环境中的工具的主要特点如下。

（1）用户界面直观、简洁、易用，可以快速、方便地创建图样。

（2）可以快速地将视图放置到图样中，系统会自动正交对齐视图。

（3）具有在"图形"对话框中编辑大多数制图对象（如尺寸和符号等）的功能。用户可以创建制图对象，并对其进行编辑。

（4）系统可以用图样视图的自动隐藏线渲染。

（5）使用对图样进行更新的用户控件，能有效地提高工作效率。

9.11.1 工程图的组成

SolidWorks的工程图主要由三部分组成。

（1）视图：包括基本视图（主视图、后视图、左视图、右视图、仰视图、俯视图）、剖视图、局部放大图、断裂视图等。在制作工程图时，应根据实际零件的特点选择不同的视图组合，以便简单、清楚地把各个设计参数表达清楚。

（2）尺寸、公差、表面粗糙度及注释文本：包括形状尺寸、位置尺寸、尺寸公差、基准符号、形状公差、位置公差、零件的表面粗糙度及注释文本。

（3）图框、标题栏等。

9.11.2　工程图环境中的工具条

进入工程图环境，此时系统的菜单栏和工具栏会发生一些变化。下面对工程图环境中较为常用的工具栏进行介绍。

1. 工程图工具栏

工程图工具栏如图 9.11.1 所示。

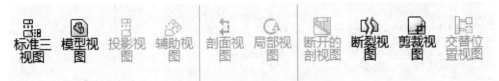

图 9.11.1　工程图工具栏

2. 尺寸 / 几何关系工具栏

尺寸 / 几何关系工具栏如图 9.11.2 所示。

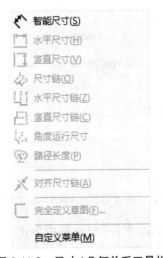

图 9.11.2　尺寸 / 几何关系工具栏

3. 注解工具栏

注解工具栏如图 9.11.3 所示。

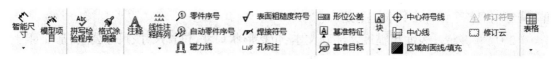

图 9.11.3 注解工具栏

9.12 新建工程图

在学习本节前,请将"模板.DRWDOT"文件复制到模板文件目录文件夹中。

下面介绍新建工程图的一般操作步骤。

步骤 1:选择命令。选择菜单栏中的"文件"→"新建"命令,系统弹出如图 9.12.1 所示的"新建 SOLIDWORKS 文件"对话框。

图 9.12.1 "新建 SOLIDWORKS 文件"对话框

步骤 2:在"新建 SOLIDWORKS 文件"对话框中单击"高级"按钮,"新建 SOLIDWORKS 文件"对话框变成如图 9.12.2 所示的样子。

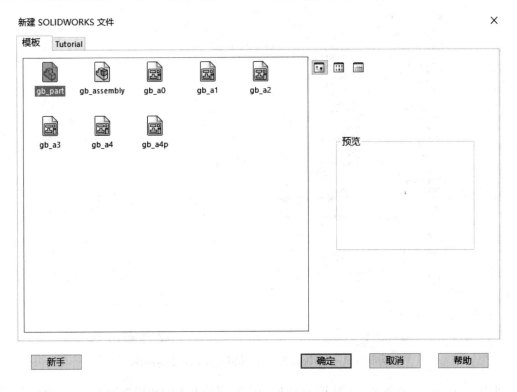

图 9.12.2　"新建 SOLIDWORKS 文件"对话框

步骤 3：在"新建 SOLIDWORKS 文件"对话框中点击"模板"选项卡，创建工程图文件，然后单击"确定"按钮，完成工程图的新建。

9.13　设置符合国标的工程图环境

我国国家标准对工程图做出了许多规定，例如尺寸文本的方位和字高、尺寸箭头的大小等都有明确的规定。下面详细介绍设置符合国标的工程图环境的一般操作步骤。

步骤 1：选择菜单栏中的"工具"→"选项"命令，系统弹出如图 9.13.1 所示的"系统选项（S）- 几何关系 / 捕捉"对话框。

步骤 2：单击"系统选项"选项卡，在该选项卡左侧的列表中选择"几何关系 / 捕捉"选项，并在对话框中进行如图 9.13.1 所示的设置。

图 9.13.1 "系统选项(S)- 几何关系 / 捕捉"对话框

步骤 3：单击"文档属性"选项卡，在该选项卡左侧的列表中选择"绘图标准"选项，并在对话框中进行如图 9.13.2 所示的设置。

图 9.13.2 "文档属性(D)- 绘图标准"对话框

步骤 4：在"文档属性"选项卡左侧的列表中选择"尺寸"选项，进行如图 9.13.3 所示的设置。

图 9.13.3 "文档属性 - 尺寸"对话框

9.14 工程图视图

工程图视图是按照三维模型的投影关系生成的，主要用来表达部件模型的外部结构及形状。在 SolidWorks 的工程图模块中，视图包括基本视图、剖视图、局部放大图和折断视图等。下面分别以具体的实例来介绍各种视图的创建方法。

9.14.1 创建基本视图

基本视图包括主视图和投影视图，下面分别进行介绍。

1. 创建主视图

下面以 connecting_base.SLDPRT 零件模型（图 9.14.1）为例，说明创建主视图的一般操作步骤。

步骤 1：新建一个工程图文件。

（1）选择命令。选择菜单栏中的"文件"→"新建"命令，系统弹出"新建 SOLIDWORKS 文件"对话框。

（2）在"新建 SOLIDWORKS 文件"对话框中选择模板，单击"确定"按钮，系统弹出"模型视图"对话框。

> **提示：** 在工程图模块中，选择菜单栏中的"插入"→"工程图视图"→"模型"命令，也可以打开
> "模型视图"对话框。"插入"菜单如图 9.14.2 所示。

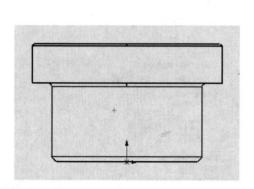

图 9.14.1 connecting_base.SLDPRT 零件模型   图 9.14.2 "插入"菜单

步骤 2：选择零件模型。在系统"选择一零件或装配体以从之生成视图，然后单击下一步。"的提示下，单击"要插入的零件／装配体"选项区中的"浏览"按钮，系统弹出如图 9.14.3 所示的"打开"对话框。在"查找范围"下拉列表中选择目录 D：\sw16.1\work\ch09.04.01，然后选择 connecting_base.SLDPRT，单击"打开"按钮，系统弹出"模型视图"对话框。

> **提示：** 如果"要插入的零件／装配体"选项区的打开文档列表中已存在该零件模型，那么只需
> 双击该模型就可将其载入。

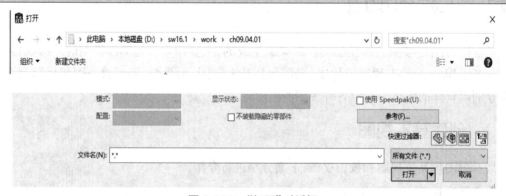

图 9.14.3 "打开"对话框

步骤 3：定义视图参数。

（1）在"模型视图"对话框的"方向"选项区中单击"上视"按钮，再选中"预览"复选框，预览要生成的视图，如图 9.14.4 所示。

（2）定义视图比例。在"比例"选项区中选中"使用自定义比例"单选框，在其下方的列表

框中选择"1∶5"选项,如图 9.14.5 所示。

步骤 4:放置视图。将鼠标光标放在图形区会出现视图的预览,如图 9.14.6 所示。选择合适的放置位置单击鼠标左键,以生成主视图。

步骤 5:单击"工程图视图"对话框中的"确定"按钮 ✔ ,完成操作。

提示:如果在生成主视图之前,在"选项"选项区中选中"自动开始投影视图"复选框,则在生成一个视图之后会继续生成其他投影视图。

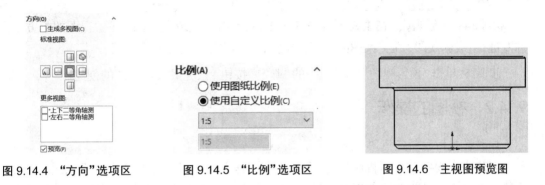

图 9.14.4　"方向"选项区　　　图 9.14.5　"比例"选项区　　　图 9.14.6　主视图预览图

2. 创建投影视图

投影视图包括仰视图、俯视图、右视图和左视图。下面以图 9.14.7 所示的视图为例,说明创建投影视图的一般操作步骤。

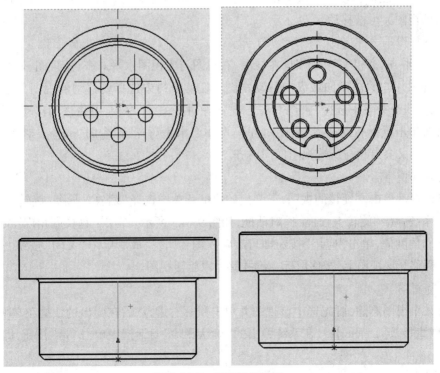

图 9.14.7　创建投影视图

步骤1:打开工程图文件 D:\sw16.1\work\ch.09.04.0l\connecting_base01. SLDDRW。

步骤2:选择命令。选择菜单栏中的"插入"→"工程图视图"→"投影视图"命令,在"投影视图"对话框中将出现投影视图的虚线框。

步骤3:在系统"请选择投影所用的工程视图"的提示下,选取如图9.14.7所示的主视图作为投影的父视图。

> 提示:如果视图中只有一个视图,则系统默认选择该视图作为投影的父视图,无须再进行选取。

步骤4:放置视图。在主视图的右侧单击鼠标左键,生成左视图;在主视图的下方单击鼠标左键,生成俯视图;在主视图的右下方单击鼠标左键,生成轴测图。

步骤5:单击"投影视图"对话框中的"确定"按钮 ✔,完成投影视图的创建。

9.14.2　视图的操作

1. 移动视图和锁定视图位置

创建完主视图和投影视图后,如果它们在图样上的位置不合适,视图间距太小或太大,用户可以根据自己的需要移动视图,具体方法是:将鼠标光标放在视图的虚线框上,此时光标会变成 ,按住鼠标左键并移动至合适的位置后放开。

视图放置好了后,可以用鼠标右键单击该视图,在弹出的快捷菜单中选择"锁住视图位置"命令,使其不能被移动。再次单击鼠标右键,在弹出的快捷菜单中选择"解除锁住视图位置"命令,该视图又可被移动。

2. 对齐视图

根据"高平齐、宽相等"的原则(左视图、右视图与主视图水平对齐,俯视图、仰视图与主视图竖直对齐),用户只能横向或纵向移动视图。在特征树中选择要移动的视图并单击鼠标右键,在弹出的快捷菜单中选择"视图对齐"→"解除对齐关系"命令,可将视图移动至任意位置。当用户再次单击鼠标右键选择"视图对齐"→"中心水平对齐"命令时,选择要对齐到的视图,被移动的视图又会自动与所选视图横向对齐。

3. 旋转视图

用鼠标右键单击要旋转的视图,在弹出的快捷菜单中选择"缩放/平移/旋转"→"旋转视图"命令,系统弹出"旋转工程视图"对话框,如图9.14.8所示。在"工程视图角度"文本框中输入要旋转的角度值,单击"应用"按钮即可旋转视图,旋转完成后单击"关闭"按钮。也可直接将鼠标光标移至该视图上,按住鼠标左键并移动以旋转视图。

4. 删除视图

要将某个视图删除,可先选中该视图并单击鼠标右键,然后在弹出的快捷菜单中选择"删除"命令或直接按【Delete】键,在系统弹出的"确认删除"对话框中单击"是"按钮,即可删除该视图。

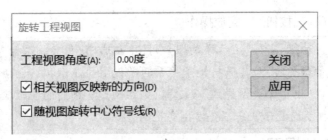

图 9.14.8　"旋转工程视图"对话框

9.14.3　视图的显示模式

在 SolidWorks 的工程图模块中选中视图,利用系统弹出的"工程图视图"对话框可以设置视图的显示模式。下面介绍几种一般的显示模式。

（1）线架图：视图中的不可见边线以实线显示,如图 9.14.9 所示。

（2）隐藏线可见：视图中的不可见边线以虚线显示,如图 9.14.10 所示。

（3）消除隐藏线：视图中的不可见边线不显示,如图 9.14.11 所示。

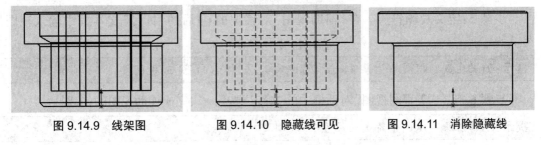

图 9.14.9　线架图　　　　　　图 9.14.10　隐藏线可见　　　　　图 9.14.11　消除隐藏线

（4）带边线上色：视图以带边线上色零件的颜色显示,如图 9.14.12 所示。

（5）上色：视图以上色零件的颜色显示,如图 9.14.13 所示。

下面以图 9.14.10 为例,说明如何将视图设置为"隐藏线可见"显示状态。

步骤 1：打开文件 D：\sw16.1\work\ch09.04.03\view01.SLDDRW。

步骤 2：在设计树中选择"工程图视图"并单击鼠标右键,在弹出的快捷菜单中选择"编辑特征"命令（或在视图上单击鼠标左键）,系统弹出"工程视图"对话框。

步骤 3：在"工程视图"对话框的"显示样式"选项区中单击"隐藏线可见"按钮，如图 9.14.14 所示。

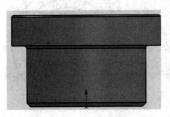

图 9.14.12　带边线上色

图 9.14.13　上色

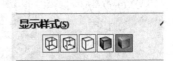

图 9.14.14　"显示样式"选项区

步骤4:单击"确定"按钮 ✓,完成操作。

> **提示**:生成投影视图时,如果在"显示样式"选项区中勾选"使用父关系样式"复选框,则改变父视图的显示状态时,与其保持父子关系的子视图的显示状态也会相应地发生变化;如果取消选中"使用父关系样式"复选框,则在改变父视图的显示状态时,与其保持父子关系的子视图的显示状态不会发生变化。

9.14.4 创建辅助视图

辅助视图类似于投影视图,但它是垂直于现有视图中的参考边线的展开视图。下面以图9.14.15 为例,说明创建辅助视图的一般操作步骤。

步骤1:打开文件 D:\ sw16.1\work\ch09.04.04\connecting01.SLDDRW。

步骤2:选择命令。选择菜单栏中的"插入"→"工程图视图"→"辅助视图"命令,系统弹出"辅助视图"对话框。选择展开视图的一个边线轴或草图直线。

步骤3:选择参考边线。在系统"请选择一参考边线束往下继续"的提示下,选取参考边线。

步骤4:放置视图。选择合适的位置单击鼠标左键,生成辅助视图。

步骤5:定义视图符号。在"辅助视图"对话框的 ⒜ 后的"标号"文本框中输入视图标号 A。

> **提示**:如果生成的视图与结果不一致,可以勾选"反转方向"复选框调整。

步骤6:单击"工程图视图"对话框中的"确定"按钮 ✓,完成辅助视图的创建。

> **提示**:拖动箭头可以调整箭头的位置。

9.14.5 创建全剖视图

全剖视图是用剖切面完全剖开零部件所得到的剖视图。下面以图 9.14.16 为例,讲解创建全剖视图的一般操作步骤。

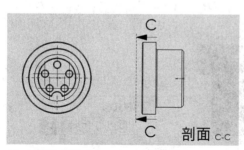

图 9.14.15 创建辅助视图

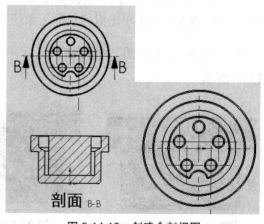

图 9.14.16 创建全剖视图

步骤 1:打开文件 D:\sw16.1\work\ch09.04.05\cutaway-view.SLDDRW。

步骤 2:选择命令。选择菜单栏中的"插入"→"工程图视图"→"剖面视图"命令,系统弹出"剖面视图"对话框。

步骤 3:选取切割线类型。在"切割线"选项区中单击"水平"按钮，然后选取如图 9.14.16 所示的圆心,单击"确定"按钮 ✔。

步骤 4:在"剖面视图"对话框的后的"标号"文本框中输入视图标号 A。

提示:如果生成的剖视图与结果不一致,可以通过勾选"反转方向"复选框来调整。

步骤 5:放置视图。选择合适的位置单击鼠标左键,以生成全剖视图。单击"剖面视图 A-A"对话框中的"确定"按钮 ✔,完成全剖视图的创建。

9.14.6 创建半剖视图

下面以图 9.14.17 为例,讲解创建半剖视图的一般操作步骤。

步骤 1:打开文件 D:\sw16.1\work\ch09.04.06\part-cutaway-view.SLDDRW。

步骤 2:选择菜单栏中的"插入"→"工程图视图"→"剖面视图"命令,系统弹出"剖面视图"对话框。

步骤 3:在"剖面视图"对话框中点击"半剖面"选项卡,在"半剖面"选项区中单击"右侧向上"按钮，然后选取如图 9.14.18 所示的圆心。

步骤 4:放置视图。在"剖面视图"对话框的后的"标号"文本框中输入视图标号 A,选择合适的位置单击鼠标左键,以生成半剖视图。

提示:如果生成的剖视图与结果不一致,可以勾选"反转方向"复选框来调整。
在选取剖面类型时,若选取的类型不同,会生成不同的半剖视图。当选取的剖面类型为"底部左侧"时,则生成的半剖视图如图 9.14.19 所示。

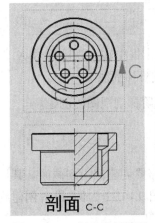
图 9.14.17 创建半剖视图

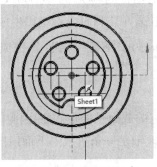
图 9.14.18 选择剖切点

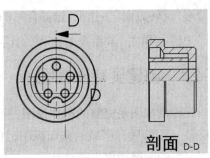
图 9.14.19 半剖视图

步骤 5:单击"剖面视图 A-A"对话框中的"确定"按钮 ✓,完成半剖视图的创建。

9.14.7 创建阶梯剖视图

阶梯剖视图属于 2D 截面视图,与全剖视图在本质上没有区别,但它的截面是偏距截面。创建阶梯剖视图的关键是创建偏距截面,可以根据不同的需要创建偏距截面来创建阶梯剖视图,以达到充分表达视图的目的。下面以图 9.14.20 为例,讲解创建阶梯剖视图的一般操作步骤。

步骤 1:打开文件 D:\sw16.1\work\ch09.04.07\stepped-cutting-view.SLDDRW。

步骤 2:选择菜单栏中的"插入"→"工程图视图"→"剖面视图"命令,系统弹出"剖面视图"对话框。

步骤 3:选取切割线类型。在"切割线"选项区中单击"水平"按钮 ，取消勾选"自动启动剖面实体"复选框。

步骤 4:然后选取如图 9.14.21 所示的圆心,在弹出的快捷菜单中选择"单偏移"命令,在中央圆心处单击鼠标左键,在对角圆心处单击鼠标左键,单击"确定"按钮 ✓。

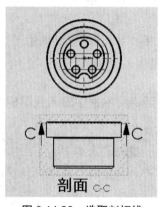

图 9.14.20 　选取剖切线

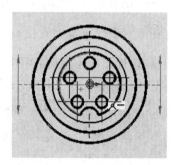

图 9.14.21 　选取剖切线

提示:中央圆心与第一次所选的圆心在同一条水平线上。

步骤 5:放置视图。在"剖面视图"对话框的 后的"标号"文本框中输入视图标号 A,然后勾选"反转方向"复选框,选择合适的位置单击鼠标左标键以生成阶梯剖视图。

步骤 6:单击"剖面视图 A-A"对话框中的"确定"按钮 ✓,完成阶梯剖视图的创建。

9.14.8 创建旋转剖视图

旋转剖视图是完整的截面视图,但它的截面是偏距截面,因此需要创建偏距剖截面。其显示绕某一轴的展开区域的截面视图,且该轴是一条折线。下面以图 9.14.22 为例,讲解创建旋转剖视图的一般操作步骤。

步骤 1：打开文件 D:\sw16.1\work\ch09.04.08\revolved-cutting-view.SLDDRW。

步骤 2：选择菜单栏中的"插入"→"工程图视图"→"剖面视图"命令，系统弹出"剖面视图"对话框。

步骤 3：选取切割线类型。在"切割线"选项区中单击"对齐"按钮，取消勾选"自动启动剖面实体"复选框。

步骤 4：然后选取如图 9.14.23 所示的 3 个圆心，单击"确定"按钮 。

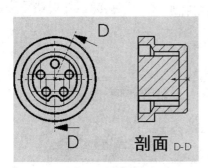

图 9.14.22　创建旋转剖视图

图 9.14.23　选取剖切点

步骤 5：放置视图。在"剖面视图"对话框的 后的"标号"文本框中输入视图标号 A，取消勾选"反转方向"下的"自动反转"复选框，选择合适的位置单击鼠标左键以生成旋转剖视图。

步骤 6：单击"剖面视图 A-A"对话框中的"确定"按钮 ，完成旋转剖视图的创建。

9.14.9　创建局部剖视图

局部剖视图是用剖切面局部剖开零部件所得到的剖视图。下面以图 9.14.24 为例，讲解创建局部剖视图的一般操作步骤。

步骤 1：打开文件 D:\sw16.1\work\ch09.04.09\connecting-base.SLDDRW。

步骤 2：选择命令。选择菜单栏中的"插入"→"工程图视图"→"断开的剖视图"命令。

步骤 3：绘制剖切范围。绘制如图 9.14.25 所示的样条曲线作为剖切范围。

步骤 4：定义深度参考。选择如图 9.14.25 所示的圆作为深度参考放置视图。

步骤 5：选中"断开的剖视图"对话框（图 9.14.26）中的"预览"复选框，预览生成的视图。

步骤 6：单击"断开的剖视图"对话框中的"确定"按钮 ，完成局部剖视图的创建。

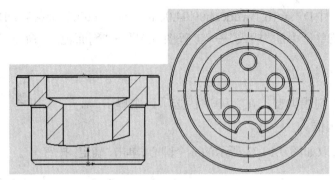

图 9.14.24　创建局部剖视图

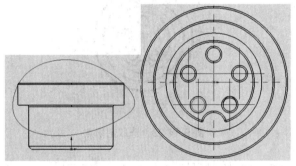

图 9.14.25　绘制剖切范围

图 9.14.26　"断开的剖视图"对话框

9.14.10　创建局部放大图

局部放大图是将机件的部分结构用大于原图形所采用的比例画出的图形。可以根据需要画成视图、剖视图和断面图,放置时应尽量放在被放大部位的附近。下面以图 9.14.27 为例,讲解创建局部放大图的一般操作步骤。

步骤 1:打开文件 D:\sw16.1\work\ch09.04.10\connectingO1.SLDDRW。

步骤 2:选择命令。选择菜单栏中的"插入"→"工程图视图"→"局部视图"命令,系统弹出"局部视图"对话框,如图 9.14.28 所示。

步骤 3:绘制剖切范围。绘制如图 9.14.27 所示的圆作为剖切范围。

步骤 4:定义放大比例。在"局部视图"对话框的"比例"选项区中选中"使用自定义比例"单选框,在其下方的下拉列表中选择"用户定义"选项,再在其下方的文本框中输入比例 4:5,按【Enter】键确认,如图 9.14.28 所示。

步骤 5:放置视图。选择合适的位置单击鼠标左键以生成局部放大图。

步骤 6:单击"局部视图"对话框中的"确定"按钮 ✔,完成局部放大图的创建。

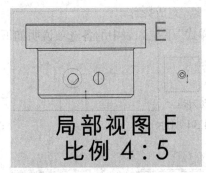

图 9.14.27　绘制剖切范围

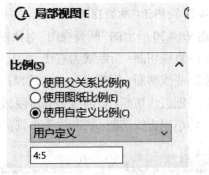

图 9.14.28　"局部视图"对话框

9.14.11　创建断裂视图

在机械制图中经常遇到一些长细形的零件,若要完整地反映零件的尺寸、形状,需用大幅面的图纸来绘制。为了既节省图纸幅面,又反映零件的形状、尺寸,在实际绘图中常采用断裂视图。断裂视图指的是从零件视图中删除选定的两点之间的视图,将余下的两部分合并成一个带折断线的视图。下面以图 9.14.29 为例,讲解创建断裂视图的一般操作步骤。

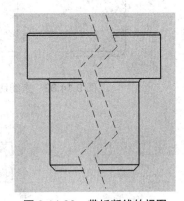

图 9.14.29　带折断线的视图

步骤 1:打开文件 D:\sw16.1\work\ch09.04.11\break.SLD-DRW。

步骤 2:选择命令。选择菜单栏中的"插入"→"工程图视图"→"断裂视图"命令,系统弹出"断裂视图"对话框,如图 9.14.30 所示。

步骤 3:选取要断裂的视图,如图 9.14.31 所示。

步骤 4:放置第一条折断线,如图 9.14.31 所示。

步骤 5:放置第二条折断线,如图 9.14.31 所示。

步骤 6:在"断裂视图设置"选项区的"缝隙大小"文本框中输入数值 3 mm,在"折断线样式"下拉列表中选择"锯齿线切断"选项,如图 9.14.30 所示。

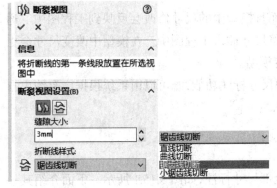

图 9.14.30　"断裂视图"对话框

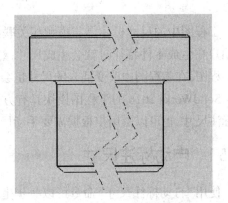

图 9.14.31　选取要断裂的视图

步骤7：单击"断裂视图"对话框中的"确定"按钮 ✓，完成操作。

图9.14.30所示的"断裂视图"对话框的"折断线样式"下拉列表中的各选项说明如下。

（1）直线切断：折断线为直线，如图9.14.32所示。

（2）曲线切断：折断线为曲线，如图9.14.33所示。

（3）锯齿线切断：折断线为锯齿线，如图9.14.30所示。

（4）小锯齿线切断：折断线为小锯齿线，如图9.14.34所示。

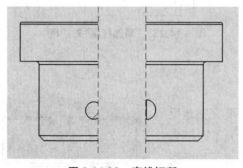

图9.14.32　　直线切断

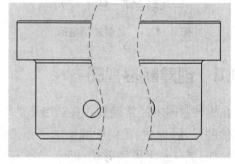

图9.14.33　　曲线切断

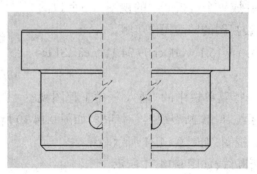

图9.14.34　　小锯齿线切断

9.15　尺寸标注

工程图中的尺寸标注是与模型相关联的，而且模型中的尺寸修改会反映到工程图中。通常用户在生成零件特征时就会生成尺寸，然后将尺寸插入工程图中。在模型中改变尺寸会更新工程图，在工程图中改变插入的尺寸也会改变模型。

SolidWorks 2016的工程图模块具有方便的尺寸标注功能，既可以由系统根据已有约束自动标注尺寸，也可以由用户根据需要手动尺寸标注。

9.15.1　自动标注尺寸

使用"自动标注尺寸"命令可以一步生成全部尺寸标注，如图9.15.1所示。下面介绍其一般操作步骤。

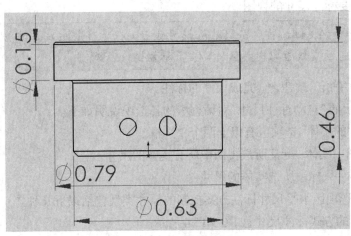

图 9.15.1　自动标注尺寸

步骤 1：打开文件 D：\sw16.1\work\ch09.05.01\autogeneration-dimension. SLDDRW。

步骤 2：选择命令。选择菜单栏中的"工具"→"尺寸"→"智能尺寸"命令，系统弹出如图 9.15.2 所示的"尺寸"对话框。单击"自动标注尺寸"选项卡，系统弹出如图 9.15.3 所示的"自动标注尺寸"对话框。

图 9.15.2　"尺寸"对话框

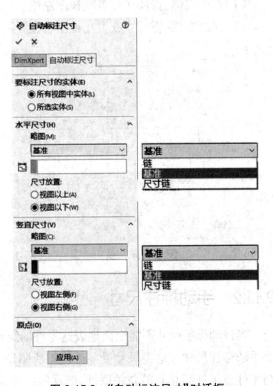

图 9.15.3　"自动标注尺寸"对话框

步骤 3：在"要标注尺寸的实体"选项区中选中"所有视图中实体"单选框，在"水平尺寸"

选项区和"竖直尺寸"选项区中的"略图"下拉列表中选择"基准"选项。

步骤4:选取要标注尺寸的视图。

> **提示:**本例中只有一个视图,所以系统默认将其选中。在选择要标注尺寸的视图时,必须在视图以外、视图虚线框以内的区域单击鼠标左键。

步骤5:单击"确定"按钮 ✓,完成尺寸的标注。

图9.15.3所示的"自动标注尺寸"对话框中的各选项说明如下。

"要标注尺寸的实体"选项区有以下两个单选框。

(1)所有视图中实体:标注所选视图中所有实体的尺寸。

(2)所选实体:只标注所选实体的尺寸。

"水平尺寸"选项区水平尺寸标注方案控制的尺寸类型包括以下几种。

(1)链:以链的方式标注尺寸,如图9.15.4所示。

(2)基准:以基准尺寸的方式标注尺寸,如图9.15.1所示。

(3)尺寸链:以尺寸链的方式标注尺寸,如图9.15.5所示。

(4)视图以上:将尺寸放置在视图上方。

(5)视图以下:将尺寸放置在视图下方。

"竖直尺寸"选项区类似于"水平尺寸"选项区。

(1)视图左侧:将尺寸放置在视图左侧。

(2)视图右侧:将尺寸放置在视图右侧。

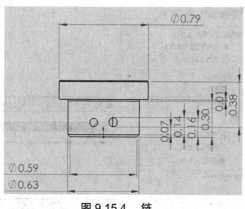

图9.15.4　链

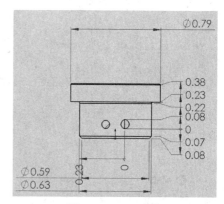

图9.15.5　尺寸链

9.15.2　手动标注尺寸

当自动标准尺寸不能全面地表达零件的结构,或工程图需要增加一些特定的标注时,就需要手动标注尺寸。这类尺寸受零件模型所驱动,所以常被称为"从动尺寸"。手动标注的尺寸与零件或组件间具有单向关联性,即这些尺寸受零件模型所驱动,当零件模型的尺寸改变时,工程图中的尺寸也随之改变,但这些尺寸的值在工程图中不能被修改。选择菜单栏中的"工具"→"尺寸"命令,系统弹出如图9.15.6所示的"尺寸"子菜单,利用该菜单中的选项可以标注尺寸。

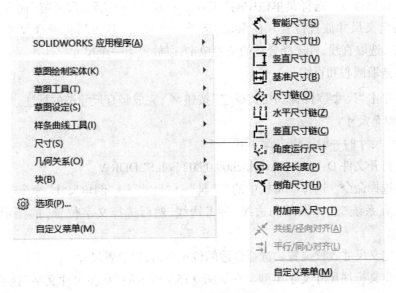

图 9.15.6　"尺寸"子菜单

下面详细介绍标注基准尺寸、尺寸链和倒角尺寸的方法。

1. 标注基准尺寸

基准尺寸为工程图的参考尺寸,用户无法更改其数值或使用其数值来驱动模型。

标注基准尺寸的一般操作步骤如下。

步骤 1:打开文件 D:\sw16.1\work\ch09.05.02\dimension.SLDDRW。

步骤 2:选择命令。选择菜单栏中的"工具"→"尺寸"→"基准尺寸"命令。

步骤 3:选取直线和圆进行标注。

步骤 4:按【Esc】键,完成基准尺寸的标注。

2. 标注水平尺寸链

尺寸链为从工程图或草图的零坐标开始测量的尺寸组。在工程图中,它们属于参考尺寸,用户不能更改其数值或者使用其数值来驱动模型。

标注水平尺寸链的一般操作步骤如下。

步骤 1:打开文件 D:\sw16.1\work\ch09.05.02\dimension.SLDDRW。

步骤 2:选择命令。选择菜单栏中的"工具"→"尺寸"→"水平尺寸链"命令。

步骤 3:定义尺寸放置位置。在系统"选择一个边线\顶点后再选择尺寸文字标注的位置"的提示下,选取直线,再选择合适的位置单击鼠标左键,以放置第一个尺寸。

步骤 4:选取圆心和直线。

步骤 5:单击"尺寸"对话框中的"确定"按钮 ✓,完成水平尺寸链的标注。

3. 标注竖直尺寸链

标注竖直尺寸链的一般操作步骤如下。

步骤1:打开文件 D:\sw16.1\work\ch09.05.02\dimension.SLDDRW。

步骤2:选择命令。选择菜单栏中的"工具"→"尺寸"→"竖直尺寸链"命令。

步骤3:定义尺寸放置位置。在系统"选择一个边线\顶点后再选择尺寸文字标注的位置"的提示下,选取直线,再选择合适的位置单击,以放置第一个尺寸。

步骤4:选取圆心和直线。

步骤5:单击"尺寸"对话框中的"确定"按钮 ✓,完成竖直尺寸链的标注。

4.标注倒角尺寸

标注倒角尺寸的一般操作步骤如下。

步骤1:打开文件 D:\sw16.1\work\ch09.05.02\bolt.SLDDRW。

步骤2:选择命令。选择菜单栏中的"工具"→"尺寸"→"倒角尺寸"命令。

步骤3:在系统"选择倒角的边缘、参考边线,然后选择文字位置"的提示下,选取两条直线。

步骤4:定义尺寸放置位置。选择合适的位置单击,以放置尺寸。

步骤5:定义标注尺寸文字类型。在如图 9.15.7 所示的"标注尺寸文字"选项区中单击"C距离"按钮 C1 。

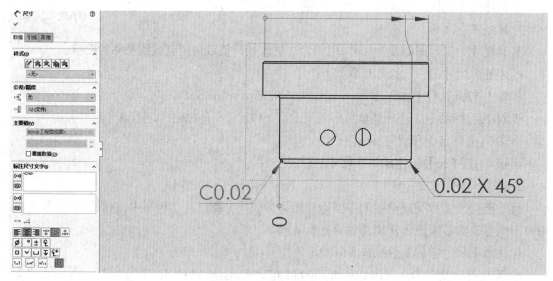

图 9.15.7 "尺寸"对话框

步骤6:单击"尺寸"对话框中的"确定"按钮 ✓,完成倒角尺寸的标注。

"尺寸"对话框中的"标注尺寸文字"选项区的部分按钮说明如下。

(1) 1×1 :距离 × 距离。

(2) 1×45° :距离 × 角度。

（3）![45°×1]:角度 × 距离。

（4）![C1]:C 距离,如图 9.15.8 所示。

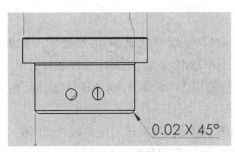

图 9.15.8　C 距离

参 考 文 献

[1] 唐建成. 机械制图及 CAD 基础 [M]. 北京：北京理工大学出版社, 2013.

[2] 马义荣. 工程制图及 CAD[M]. 北京：机械工业出版社, 2011.

[3] 高兰. 电子工程制图：使用 Visio 及 AutoCAD [M].2 版. 西安：西安电子科技大学出版社, 2015.

[4] 曹艳芬. 电子工程制图 [M]. 北京：机械工业出版社, 2016.

[5] 邸春红.Visio 2003 图形设计实用教程 [M]. 北京：清华大学出版社, 2006.

[6] Holzner Steven. Visio 2007 从入门到精通（中文版）[M]. 周春城, 译. 北京：电子工业出版社, 2008.

[7] 杨继萍, 孙岩, 周保英, 等.Visio 2007 图形设计从新手到高手 [M]. 北京：清华大学出版社, 2008.

[8] 王守志, 郭鹏. 机械制图 [M]. 北京：教育科学出版社, 2015.

[9] 王守志. 机械制图（航空航天类）[M]. 天津：天津大学出版社, 2019.

[10] 何铭新, 钱可强, 徐祖茂. 机械制图 [M].7 版. 北京：高等教育出版社, 2016.

[11] 缪朝东, 胥徐. 机械制图与 CAD 技术基础 [M]. 北京：电子工业出版社, 2016.

[12] 冯涓, 杨惠英, 王玉坤. 机械制图 机类、近机类 [M].4 版. 北京：清华大学出版社, 2018.

[13] 王希波. 机械与电气识图 [M]. 北京：中国劳动社会保障出版社, 2007.

[14] 王欣.AutoCAD 2014 电气工程制图 [M]. 北京：机械工业出版社, 2017.

[15] 姜军, 李兆宏, 姜勇. AutoCAD 2008 中文版机械制图应用与实例教程 [M]. 北京：人民邮电出版社, 2008.

[16] 姜勇, 乔治安.AutoCAD 2009 机械制图实例教程 [M]. 北京：人民邮电出版社, 2009.